軌道決定の原理

Methods of Orbit Determination

軌道決定の原理
彗星・小惑星の観測方向から距離を決めるには

長沢 工

地人書館

目 次

1 計算の前に   5
  1.1 はじめに ... 5
  1.2 軌道の形と軌道要素 ... 7
     1.2.1 軌道の形 ... 7
     1.2.2 黄道直交座標系 ... 8
     1.2.3 軌道要素 ... 9
  1.3 赤道直交座標系 ... 11

2 二次曲線を3点から決める   15
  2.1 軌道の半直弦，離心率，近日点偏角の計算 ... 15
  2.2 偏角の差による表現 ... 22
  2.3 近日点通過以後の経過時間の計算 ... 25
     2.3.1 楕円軌道 $(0 \leq e < 1)$ の場合 ... 26
     2.3.2 双曲線軌道 $(e > 1)$ の場合 ... 27
     2.3.3 放物線軌道 $(e = 1)$ の場合 ... 28
     2.3.4 τ_1, τ_2, τ_3 の計算手順 ... 30
  2.4 軌道上の2点間を通過する時間 ... 30
  2.5 空間の3点からの各種パラメータの決定 ... 32
  2.6 軌道決定の原理 ... 34

3 近似距離の推定   37

	3.1	Δ_2 と r_2 の関係式 (1)	37
	3.2	Δ_2 と r_2 の関係式 (2)	38
	3.2.1	幾何学的条件	38
	3.2.2	c_1/c_2 と c_3/c_2 の検討	40
	3.2.3	Δ_2 と r_2 の近似的決定	44
	3.3	推定距離 $\Delta_1, \Delta_2, \Delta_3$ の計算手順 ..	46
	3.4	近似距離推定の計算実例	48

4 $\Delta_1, \Delta_2, \Delta_3$ に対する補正方程式　　53

- 4.1 補正方程式の形 53
- 4.2 楕円，双曲線，放物線軌道に対する $\partial \tau_j / \partial \Delta_i$ 57
  - 4.2.1 楕円軌道の場合 57
  - 4.2.2 双曲線軌道の場合 57
  - 4.2.3 放物線軌道の場合 58
- 4.3 $\partial \tau_j / \partial \Delta_i$ の計算手順 58
- 4.4 楕円軌道の計算実例 65

5 軌道要素の決定　　71

- 5.1 近日点距離および近日点通過時刻の計算 71
- 5.2 黄道座標への変換 72
- 5.3 軌道面法線の方向余弦 73
- 5.4 残りの軌道要素の計算 73
- 5.5 軌道要素の計算手順 75
- 5.6 軌道要素の計算実例 77

6 天体位置の不確かさ　　81

- 6.1 軌道精度決定の考え方 82
- 6.2 点の位置の不確かさ 82
- 6.3 ローカル座標系 86
- 6.4 連立一次方程式の解の不確かさと条件数 87
- 6.5 天体までの距離 $\Delta_1, \Delta_2, \Delta_3$ の不確かさ 94

	6.6 太陽から見た天体位置の不確かさ	98
	6.7 軌道の不確かさを求めるのに必要な向きの分散，共分散	102

7 軌道要素の不確かさ　　111

    7.1 離心率，長半径，近日点偏角，近日点通過時刻の分散 111

    7.2 軌道傾斜角，昇交点黄経，近日点引数の分散 117

    7.3 軌道要素分散の計算実例 121

8 円軌道の決定　　127

    8.1 円軌道決定の原理 127

    8.2 軌道半径 a に対する移動時間 τ 128

    8.3 仮定軌道半径 a に対する補正 130

    8.4 円軌道の半径 a を求める計算手順 132

    8.5 軌道要素の計算 137

9 放物線軌道の決定　　141

    9.1 放物線軌道決定の原理 141

    9.2 時刻 t_2 に対する計算上の観測方向 146

    9.3 放物線軌道の計算実例 152

    9.4 補正方程式作成に必要な微分関係式 159

    9.5 放物線軌道の計算実例 (つづき) 165

    9.6 逐次近似と軌道要素の計算 167

10 観測点の位置　　171

    10.1 日心赤道直交座標系 171

    10.2 地球重心の位置 172

    10.3 地球重心に対する観測点の位置 176

    10.4 グリニジ恒星時 179

    10.5 観測点位置の計算実例 181

    10.6 計算試行用データ 183

付録A　軌道パラメータ導出の詳細　　187
- A.1　ℓ, e, θ_0 の計算手順 187
- A.2　$c_1/c_2, c_3/c_2$ の計算 192
- A.3　2点を通る放物線の決定 195

付録B　補正方程式の係数の計算　　199
- B.1　予備計算 199
- B.2　H, L, C, S, Q の微分 201
- B.3　$\theta_0, \theta_{ij}, f_i$ の微分 204
- B.4　離心率 e，半直弦 ℓ，平均運動 n の微分 206
- B.5　離心近点角 u_j の微分 208
  - B.5.1　楕円軌道の場合 208
  - B.5.2　双曲線軌道の場合 208

付録C　方向余弦の演算　　211
- C.1　方向余弦の定義 211
- C.2　二つの方向余弦の関係 213
- C.3　P_1 から角度 f_1，P_2 から角度 f_2 離れた点 Q の方向余弦 214

付録D　大円の極の位置の不確かさ　　221
- D.1　球面上の点の位置の不確かさ 221
- D.2　大円の極の位置の不確かさ 223
- D.3　大円の極 Q の位置の分散を求める手順 230

あとがき　　233

索　引　　236

1 計算の前に

1.1 はじめに

　たとえば小惑星, 彗星など, 太陽を回るひとつの天体の見える方向を異なる時刻に 3 回観測すれば, 多くの場合, そこからその天体の日心軌道を決めることができる. これは, 専門家にはよく知られたことである. 発見された小惑星第 1 号のケレスが見失われたのを見出そうとして, 1801 年にガウスが最初にこの方法を導いた. その結果, ケレスが無事再発見されたのは有名な話である. このように, 観測データから天体の軌道要素を決める方法を軌道決定法という. これには, すでに完成したアルゴリズムがあり, 広く利用されている. しかし, その軌道決定の原理はたいへんわかりにくい. 勉強を始めたばかりのとき, 通常の人は, 計算を進めようとしても, しばしば, 何のために何を計算しているのかわからない状態におちいる. そのため, 軌道決定の過程をもう少しわかりやすく説明できないかと, 長いこと私は考えていた.

　天体の位置観測では, 一般に, 目標天体の方向の観測はできるが, 直接に距離を観測することはできない. もし距離の観測ができるとすれば, 軌道決定はすこぶる容易なものになる. そのため, 何らかの方法で目標天体までの距離を求めることが軌道決定の中心課題になる. それぞれの観測時刻に対して目標天体までの距離を仮定したとき, どうすればその仮定の正しいことがわかるか. それは, その仮定距離から逆に計算した観測時刻が現実の観測時刻と一致することである. これを, 仮定距離から計算した時刻差が観測の時刻差と一致することと言い換えてもよい. この立場から考えると, 与えた近似的な距離をより精度の高い距離に修正するのはそれほどむずかしいことではない. 以下に示す軌道決定法は, この考え方にしたがって導いたひとつの試案である. 関心のある方に見ていただき, ご批判を仰ぎたい.

軌道決定は，現在の天文学でそれほど重要な分野ではない．もちろん彗星，小惑星，あるいはカイパーベルト天体などに対しても，あるいは連星，系外惑星に対しても，軌道決定はおこなわれている．これからも軌道決定はなされるであろう．しかし，それに関係するのはわずかの人々にすぎない．実際に軌道決定をおこなった経験をもつ人は，天文学者の中でもほんの少数に限られよう．さらに，本書で述べるように，3回の方向観測だけをもとに天体の軌道決定をする必要はあまり起こらない．したがって，この種の軌道決定法をあれこれ考えるのは，ある意味ではマニアによる一種のお遊びである．しかし，少数ではあっても，この分野に興味や関心をもつ人がいるのは事実であり，それらの人には本書の説明が役に立つかもしれない．そんな期待をもって，私はこの原稿を書き進めた．

軌道決定は，単に太陽系天体に対して適用されるだけではなく，地球を回る人工衛星，あるいは連星，系外惑星など，さまざまな天体に対してもおこなわれる．しかし，本書の説明は，主として，3回の方向観測による太陽系天体の軌道決定に限った．

ここで，前提条件をつぎのように整理しておく．

光速は有限であり，天体から地球に光が届くには時間がかかる．したがって，たとえばある時刻 t に小惑星の赤経，赤緯 (α, δ) を観測したとしても，その赤経，赤緯は，観測した時刻 t に真に小惑星が存在した方向ではない．光が地球に達するまでの時間に小惑星が移動するからである．

しかし，理解を容易にするため，ここでは光速を無限大と考え，観測した時刻に天体はその方向に真に存在すると仮定する．また，軌道を決定しようとしている天体は太陽をひとつの焦点として完全な二次曲線の軌道を描くものとし，他の惑星による摂動の影響をいっさい無視する．また，太陽の質量に対して，その天体の質量は無視できるほど小さいものとする．一方，考えている座標系で，地球上の観測点の位置は，どの時刻に対しても厳密にわかるものとする．この条件の下で，目標天体の軌道を決めることを考えるのである．ここで述べた単純化は，軌道決定の過程をなるべくわかりやすくするためのものである．

本書では説明を省略するが，この仮定で求めた軌道要素を，光速を有限とするなど，より現実的な場合に修正すること，さらに，たくさんの観測データを使って，求めた軌道要素をより精度の高いものに修正する軌道改良は，原理上それほどむずかしいものではない．

1.2 軌道の形と軌道要素

ここで，軌道決定に際して必要な，軌道の形と軌道要素について述べる．軌道決定を志す人なら，これらについて説明する必要はあまりないと思われるので，簡潔に要点だけを述べる．すでに熟知されている方は，以下のこの章は読むのを省略されて差し支えない．

1.2.1 軌道の形

太陽の引力だけを受けている天体は，太陽を含む定まった平面上を，太陽を焦点とする二次曲線，すなわち，楕円，放物線，双曲線のうち，どれかひとつの軌道をとって運動する．その軌道面内で，太陽 O を原点とする極座標系 (r,θ) により軌道の方程式を書き表わすと，

$$r = \frac{\ell}{1 + e\cos(\theta - \theta_0)}, \tag{1.1}$$

の形になる．ℓ, e, θ_0 はすべて定数である．

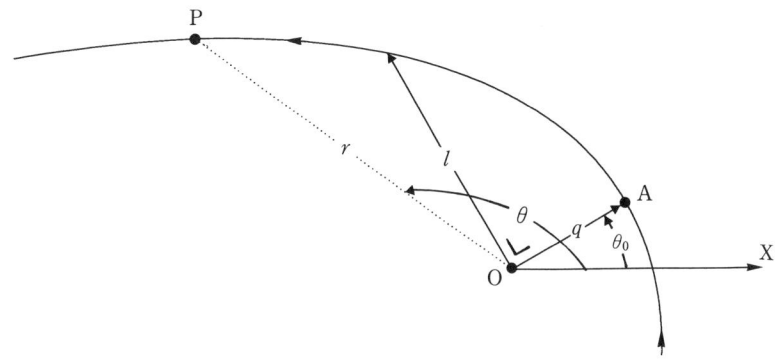

図 **1.1** 軌道の形

図 1.1 に示すように，極座標の始線を OX の向きにとり，天体 P の位置を，動径が r , 偏角が θ の $P(r,\theta)$ で表わすことにする．軌道が焦点 O にもっとも近付く点 A を**近日点**といい，$A(q,\theta_0)$ で表わす．q は**近日点距離**といい，θ_0 は近日点の偏角で

ある.また,焦点 O を通って AO に直交する動径が**半直弦**で,その長さが ℓ である.定数 ℓ, e, θ_0 を与えれば,この平面上で軌道の大きさと形,その向きが定まる.ℓ は軌道の大きさを決め,θ_0 は定めておいた座標系に対する軌道の向きを決める.e は**離心率**と呼ばれる重要な無次元の量であるが,この図からその大きさを見てとるのはむずかしい.$0 \leq e < 1$ のときこの曲線は楕円で,閉じた曲線になる.また $e = 1$ のとき放物線,$e > 1$ のとき双曲線になる.放物線,双曲線では,曲線は 2 本の分枝が無限に伸びた形になる.$e < 0$ になることはない.図 1.2 に,楕円,放物線,双曲線の形のそれぞれ一例を示した.

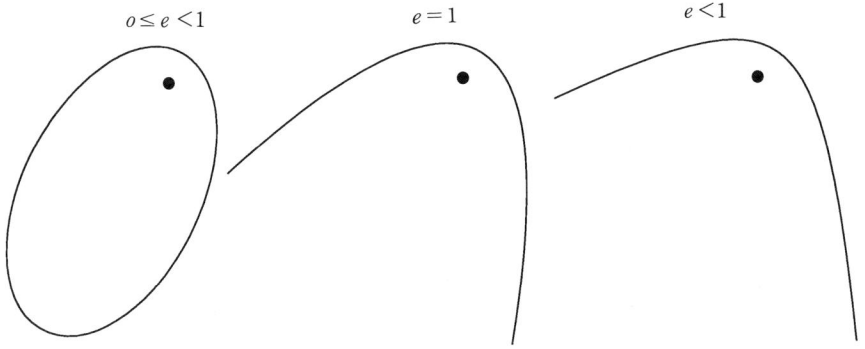

図 **1.2** 楕円,放物線,双曲線

1.2.2 黄道直交座標系

天体は三次元の空間を運動するので,軌道の形はその空間内で定めなければならない.これを決めるものが後述する軌道要素である.それを説明する前に,まず使用する座標系を定めよう.

地球は太陽を含む平面内を円に近い軌道で公転している.この軌道平面を黄道面という.黄道面には,太陽から見て,**春分点**といわれる定まった方向 γ がある.これは,太陽から見て,春分のときの地球の位置とちょうど反対の方向である.太陽を原点 O に置き,黄道面と春分点方向で定められる直交座標系 (u, v, w) を**日心黄道直交座標系**という.図 1.3 に示すように,これは黄道面が uv 面で,u 軸の正の向き

を春分点方向にとった右手直交座標系である．

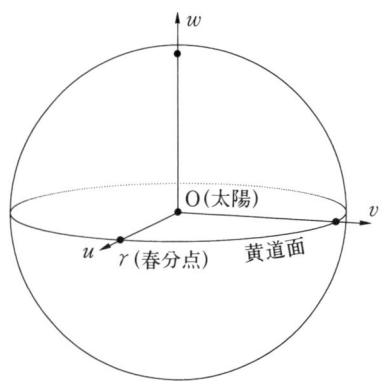

図 1.3 日心黄道直交座標系

1.2.3 軌道要素

　日心黄道直交座標系内で，ある天体の軌道を考える．その天体の軌道面上には太陽 O があるから，黄道面である uv 面との交線は，図 1.4 のように，原点を通る uv 面上の直線 NN′ になる．ただし，O から見てその天体が黄道面の下 ($w<0$ の領域) から上 ($w>0$ の領域) へと運動する向きのところに**昇交点** N，黄道面の上から下へ運動する向きのところに**降交点** N′ をとる．このとき，この軌道に対して，∠uON を Ω で表わして**昇交点黄経**といい，また，黄道面と軌道面との交角を i で表わして**軌道傾斜角**という．昇交点黄経 Ω と軌道傾斜角 i を与えれば，この天体の運動する軌道平面が，日心黄道直交座標系の中で確定する．

　つぎに，軌道上で近日点 A を考える．天体の運動の向きに沿って N から A まで測った角の ∠NOA を ω で表わして**近日点引数**という．近日点引数 ω は軌道平面内で軌道の向きを決める角である．

　二次曲線の軌道の大きさ，形は，半直弦 ℓ，離心率 e で決まるから，これまでに定義した $\ell, e, \Omega, i, \omega$ の五つの量を決めれば，日心黄道直交座標系内でこの軌道の位置は完全に定まる．これらが軌道要素である．軌道の大きさを決める軌道要素としては，半直弦 ℓ に代わって長さ OA の**近日点距離** q をとるのが一般的であり，q は，

$$q = \frac{\ell}{1+e}, \tag{1.2}$$

で与えられる．

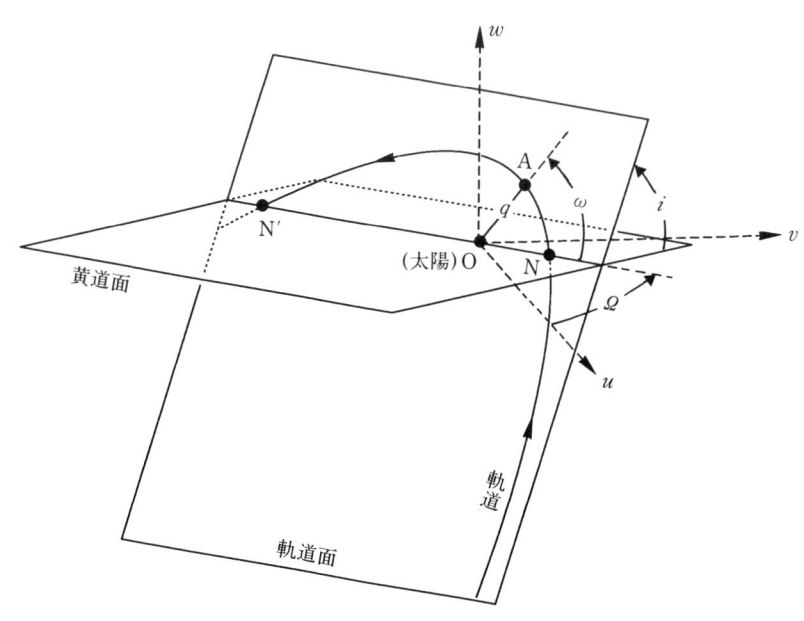

図 **1.4** 軌道要素

　こうして，これら五つの量で軌道は確定する．しかしこれだけでは，与えられた時刻に，この軌道上のどこに問題の天体が存在するかを定めることはできない．それを決めるために，その天体が近日点を通過した時刻 t_0 を軌道要素に加える．この t_0 は**近日点通過時刻**と呼ばれる量で，たとえば $t_0 = 2002$ 年 4 月 10.274 日 といった形で定めればよい．楕円軌道の場合には，天体は繰り返し近日点を通過するので，近日点通過時刻はいくつもある．このときは適当なひとつだけを与えればよい．

　こうして挙げた 6 個の量，近日点距離 q ，離心率 e ，昇交点黄経 Ω ，軌道傾斜角 i ，近日点引数 ω ，近日点通過時刻 t_0 がその軌道の軌道要素である．天体の軌道決定をすることは，換言すれば，これらの軌道要素を求めることに他ならない．

1.3　赤道直交座標系

前節で述べたように，軌道要素は日心黄道直交座標系 (u, v, w) に対して定められる．しかし，現実の観測は，通常，赤道座標系による赤経，赤緯 (α, δ) でおこなわれる．そこで，赤道座標系と黄道座標系の関係を必要となる範囲で述べておく．

天球上の**天の赤道**は，地球の赤道面の延長が天球と交わる大円として定義される．地球の自転軸は黄道面の法線とおよそ $23°.4$ 傾いているから，図 1.5 に示すように，黄道と天の赤道とはやはり約 $23°.4$ の傾きをもち，2 点で交わる．この交点の一方が春分点であり，他方が秋分点である．

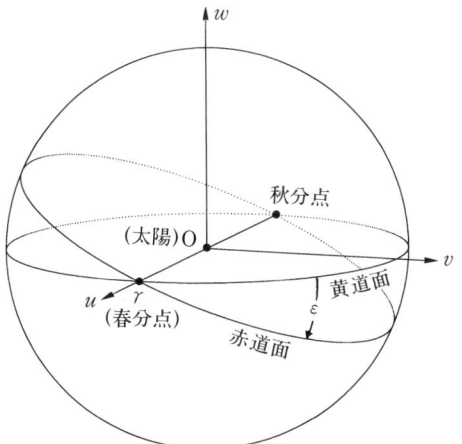

図 **1.5**　天球における黄道と天の赤道

黄道と天の赤道とが交わる角を**黄道傾斜角**といい，ε で表わす．これは厳密には一定値ではないが，本書では 2000 年 1 月 1 日力学時正午の平均黄道傾斜角である，

$$\begin{aligned}\varepsilon &= 23°26'21''.448 \\ &= 23°.4392911, \end{aligned} \tag{1.3}$$

の値をとり，一定値として扱う．

上記の説明からわかるように，黄道直交座標系 (u, v, w) を，u 軸を軸として春分点 γ から原点 O を見たとき時計回りになる向きで，角度 ε だけ回転した座標系が

赤道直交座標系 (x, y, z) であり，この両座標系は図 1.6 に示す関係になっている．

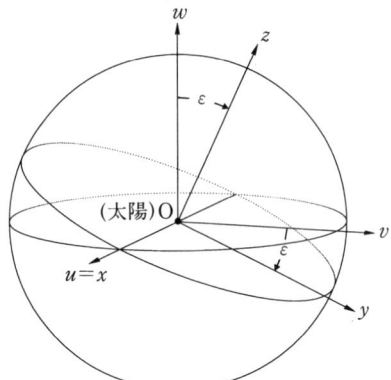

図 **1.6** 日心黄道直交座標系と日心赤道直交座標系

図 1.6 に (x, y, z) の軸で表わした座標系は，太陽に原点 O を置き，地球の赤道面と平行に xy 面をとった**日心赤道直交座標系**である．ところで，現実の観測は地球上の観測点からおこなわれるから，観測点を原点にとった座標系を設定しておく方が便利である．そこで，日心赤道直交座標系による座標が (X, Y, Z) である観測点 Q を原点とし，日心赤道直交座標系と平行な座標軸をもつ直交座標系を考える．これが**測心赤道直交座標系** (x', y', z') である．その関係は図 1.7 に示した．

ある天体 P の位置が測心赤道直交座標系で (x', y', z') であり，観測点 Q の位置が日心赤道直交座標系で (X, Y, Z) であるとき，P の日心赤道直交座標 (x, y, z) は，

$$
\begin{aligned}
x &= X + x', \\
y &= Y + y', \\
z &= Z + z',
\end{aligned}
\tag{1.4}
$$

で表わされる．赤道直交座標系で赤経，赤緯が (α, δ) となる向きの方向余弦 (L, M, N) が，

$$
\begin{aligned}
L &= \cos\delta \cos\alpha, \\
M &= \cos\delta \sin\alpha, \\
N &= \sin\delta,
\end{aligned}
\tag{1.5}
$$

1.3 赤道直交座標系

であることを考慮すると，観測点 Q (X,Y,Z) から (α,δ) の向きで，距離 Δ にある天体 P の測心赤道直交座標 (x',y',z') は，

$$\begin{aligned}
x' &= \Delta\cos\delta\cos\alpha = L\Delta, \\
y' &= \Delta\cos\delta\sin\alpha = M\Delta, \\
z' &= \Delta\sin\delta = N\Delta,
\end{aligned} \tag{1.6}$$

である．また P の日心赤道直交座標 (x,y,z) は，

$$\begin{aligned}
x &= X + L\Delta, \\
y &= Y + M\Delta, \\
z &= Z + N\Delta,
\end{aligned} \tag{1.7}$$

になる．

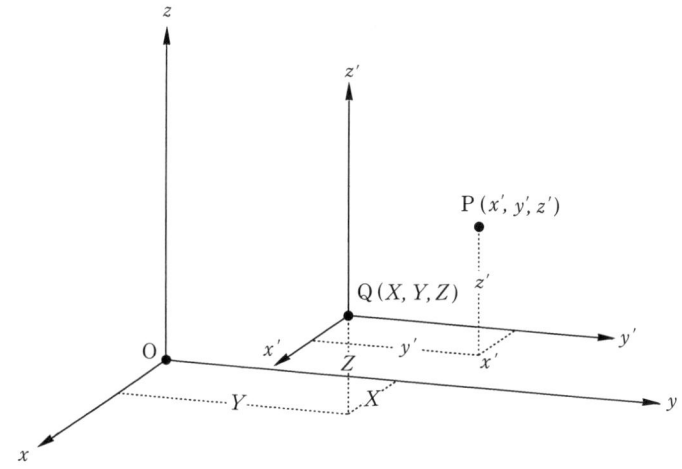

図 1.7　日心赤道直交座標系と測心赤道直交座標系

2 二次曲線を3点から決める

2.1 軌道の半直弦，離心率，近日点偏角の計算

　軌道決定とは，簡単にいえば，天体の軌道である二次曲線を空間内に定め，また，与えられた時刻に，その天体が軌道上のどの点にいるのかを定めることである．その目的のために，まず，つぎの (A),(B) 二つの手順を導く．

　(A)　与えられた3点を通る二次曲線の形を決めること．
　(B)　天体が近日点を通過してからの経過時間を求めること．
この節とつぎの節で，平面内で二次曲線を決める手順を扱う．

　まず，ある平面内にひとつの二次曲線 (楕円，放物線，双曲線のいずれか) が存在するものとする．ただし，曲線に関し，その焦点の位置 O と，曲線上の3点 P_1, P_2, P_3 だけがわかっているものとする．ここで，この二次曲線を決定する方法を考える．

　いま，焦点 O を原点とし，適当な方向 OX を始線にとる．動径を r，偏角を θ とする極座標系 (r, θ) では，二次曲線の方程式は1章 (1.1) 式で述べたように，

$$r = \frac{\ell}{1 + e\cos(\theta - \theta_0)}, \tag{2.1}$$

の形に書くことができる．ℓ, e, θ_0 は定数である．離心率 e に対しては，$0 \leq e < 1$ のとき楕円を，$e = 1$ のとき放物線を，$e > 1$ のとき双曲線を表わすことがわかっている．θ_0 は近日点の偏角，ℓ は半直弦である．そして，この ℓ, e, θ_0 の数値を決めることがこの二次曲線の形を決定することを意味する．

　上記の座標系で，P_1, P_2, P_3 の動径および偏角をそれぞれ，$P_1(r_1, \theta_1), P_2(r_2, \theta_2), P_3(r_3, \theta_3)$ とする．この関係が図 2.1 である．便宜上ここでは $\theta_1 < \theta_2 < \theta_3$ とし，また $0° < \theta_3 - \theta_1 < 180°$ の範囲にあるものとする．こうすると，(2.1) 式から，

$$r_1 = \frac{\ell}{1 + e\cos(\theta_1 - \theta_0)},$$

$$r_2 = \frac{\ell}{1 + e\cos(\theta_2 - \theta_0)}, \tag{2.2}$$
$$r_3 = \frac{\ell}{1 + e\cos(\theta_3 - \theta_0)},$$

の関係が成り立つ．O および P_1, P_2, P_3 が与えられているから，$r_1, r_2, r_3, \theta_1, \theta_2, \theta_3$ は既知量である．したがって (2.2) の三つの方程式から 未知量 ℓ, e, θ_0 を解くことで，この二次曲線は決定できる．その具体的な解法は付録 A に示してある．その結果をつぎのように書くことができる．

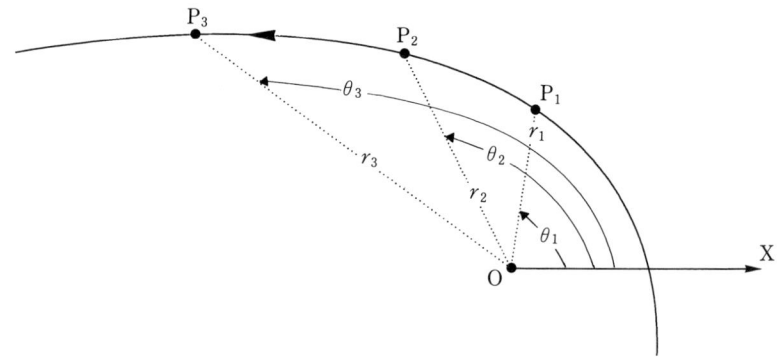

図 **2.1** 二次曲線上の 3 点

まず，以下の四つの量，C, S, H, L を計算する．

$$\begin{aligned}
C &= r_1(r_3 - r_2)\cos\theta_1 + r_2(r_1 - r_3)\cos\theta_2 + r_3(r_2 - r_1)\cos\theta_3, \\
S &= r_1(r_3 - r_2)\sin\theta_1 + r_2(r_1 - r_3)\sin\theta_2 + r_3(r_2 - r_1)\sin\theta_3, \\
H &= r_2 r_3 \sin(\theta_3 - \theta_2) + r_3 r_1 \sin(\theta_1 - \theta_3) + r_1 r_2 \sin(\theta_2 - \theta_1), \\
L &= r_1 r_2 r_3 \{\sin(\theta_3 - \theta_2) + \sin(\theta_1 - \theta_3) + \sin(\theta_2 - \theta_1)\},
\end{aligned} \tag{2.3}$$

つぎに，

$$Q = \sqrt{C^2 + S^2}, \tag{2.4}$$

によって Q を計算すると，そこから，

$$\ell = \frac{L}{H},$$

2.1 軌道の半直弦, 離心率, 近日点偏角の計算

$$\begin{aligned}
e &= \frac{Q}{H}, \\
\cos\theta_0 &= -\frac{S}{Q}, \\
\sin\theta_0 &= \frac{C}{Q}, \\
\tan\theta_0 &= -\frac{C}{S},
\end{aligned} \tag{2.5}$$

の関係で, ℓ, e, θ_0 が計算できる. これで二次曲線の大きさと形が決定できたことになる. 二次曲線を決めるためには, 焦点から見て, 3点を通る曲線が外側に凸でなければならない. $0° < \theta_3 - \theta_1 < 180°$ の条件では, そのために $H > 0$ である必要がある. $H \leq 0$ のときは, 3点を通る二次曲線を決めることはできない. なお, $H = 0$ は P_1, P_2, P_3 の3点が一直線上に並ぶ条件である.

計算例 1

焦点を原点とし, $P_1(6, 90°), P_2(7.5, 120°), P_3(10, 150°)$ の3点を通る二次曲線,

$$r = \frac{\ell}{1 + e\cos(\theta - \theta_0)},$$

に対して, その半直弦 ℓ, 離心率 e, 近日点の偏角 θ_0 を求めよ.

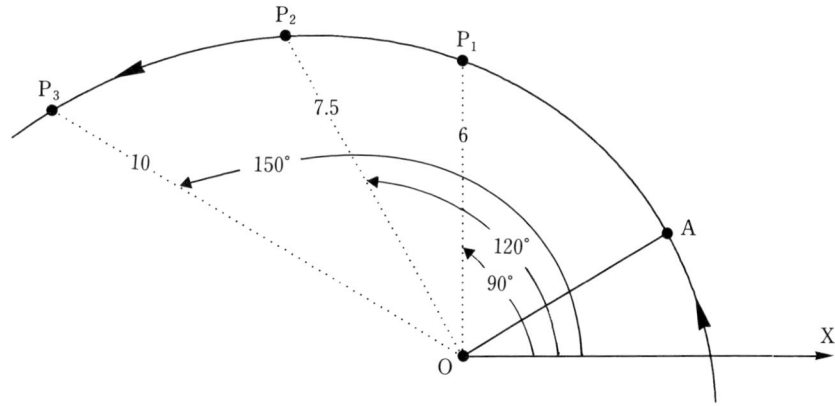

図 **2.2** 計算例 1 の図

解答

与えられた条件から,

$$r_1 = 6, \quad r_2 = 7.5, \quad r_3 = 10,$$
$$\theta_1 = 90°, \quad \theta_2 = 120°, \quad \theta_3 = 150°,$$

である. したがって,

$$\cos\theta_1 = 0, \quad \cos\theta_2 = -1/2, \quad \cos\theta_3 = -\sqrt{3}/2,$$
$$\sin\theta_1 = 1, \quad \sin\theta_2 = \sqrt{3}/2, \quad \sin\theta_3 = 1/2,$$

である. ここから C と S を計算する. (2.3) 式から,

$$\begin{aligned}
C &= r_1(r_3 - r_2)\cos\theta_1 + r_2(r_1 - r_3)\cos\theta_2 + r_3(r_2 - r_1)\cos\theta_3 \\
&= 6 \times 2.5 \times 0 + 7.5 \times (-4) \times (-1/2) + 10 \times 1.5 \times (-\sqrt{3}/2) \\
&= 7.5(2 - \sqrt{3}) \\
&= 2.0096189,
\end{aligned}$$

$$\begin{aligned}
S &= r_1(r_3 - r_2)\sin\theta_1 + r_2(r_1 - r_3)\sin\theta_2 + r_3(r_2 - r_1)\sin\theta_3 \\
&= 15 \times 1 - 30 \times \sqrt{3}/2 + 15 \times 1/2 \\
&= 15 - 15\sqrt{3} + 7.5 \\
&= 7.5(3 - 2\sqrt{3}) \\
&= -3.4807621,
\end{aligned}$$

である. ここから Q^2 は,

$$\begin{aligned}
Q^2 &= C^2 + S^2 \\
&= (7.5)^2(2 - \sqrt{3})^2 + (7.5)^2(3 - 2\sqrt{3})^2 \\
&= (7.5)^2(4 + 3 - 4\sqrt{3} + 9 + 12 - 12\sqrt{3}) \\
&= (7.5)^2(28 - 16\sqrt{3}) \\
&= (7.5)^2 \times 4 \times (7 - 4\sqrt{3}) \\
&= (7.5 \times 2)^2(4 - 4\sqrt{3} + 3) \\
&= (15)^2(2 - \sqrt{3})^2,
\end{aligned}$$

2.1 軌道の半直弦，離心率，近日点偏角の計算

になる．したがって，

$$Q = 15(2 - \sqrt{3})$$
$$= 4.0192379,$$

となる．

つぎに，e を計算する．そのためにまず，

$$\theta_3 - \theta_2 = 150° - 120° = 30°,$$
$$\theta_1 - \theta_3 = 90° - 150° = -60°,$$
$$\theta_2 - \theta_1 = 120° - 90° = 30°,$$
$$\sin(\theta_3 - \theta_2) = 1/2,$$
$$\sin(\theta_1 - \theta_3) = -\sqrt{3}/2,$$
$$\sin(\theta_2 - \theta_1) = = 1/2,$$

を計算しておく．ここから H および L を (2.3) 式によって計算すると，

$$H = r_2 r_3 \sin(\theta_3 - \theta_2) + r_3 r_1 \sin(\theta_1 - \theta_3) + r_1 r_2 \sin(\theta_2 - \theta_1)$$
$$= 7.5 \times 10 \times 1/2 - 10 \times 6 \times \sqrt{3}/2 + 6 \times 7.5 \times 1/2$$
$$= 37.5 - 30\sqrt{3} + 22.5$$
$$= 30(2 - \sqrt{3}) = 8.0384758,$$
$$L = r_1 r_2 r_3 \{\sin(\theta_3 - \theta_2) + \sin(\theta_1 - \theta_3) + \sin(\theta_2 - \theta_1)\}$$
$$= 6 \times 7.5 \times 10 \times (1/2 - \sqrt{3}/2 + 1/2)$$
$$= 225(2 - \sqrt{3}) = 60.2885683,$$

となる．したがって (2.5) 式により，

$$\ell = L/H$$
$$= \frac{225(2 - \sqrt{3})}{30(2 - \sqrt{3})}$$
$$= 225/30 = 7.5,$$
$$e = Q/H$$

$$= \frac{15(2-\sqrt{3})}{30(2-\sqrt{3})} = \frac{1}{2} = 0.5,$$

になる.

さらに (2.5) 式によって $\cos\theta_0, \sin\theta_0$ の計算もすると,

$$\cos\theta_0 = -S/Q$$
$$= -\frac{7.5(3-2\sqrt{3})}{15(2-\sqrt{3})} = -\frac{1}{2}\frac{(3-2\sqrt{3})(2+\sqrt{3})}{(2-\sqrt{3})(2+\sqrt{3})}$$
$$= -\frac{1}{2} \cdot \frac{6-\sqrt{3}-6}{1} = \frac{\sqrt{3}}{2} = 0.8660254,$$
$$\sin\theta_0 = C/Q$$
$$= \frac{7.5(2-\sqrt{3})}{15(2-\sqrt{3})} = \frac{1}{2} = 0.5,$$

となる.この $\sin\theta_0, \cos\theta_0$ の値から,$\theta_0 = 30°$ であることがすぐにわかる.結局,求める値は,

$$\ell = 7.5$$
$$e = 0.5$$
$$\theta_0 = 30°$$

である.この計算は,表 2.1 の形で示すことができる.

表 2.1 計算例 1 の計算表

i	1	2	3
r_i	6	7.5	10
θ_i	90°	120°	150°
$\cos\theta_i$	0	−0.5	−0.8660254
$\sin\theta_i$	1	0.8660254	0.5
C		2.0096189	
S		−3.4807621	
Q		4.0192379	
	$\theta_3 - \theta_2$	$\theta_1 - \theta_3$	$\theta_2 - \theta_1$
$\theta_j - \theta_k$	30°	−60°	30°
$\sin(\theta_j - \theta_k)$	0.5	−0.8660254	0.5
H		8.0384758	
L		60.2885683	
$\ell = L/H$		7.5	
$e = Q/H$		0.5	
$\cos\theta_0 = -S/Q$		0.8660254	
$\sin\theta_0 = C/Q$		0.5	
θ_0		30°	

2.1　軌道の半直弦，離心率，近日点偏角の計算

二次曲線の焦点 O から見て，近日点 A と天体 P のはさむ角 $f = \angle\mathrm{AOP}$ をその天体の**真近点角**という．図 1.1 で見るように，この角は $\theta - \theta_0$ にあたる．つまり，

$$f = \theta - \theta_0, \tag{2.6}$$

である．真近点角 f を使うと，二次曲線の方程式は，

$$r = \frac{\ell}{1 + e\cos f}, \tag{2.7}$$

の形に書くことができる．天体が移動するにつれて，f は時々刻々増加する．曲線上の 3 点，$\mathrm{P}_1, \mathrm{P}_2, \mathrm{P}_3$ に対する動径をそれぞれ r_1, r_2, r_3，真近点角をそれぞれ f_1, f_2, f_3 とすると，

$$\begin{aligned}
r_1 &= \frac{\ell}{1 + e\cos f_1}, \\
r_2 &= \frac{\ell}{1 + e\cos f_2}, \\
r_3 &= \frac{\ell}{1 + e\cos f_3},
\end{aligned} \tag{2.8}$$

である．

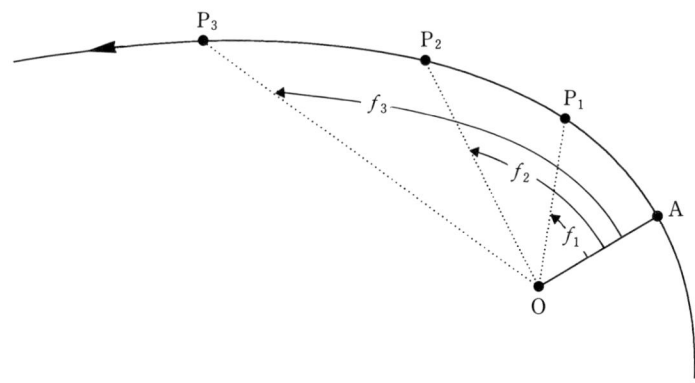

図 **2.3**　真近点角

2.2　偏角の差による表現

前節で定義した C, S, H, L の 4 量の中で，H, L は，$\theta_3 - \theta_2, \theta_2 - \theta_1$ などの偏角の差の関数になっているが，C, S は偏角の差の形で表わされてはいない．現実の計算では，これらも偏角の差で表わしておく方が便利である．そこで，C, S を書き直すことを考える．

$\theta_1 < \theta_2 < \theta_3$ の条件の下，偏角の差を，

$$\begin{aligned}
\theta_{21} &= \theta_2 - \theta_1, (>0) \\
\theta_{32} &= \theta_3 - \theta_2, (>0) \\
\theta_{13} &= \theta_1 - \theta_3, (<0)
\end{aligned} \quad (2.9)$$

と書き表わすことにする．この定義から，

$$\theta_{13} = -(\theta_{21} + \theta_{32}),$$

である．また，

$$\begin{aligned}
\theta_1 &= \theta_2 - \theta_{21}, \\
\theta_3 &= \theta_2 + \theta_{32},
\end{aligned} \quad (2.10)$$

になる．いま考えている問題は，C, S に含まれる角度変数を，偏角の差 $\theta_{21}, \theta_{32}, \theta_{13}$ だけで表現することである．

いままでは始線 OX を平面上の任意の向きにとり，そこから偏角を測っていた．軌道面内なら X をどの方向にとってもよいから，ここでは始線 OX を P_2 の方向に一致させることにしよう．そうすると $\theta_2 = 0$ となり，

$$\begin{aligned}
\theta_1 &= -\theta_{21}, \\
\theta_2 &= 0, \\
\theta_3 &= \theta_{32},
\end{aligned} \quad (2.11)$$

と，θ_1, θ_3 を偏角の差で表わすことができる．この関係を使うと C, S, H, L は，

$$C = r_3(r_2 - r_1)\cos\theta_{32} + r_2(r_1 - r_3) + r_1(r_3 - r_2)\cos\theta_{21},$$

$$S = r_3(r_2 - r_1)\sin\theta_{32} - r_1(r_3 - r_2)\sin\theta_{21}, \tag{2.12}$$
$$H = r_2 r_3 \sin\theta_{32} + r_3 r_1 \sin\theta_{13} + r_1 r_2 \sin\theta_{21},$$
$$L = r_1 r_2 r_3 (\sin\theta_{32} + \sin\theta_{13} + \sin\theta_{21}),$$

と，すべて偏角の差によって書き表わすことができる．こうして計算した C, S は (2.3) 式によって計算した場合とは数値が異なる．それは始線の向きを変えて θ_0 の値が変わったからである．なお，P_1, P_2, P_3 それぞれの点の真近点角 f_1, f_2, f_3 は，

$$\begin{aligned} f_1 &= -\theta_0 - \theta_{21}, \\ f_2 &= -\theta_0, \\ f_3 &= -\theta_0 + \theta_{32}, \end{aligned} \tag{2.13}$$

となる．その他は前と同じである．念のため関係式をもう一度書いておくと，

$$\begin{aligned} Q &= \sqrt{C^2 + S^2}, \\ \ell &= \frac{L}{H}, \\ e &= \frac{Q}{H}, \\ \cos\theta_0 &= -\frac{S}{Q}, \\ \sin\theta_0 &= \frac{C}{Q}, \end{aligned} \tag{2.14}$$

である．今後の計算には，(2.12) 式に基づくこの (2.14) 式を使うことにする．

計算例 2

座標原点を焦点とし，つぎの 3 点，

$P_1(0.4271551,\ 32°.44852)$

$P_2(0.4353018,\ 45°.00187)$

$P_3(0.4598168,\ 67°.90624)$

を通る二次曲線の半直弦 ℓ，離心率 e，近日点の偏角 θ_0 を求めよ．

解答

この問題に対する計算表をつぎのページに示した．

この表では，$\ell = 0.5166961, e = 0.2247631, \theta_0 = -33°.70415$ が計算できている．ただし，この θ_0 は P_2 の方向に始線をとった場合のものである．はじめの座標系に戻して考えると，近日点の偏角は，

$$\theta_0 + \theta_2 = -33°.70415 + 45°.00187 = 11°.29772,$$

となる．

表 2.2 計算例 2 の計算表

i	1	2	3
r_i	0.4271551	0.4353018	0.4598168
θ_i	32°.44852	45°.00187	67°.90624
	$\theta_3 - \theta_2$	$\theta_1 - \theta_3$	$\theta_2 - \theta_1$
$\theta_j - \theta_k$	22°.90437	$-35°.45772$	12°.55335
$\cos(\theta_j - \theta_k)$	0.9211557	0.8145438	0.9760940
$\sin(\theta_j - \theta_k)$	0.3891942	-0.5801020	0.2173486
C		-0.0005456859	
S		-0.0008180933	
Q		0.0009833869	
H		0.004375216	
L		0.002260657	
$\ell = L/H$		0.5166961	
$e = Q/H$		0.2247631	
$\cos\theta_0 = -S/Q$		0.8319140	
$\sin\theta_0 = C/Q$		-0.5549046	
$\tan\theta_0 = -C/S$		-0.6670217	
θ_0		$-33°.70415$	

計算例 3

原点を焦点とし，つぎの 3 点，$P_1(0.77, 85°), P_2(0.31, 90°), P_3(0.59, 97°)$ を通る二次曲線を定めよ．

解答

この例は，偏角の順に並んだ 3 点の中央の動径 r_2 が r_1, r_3 に比べてもっとも短く，原点に向けて凹になる二次曲線が描けそうもない．試みに H を計算してみよう．

表 2.3 計算例 3 の計算表

	$\theta_3 - \theta_2$	$\theta_1 - \theta_3$	$\theta_2 - \theta_1$
$\theta_j - \theta_k$	7°	$-12°$	5°
$\sin(\theta_j - \theta_k)$	0.1218693	-0.2079117	0.0871557
H		-0.513603	

で，$H < 0$ となる．したがって，上記の条件を満たす二次曲線を決めることはできない．

2.3 近日点通過以後の経過時間の計算

この節では，二次曲線の軌道と，軌道上の天体の位置が与えられたとき，その天体が近日点を通過してからその位置に到達するまでの経過時間を計算する手順を考える．前節までは単に幾何学的な立場から考察をしただけで，そこに力学はまったく関係していなかった．これからの手順では力学を考える必要がある．

いま，太陽Oの引力によって運動している天体Pを考える．これら二体以外に天体がまったく存在していない理想的な場合には，太陽の引力によってPはOを焦点とする二次曲線の軌道，

$$r = \frac{\ell}{1 + e\cos f},$$

を描いて運動する．ここでは軌道の形はすでにわかっている(半直弦 ℓ，離心率 e が与えられている) ものとして，Pの位置として軌道上の1点が与えられたとき，Pが近日点Aを通過後の経過時間 τ を計算しようというのである．Pがまだ近日点を通過していないときは，これから近日点にたどりつくまでの時間を絶対値として，マイナスの値で τ を表わせばよい．

この計算をするには日心引力定数 μ が必要になる．これは万有引力定数 G と太陽質量 S との積として定義される数量である．いくつかの単位による表現を挙げると，

$$\begin{aligned}
\mu &= GS \\
&= 1.32712438 \times 10^{20} \mathrm{m}^3 \mathrm{s}^{-2} \\
&= 2.95912208 \times 10^{-4} (\mathrm{AU})^3 (\mathrm{day})^{-2} \\
&= 3.96401599 \times 10^{-14} (\mathrm{AU})^3 \mathrm{s}^{-2} \\
&= 39.4752390 (\mathrm{AU})^3 (\mathrm{year})^{-2},
\end{aligned} \tag{2.15}$$

である．今後の計算では，天文単位 (AU) と日 (day) によって表わした μ の数値を使う．

以下，τ の計算は e の値によって，つまり曲線が楕円，双曲線，放物線のどれであるかによって三つの場合に分かれる．それぞれについて順を追って説明する．

2.3.1 楕円軌道 $(0 \leq e < 1)$ の場合

軌道の半直弦 ℓ と離心率 e から，

$$a = \frac{\ell}{1-e^2}, \tag{2.16}$$

の関係で，楕円軌道の**長半径** a を計算する．ついで日心引力定数 μ を使って，

$$n = \sqrt{\frac{\mu}{a^3}}, \tag{2.17}$$

として**平均運動** n を求める．この n は太陽を回る天体の平均角速度である．ここでは角度をラジアン単位で表わし，n が時間の逆数の単位をもつようにしておく．

一方，天体の真近点角 f から，

$$\begin{aligned}\cos u &= \frac{\cos f + e}{1 + e\cos f}, \\ \sin u &= \frac{\sqrt{1-e^2}\sin f}{1 + e\cos f},\end{aligned} \tag{2.18}$$

の関係で $\cos u, \sin u$ を計算する．この二つの式から，角度 u は象限を含めて決めることができる．u はこの天体の**離心近点角**と呼ばれる角度である．離心近点角は天体位置を推算するときどうしても必要となる角度であり，楕円軌道に対しては幾何学的に定義することもできる．ここでは説明を省略するが，詳しいことを知りたい方は天体力学の書物を参照されたい．たとえば，拙著『天体の位置計算』5.3 節「2 体問題と楕円軌道」(地人書館，2001 年)，あるいは『天体力学入門』上巻 6.3 節「相対運動の軌道」(地人書館，1990 年) などにも，離心近点角の説明がある．ここでは，単に (2.18) 式で定義される角度と考えておけばよい．

離心近点角 u をラジアン単位で表わしたとき，求めようとしている天体の近日点通過後の経過時間 τ は，

$$\tau = \frac{u - e\sin u}{n}, \tag{2.19}$$

で計算できる．なお，楕円軌道の場合、長半径 a はしばしば近日点距離 q に代わる軌道要素としてとられることが多い．

2.3.2 双曲線軌道 ($e > 1$) の場合

楕円軌道の場合と似たような形で，

$$a = \frac{\ell}{e^2 - 1}, \tag{2.20}$$

として a を計算する．この a は双曲線の**半主軸**といわれる長さである．この a を使って，

$$n = \sqrt{\frac{\mu}{a^3}}, \tag{2.21}$$

で平均運動 n を求める．ただし，双曲線軌道の場合にこの n は軌道の平均角速度ではない．単に，楕円軌道の平均角速度に対応するものと理解しておいてほしい．この n もラジアン単位の角速度で表わしておく．

一方，真近点角 f から，

$$\sinh u = \frac{\sqrt{e^2 - 1} \sin f}{1 + e \cos f}, \tag{2.22}$$

で双曲線関数 $\sinh u$ を計算する．双曲線関数を知らなくとも，ここでは $\sinh u$ をひとつの数値と考えておけばそれでよい．ここから角度 u を求める．逆双曲線関数がすぐに使えない場合には，

$$u = \ln(\sinh u + \sqrt{\sinh^2 u + 1}), \tag{2.23}$$

として u が計算できる．ln は自然対数を表わす記号である．こうすれば，求めようとしている近日点通過後の経過時間 τ は，

$$\tau = \frac{e \sinh u - u}{n}, \tag{2.24}$$

の関係で計算できる．なお，ここで直接必要ではないが，あとの計算のために，

$$\cosh u = \frac{\cos f + e}{1 + e \cos f}, \tag{2.25}$$

の関係も挙げておく．

2.3.3 放物線軌道 $(e=1)$ の場合

この扱いは,楕円,双曲線軌道の場合と多少異なってくる.まず,

$$q = \frac{\ell}{1+e} = \frac{\ell}{2}, \tag{2.26}$$

で近日点距離 q を計算する.ついで,

$$n = \sqrt{\frac{\mu}{2q^3}}, \tag{2.27}$$

の関係で平均運動に対応する角速度の n を求める.この n と真近点角 f によって直接,

$$\tau = \frac{\tan(f/2) + (1/3)\tan^3(f/2)}{n}, \tag{2.28}$$

と,近日点通過後の経過時間 τ を計算することができる.

計算例 4

計算例 2 で扱った 3 点 P_1, P_2, P_3 のそれぞれに対して,近日点通過後の経過時間を求めよ.ただし,長さは天文単位で表わしてあるものとする.

解答

計算例 2 で,

$\ell = 0.5166961 \text{(AU)},$

$e = 0.2247631,$

であった.$0 < e < 1$ であるから,これは楕円軌道である.そこで (2.16),(2.17) 式から,この軌道の長半径 a,平均運動 n を計算すると,

$a = \dfrac{\ell}{1-e^2} = 0.5441876 \text{(AU)},$

$n = \sqrt{\dfrac{\mu}{a^3}} = 0.04285076 (\text{day})^{-1},$

である.ここでは長さを天文単位,時間を日の単位で表わしているから,

$\mu = 2.95912208 \times 10^{-4} (\text{AU})^3 (\text{day})^{-2},$

を採用する.ここで θ_0 と置き直した近日点の偏角 $11°.29772$ を使って,つぎの計算表ができる.

2.3 近日点通過以後の経過時間の計算

表 2.4 計算例 4 の計算表

i	1	2	3
θ_i	$32°.44852$	$45°.00187$	$67°.90624$
$f_i = \theta_i - \theta_0$	$21°.15080$	$33°.70415$	$56°.60852$
$\cos f_i$	0.9326340	0.8319140	0.5503566
$\sin f_i$	0.3608238	0.5549046	0.8349297
$\cos u_i$	0.9568257	0.8902205	0.6897925
$\sin u_i$	0.2906624	0.4555299	0.7240071
u_i	0.2949191	0.4729674	0.8095939
τ_i	5.35787day	8.64818day	15.09574day

したがって，P_1 は近日点を通過してから 5.35787 日後の位置であり，同様に P_2 は 8.64818 日後，P_3 は 15.09574 日後の位置である．この計算で $\cos u_i, \sin u_i$ は (2.18) 式を，τ_i は (2.19) 式を使って計算をしている．なお u_i はラジアンによる表記である．これを度単位の数字に直すには $180/\pi$ を掛けなければならない．

表 2.5 計算例 5 の計算表

i	1	2	3
r_i	0.86310	0.93947	1.10985
θ_i	$26°.4$	$35°.1$	$48°.7$
$\theta_j - \theta_k$	$\theta_3 - \theta_2 = \theta_{32}$ $13°.6$	$\theta_1 - \theta_3 = \theta_{13}$ $-22°.3$	$\theta_2 - \theta_1 = \theta_{21}$ $8°.7$
$\cos(\theta_j - \theta_k)$	0.9719610	0.9252097	0.9884939
$\sin(\theta_j - \theta_k)$	0.2351421	-0.3794562	0.1512608
C		-0.004068596	
S		-0.002313189	
Q		0.004680204	
H		0.004341206	
L		0.006251604	
$\ell = L/H$		1.4400616	
$e = Q/H$		1.0780885	
$\cos\theta_0 = -S/Q$		0.4942495	
$\sin\theta_0 = C/Q$		-0.8693201	
$\tan\theta_0 = -C/S$		-1.7588689	
θ_0		$-60°.37973$	
$a = \ell/(e^2 - 1)$		8.8742145	
$n = \sqrt{\mu/a^3}$		0.0006507086	
f_i	$-\theta_0 - \theta_{21}$ $51°.67973$	$-\theta_0$ $60°.37973$	$-\theta_0 + \theta_{32}$ $73°.97973$
$\sinh u_i$	0.1894219	0.2284584	0.2984052
u_i	0.1883070	0.2265163	0.2941451
τ_i	24.44493	30.40075	42.35696

計算例 5

太陽を原点として運動する天体がつぎの3点を通過した.近日点を通過してから何日後にそれぞれの点を通過したか.
$P_1(0.86310\text{AU}, 26°.4), P_2(0.93947\text{AU}, 35°.1), P_3(1.10985\text{AU}, 48°.7)$

解答

この解答は前ページの計算表に示す.この軌道は $e>1$ で双曲線軌道であり,計算には (2.20) から (2.24) 式を利用している.与えられた点を通過するのは,近日点を通過してからそれぞれ,24.44493 日,30.40075 日,42.35696 日後である.

2.3.4 τ_1, τ_2, τ_3 の計算手順

近日点を通過してからの経過時間 τ_1, τ_2, τ_3 を計算する手順は,つぎの流れ図によって説明できる.

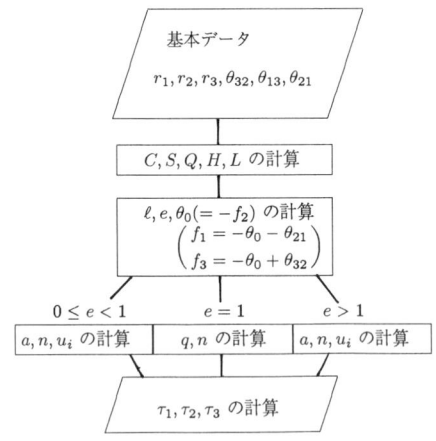

図 2.4 近日点通過後の経過時間 τ_1, τ_2, τ_3 を求める流れ図

2.4 軌道上の2点間を通過する時間

$t_1, t_2, t_3 \ (t_1 < t_2 < t_3 \ \text{とする})$ のそれぞれの時刻に,天体が軌道上の3点 P_1, P_2, P_3 に到達したとする.ここではその2点,たとえば P_1 を出発して P_2 に到達するま

2.4 軌道上の2点間を通過する時間

での時間 $t_2 - t_1$ などを求めることを考える．表記を簡単にするため，

$$t_{21} = t_2 - t_1 > 0,$$
$$t_{32} = t_3 - t_2 > 0, \qquad (2.29)$$
$$t_{13} = t_1 - t_3 < 0,$$

と書くことにする．t_{13} をこのようにマイナスの値に定義するのは、単にあとから出る式の体裁を整えるためで、特に深い意味があるわけではない．ずっと後の9章では、$t_{31} = t_3 - t_1 > 0$ の表記も使用する．

ここで P_1, P_2, P_3 の真近点角をそれぞれ f_1, f_2, f_3 とすると，(2.6) 式の定義と (2.13) 式から，

$$f_1 = \theta_1 - \theta_0 = -\theta_0 - \theta_{21},$$
$$f_2 = \theta_2 - \theta_0 = -\theta_0, \qquad (2.30)$$
$$f_3 = \theta_3 - \theta_0 = -\theta_0 + \theta_{32},$$

である．またこれらの角の $\sin, \cos$ は，直接 θ_0 を求めなくても，

$$\cos f_1 = \cos \theta_0 \cos \theta_{21} - \sin \theta_0 \sin \theta_{21},$$
$$\cos f_2 = \cos \theta_0, \qquad (2.31)$$
$$\cos f_3 = \cos \theta_0 \cos \theta_{32} + \sin \theta_0 \sin \theta_{32},$$

および，

$$\sin f_1 = -\sin \theta_0 \cos \theta_{21} - \cos \theta_0 \sin \theta_{21},$$
$$\sin f_2 = -\sin \theta_0, \qquad (2.32)$$
$$\sin f_3 = -\sin \theta_0 \cos \theta_{32} + \cos \theta_0 \sin \theta_{32},$$

で求めることができる．したがって，前節の方法にしたがって計算を進めれば，天体が近日点を通過してから P_1, P_2, P_3 に至るまでのそれぞれの時間 τ_1, τ_2, τ_3 を計算できる．その結果から，t_{21}, t_{32}, t_{13} は，

$$t_{21} = t_2 - t_1 = \tau_2 - \tau_1,$$
$$t_{32} = t_3 - t_2 = \tau_3 - \tau_2, \qquad (2.33)$$
$$t_{13} = t_1 - t_3 = \tau_1 - \tau_3,$$

としてすべて計算できる．ここで，

$$t_{13} = -(t_{32} + t_{21}),$$

である．

2.5　空間の3点からの各種パラメータの決定

いままでは平面上で話を進めてきた．ここから，空間における焦点と軌道上の3点から，二次曲線の軌道に関する各種のパラメータを求めることを考える．

太陽 O を原点とする日心赤道直交座標系を考え，時刻 t_1, t_2, t_3 に対する3点の天体の位置が，日心赤道直交座標でそれぞれ，

$$P_1(x_1, y_1, z_1), P_2(x_2, y_2, z_2), P_3(x_3, y_3, z_3)$$

として与えられたとする．ただし，O, P_1, P_2, P_3 は同一平面上にあるものとする．このとき，P_1, P_2, P_3 を通る二次曲線の半直弦 ℓ，離心率 e，P_2 に対する真近点角 f_2 および天体がこれらの点の間を移動する時間 t_{21}, t_{32} などを計算する手順を求めることがこの節の目的である．

まず，それぞれの点の動径 r_1, r_2, r_3 は，

$$\begin{aligned}
r_1 &= \sqrt{x_1^2 + y_1^2 + z_1^2}, \\
r_2 &= \sqrt{x_2^2 + y_2^2 + z_2^2}, \\
r_3 &= \sqrt{x_3^2 + y_3^2 + z_3^2},
\end{aligned} \tag{2.34}$$

で求めることができる．また，それぞれの時刻の天体の方向余弦 (ℓ_1, m_1, n_1)，$(\ell_2, m_2, n_2), (\ell_3, m_3, n_3)$ は，

$$\begin{aligned}
\ell_1 &= \frac{x_1}{r_1}, & m_1 &= \frac{y_1}{r_1}, & n_1 &= \frac{z_1}{r_1}, \\
\ell_2 &= \frac{x_2}{r_2}, & m_2 &= \frac{y_2}{r_2}, & n_2 &= \frac{z_2}{r_2}, \\
\ell_3 &= \frac{x_3}{r_3}, & m_3 &= \frac{y_3}{r_3}, & n_3 &= \frac{z_3}{r_3},
\end{aligned} \tag{2.35}$$

と書き表わされる．この方向余弦を使うことで，動径のはさみ角 θ_{12}, θ_{23} などは，

$$\cos\theta_{21} = \ell_2\ell_1 + m_2 m_1 + n_2 n_1, \quad \sin\theta_{21} = \sqrt{1 - \cos^2\theta_{21}},$$

2.5 空間の3点からの各種パラメータの決定

$$\cos\theta_{32} = \ell_3\ell_2 + m_3m_2 + n_3n_2, \quad \sin\theta_{32} = \sqrt{1-\cos^2\theta_{32}}, \tag{2.36}$$

$$\cos\theta_{13} = \ell_1\ell_3 + m_1m_3 + n_1n_3, \quad \sin\theta_{13} = -\sqrt{1-\cos^2\theta_{13}},$$

として計算できる．したがって，それぞれの時刻の天体位置の直交座標 (x_i, y_i, z_i)，$(i=1,2,3)$ から，動径 r_1, r_2, r_3 と，その間の角 θ_{21}, θ_{32} の計算ができる．

これで必要な数値はすべて得られたから，ここまでの節で示した方法を順に適用すれば，その軌道の a, e, f_1, f_2, f_3 および t_{21}, t_{32} を計算することができる．現実の手順は，つぎの計算例を参照してほしい．

計算例6

太陽が原点にあるとき，つぎの3点を通る二次曲線軌道の半直弦の長さ，離心率を求め，天体が近日点を通過してからそれぞれの点に達するまでの時間を計算せよ．ただし，長さの単位は天文単位である．

$P_1(-0.7126200, \ -0.1730577, \ 0.1421787)$

$P_2(-0.6958743, \ -0.3733417, \ 0.1114599)$

$P_3(-0.6743027, \ -0.4793148, \ 0.0922565)$

解答

これまでに説明した計算法は，3点がすべて原点Oを含む同一平面上にあるという前提であった．三次元空間で3点が与えられた場合に，一般に，その3点を通る平面上に原点があるとは限らない．まず，P_1, P_2, P_3 と原点Oが同じ平面上にあるかどうかを確認しよう．

$P_1(x_1, y_1, z_1), P_2(x_2, y_2, z_2), P_3(x_3, y_3, z_3)$ を通る平面が原点 $O(0,0,0)$ を含む条件は，

$$\begin{vmatrix} x_1 & y_1 & z_1 \\ x_2 & y_2 & z_2 \\ x_3 & y_3 & z_3 \end{vmatrix} = 0, \tag{2.37}$$

である．上記の3点でこの左辺の行列式を計算すると，

$$x_1y_2z_3 + y_1z_2x_3 + z_1x_2y_3 - x_1z_2y_3 - y_1x_2z_3 - z_1y_2x_3$$

$$= 0.0849742 - 0.0849742 = 0,$$

になる．したがってこの3点と原点Oは同一平面上にある．

以下，具体的な計算は表 2.6 の計算表に示した．その結果から，半直弦の長さは $\ell = 1.170191 \text{AU}$ ，離心率は $e = 0.6503777$ ，近日点を通過してからの日数はそれぞれ 14.36591 日, 22.52623 日, 27.08566 日 になることがわかる．

表 2.6 計算例 6 の計算表

i	1	2	3
x_i	-0.7126200	-0.6958743	-0.6743027
y_i	-0.1730577	-0.3733417	-0.4793148
z_i	0.1421787	0.1114599	0.0922565
$r_i = \sqrt{x_i^2 + y_i^2 + z_i^2}$	0.7469880	0.7975264	0.8324290
$\ell_i = x_i/r_i$	-0.9539913	-0.8725408	-0.8100423
$m_i = y_i/r_i$	-0.2316740	-0.4681246	-0.5758026
$n_i = z_i/r_i$	0.1903360	0.1397570	0.1108281
	θ_{32}	θ_{13}	θ_{21}
$\cos\theta_{jk} = \ell_j\ell_k + m_jm_k + n_jn_k$	0.9918312	0.9272663	0.9674494
$\sin\theta_{jk} = \pm\sqrt{1-\cos^2\theta_{jk}}$	0.1275570	-0.3744024	0.2530647
C		-0.001192311	
S		-0.001231580	
Q		0.001714175	
H		0.002635660	
L		0.003084226	
$\ell = L/H$		1.1701911	
$e = Q/H$		0.6503777	
$\cos\theta_0 = -S/Q$		0.7184680	
$\sin\theta_0 = C/Q$		-0.6955600	
$\tan\theta_0 = -C/S$		-0.9681154	
$a = \ell/(1-e^2)$		2.0280298	
$n = \sqrt{\mu/a^3}$		0.0059562091	
$\cos f_i$	0.8711031	0.7184680	0.6238755
$\sin f_i$	0.4911002	0.6955600	0.7815237
$\cos u_i$	0.9712327	0.9329166	0.9064549
$\sin u_i$	0.2381322	0.3600925	0.4223027
u_i	0.2404423	0.3683671	0.4359841
$\tau_i(\text{day})$	14.36591	22.52623	27.08566

2.6 軌道決定の原理

ここまでに述べた内容から，つぎのことがいえる．

(A) 太陽を原点とする座標系で軌道上の 3 点が与えられれば (そしてその 3 点がある条件を満たせば)，その 3 点を通る二次曲線の軌道を決めることができる．

(B) その中の 2 点の間を天体が移動する時間も計算できる．

この事実をもとにして，太陽系内の天体に対する軌道決定の原理は，つぎのように

2.6 軌道決定の原理

説明できる．

現実の観測はつねに運動している地球上からおこなわれる．観測点の位置(太陽を原点とする直交座標値)は，観測をおこなった時刻さえわかれば既知と考えてよい．しかし，軌道を決めようとしている天体は，観測点から見て，その方向の観測はできるが，距離を観測することはできない．したがって，この距離を決めることが軌道決定の本質である．距離を求めることができさえすれば，そのあと具体的に6個の軌道要素を計算することは，現実の計算はやや面倒であるにしても，手順にしたがって計算を進めるだけでよく，そこに大きい困難はない．

いま，時刻 t_1, t_2, t_3 に，ある天体Pを地球上の点から3回観測し，それぞれの時刻に，その赤経，赤緯が $(\alpha_1, \delta_1), (\alpha_2, \delta_2), (\alpha_3, \delta_3)$ であったものとする．このとき，$t_i, \alpha_i, \delta_i, (i=1,2,3)$ はすべてわかっている数値である．また，その時刻に対し，観測点の位置が，日心赤道直交座標系で $Q_1(X_1, Y_1, Z_1), Q_2(X_2, Y_2, Z_2)$，$Q_3(X_3, Y_3, Z_3)$ であったとする．この $Q_i, (i=1,2,3)$ も既知の数値である．

ここで，それぞれの時刻に対する観測点からその天体までの距離が，$\Delta_1, \Delta_2, \Delta_3$ であったとしよう．ただしこれらは未知の量である．これから，この $\Delta_1, \Delta_2, \Delta_3$ を求めることを考えるのである．

もしこれらの値がわかっているとすれば，天体Pの赤道直交座標値 (x_i, y_i, z_i) は，

$$
\begin{aligned}
x_i &= X_i + \Delta_i \cos \delta_i \cos \alpha_i, \\
y_i &= Y_i + \Delta_i \cos \delta_i \sin \alpha_i, \quad (i=1,2,3) \\
z_i &= Z_i + \Delta_i \sin \delta_i,
\end{aligned} \tag{2.38}
$$

と書くことができる．ここから，$\Delta_1, \Delta_2, \Delta_3$ を決めるためにつぎの手順を考えることができる．

(a) 天体Pまでの距離 $\Delta_1, \Delta_2, \Delta_3$ を適宜に仮定する．ただしここで $\Delta_1, \Delta_2, \Delta_3$ をすべて任意にとることはできない．なぜなら，ここから決まる P_1, P_2, P_3 は原点を通る平面上になければならないからである．独立なのはこのうちの二つだけである．

(b) その仮定に対し，天体Pの赤道直交座標値 $P_i(x_i, y_i, z_i), (i=1,2,3)$ を(2.38)式によって計算する．

(c) 計算した直交座標値から，前節の手順にしたがって，天体Pの軌道の半直弦 ℓ，離心率 e，各時刻に対する真近点角 $f_i, (i=1,2,3)$ を計算する．

(d) さらに，天体が P_1 から P_2 へ，P_2 から P_3 へと移動する時間を計算する．これを t'_{21}, t'_{32} と書き表わすことにする．

ここで，もし $\Delta_1, \Delta_2, \Delta_3$ が正しい値であったとしたら，こうして計算した t'_{21}, t'_{32} は，観測の時刻から計算したものと一致し，

$$t'_{21} = t_{21},$$
$$t'_{32} = t_{32}, \tag{2.39}$$

となるはずである．しかし，最初の $\Delta_1, \Delta_2, \Delta_3$ は適宜に仮定した値であるから，一般にこの一致は成り立たない．

そこで，この関係が成立するように，$\Delta_1, \Delta_2, \Delta_3$ を少しずつ修正して，(2.39) 式の両辺の差がより小さくなるようにする．何回か修正を繰り返し，これが必要精度で一致するようにすれば，そのときに仮定した $\Delta_1, \Delta_2, \Delta_3$ は正しい値であり，天体の位置 $(x_i, y_i, z_i), (i = 1, 2, 3)$ も正しく，最後の繰り返し計算の中間過程で得られた半直弦 ℓ，離心率 e なども正しいものである．したがって，これによって天体の軌道を決めることができる．これが軌道決定の原理である．何度もいうことであるが，ある天体の太陽中心軌道を決めることの本質は，地球上の観測点からその天体までの距離を決めることに他ならない．

すると，これからの問題は二つになる．それは，

(C) はじめに，どのようにして天体までの推定距離 $\Delta_1, \Delta_2, \Delta_3$ を求めるか．

(D) (2.39) 式が成り立たなかったとき，推定距離をどのように修正するか．

である．これらについて，次章以下で説明する．

3 近似距離の推定

前節で述べたように,ある天体の軌道を決めることの本質は,観測点からその天体までの距離を決めることである.そして,仮定した距離を逐次近似によって能率的に正しい距離に近づけるためには,最初に,なるべく真値に近い距離を仮定することが望ましい.

コンピュータで計算するなら,そんなことに気を使わないで,適当な間隔でいくつもの距離に対する計算をおこない,その中からもっとも適当なものを拾いだす方式をとることもできる.その方がわかりやすいかもしれない.しかしここでは,距離を推定するため,旧来からとられていた方式を説明する.

ここで述べる方法は,太陽と天体の距離 r_2 と,観測点と天体の距離 Δ_2 に関する独立な二つの方程式を解いて Δ_2 を求めるものである.ただし,方程式の一方は近似的関係なので,求められる距離 Δ_2 は厳密に正確なものではなく,近似にすぎない.以下にその二つの方程式を導く.

3.1 Δ_2 と r_2 の関係式 (1)

まず,簡単な方から Δ_2 と r_2 の関係を求めよう.図 3.1 に示すように,t_2 の時刻に,観測点 $Q_2(X_2, Y_2, Z_2)$ から見た目標天体の方向 P_2 と太陽 O の方向とにはさまれる角度を γ とする.このとき,余弦定理によって,

$$r_2^2 = \Delta_2^2 - 2R_2\Delta_2 \cos\gamma + R_2^2,$$

が成り立っている.ただし,

$$R_2^2 = X_2^2 + Y_2^2 + Z_2^2, \tag{3.1}$$

である．ここで，
$$R_2 \cos\gamma = -(L_2 X_2 + M_2 Y_2 + N_2 Z_2), \tag{3.2}$$
であるから，
$$r_2^2 = \Delta_2^2 + 2\Delta_2(L_2 X_2 + M_2 Y_2 + N_2 Z_2) + R_2^2, \tag{3.3}$$
と書くことができる．これが Δ_2 と r_2 の関係を表わす第一の方程式である．これは簡単な幾何学的関係から導かれる，厳密な関係式である．

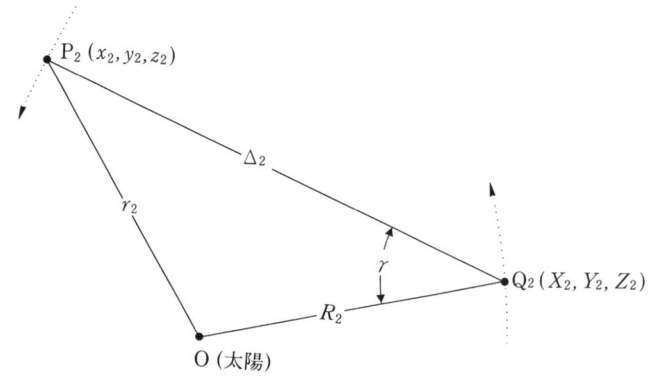

図 3.1 Δ_2 と r_2 の関係図

3.2 Δ_2 と r_2 の関係式 (2)

つぎに，Δ_2 と r_2 の関係を示す第二の方程式を導く．これを導き出すのは第一の方程式に比べるとちょっと面倒である．

3.2.1 幾何学的条件

太陽 O を原点とする直交座標系で，O を焦点とする二次曲線の軌道上を運行する天体を考える．時刻 t_1, t_2, t_3 の天体位置，$P_1(x_1, y_1, z_1), P_2(x_2, y_2, z_2), P_3(x_3, y_3, z_3)$ に対する位置ベクトルをそれぞれ $\mathbf{r}_1, \mathbf{r}_2, \mathbf{r}_3$ とする．ただし，これまでのように $t_1 < t_2 < t_3$ とし，その間に天体の真近点角はそれほど大きくは増加しないものとする．

このとき，P_1, P_2, P_3 は原点を含む平面上にあるから，

3.2 Δ_2 と r_2 の関係式 (2)

$$c_1 \mathbf{r}_1 + c_2 \mathbf{r}_2 + c_3 \mathbf{r}_3 = 0, \tag{3.4}$$

を成り立たせる定数 c_1, c_2, c_3 がある. ベクトルを使わずに書けば, これは,

$$\begin{aligned} c_1 x_1 + c_2 x_2 + c_3 x_3 &= 0, \\ c_1 y_1 + c_2 y_2 + c_3 y_3 &= 0, \\ c_1 z_1 + c_2 z_2 + c_3 z_3 &= 0, \end{aligned} \tag{3.5}$$

である. この式の形から, c_1, c_2, c_3 は確定できる数値ではなく, 単に相互の比が決まるだけであることがわかる. この比については, 3.2.2 節で考える.

いま, 時刻 t_1, t_2, t_3 に観測点から見た天体の方向余弦をそれぞれ (L_i, M_i, N_i), $(i = 1, 2, 3)$ とすると, (1.5) 式から,

$$\begin{aligned} L_i &= \cos \delta_i \cos \alpha_i, \\ M_i &= \cos \delta_i \sin \alpha_i, \quad (i = 1, 2, 3) \\ N_i &= \sin \delta_i, \end{aligned} \tag{3.6}$$

であり, (1.7) 式は,

$$\begin{aligned} x_i &= X_i + L_i \Delta_i, \\ y_i &= Y_i + M_i \Delta_i, \quad (i = 1, 2, 3) \\ z_i &= Z_i + N_i \Delta_i, \end{aligned} \tag{3.7}$$

と書くことができる. この関係を (3.5) 式に代入し, 移項すると,

$$\begin{aligned} c_1 L_1 \Delta_1 + c_2 L_2 \Delta_2 + c_3 L_3 \Delta_3 &= -c_1 X_1 - c_2 X_2 - c_3 X_3, \\ c_1 M_1 \Delta_1 + c_2 M_2 \Delta_2 + c_3 M_3 \Delta_3 &= -c_1 Y_1 - c_2 Y_2 - c_3 Y_3, \\ c_1 N_1 \Delta_1 + c_2 N_2 \Delta_2 + c_3 N_3 \Delta_3 &= -c_1 Z_1 - c_2 Z_2 - c_3 Z_3, \end{aligned} \tag{3.8}$$

の関係が得られる. さらに両辺を c_2 で割れば,

$$\begin{aligned} \frac{c_1}{c_2} L_1 \Delta_1 + L_2 \Delta_2 + \frac{c_3}{c_2} L_3 \Delta_3 &= -\frac{c_1}{c_2} X_1 - X_2 - \frac{c_3}{c_2} X_3, \\ \frac{c_1}{c_2} M_1 \Delta_1 + M_2 \Delta_2 + \frac{c_3}{c_2} M_3 \Delta_3 &= -\frac{c_1}{c_2} Y_1 - Y_2 - \frac{c_3}{c_2} Y_3, \\ \frac{c_1}{c_2} N_1 \Delta_1 + N_2 \Delta_2 + \frac{c_3}{c_2} N_3 \Delta_3 &= -\frac{c_1}{c_2} Z_1 - Z_2 - \frac{c_3}{c_2} Z_3, \end{aligned} \tag{3.9}$$

の形になる.これは $\Delta_1, \Delta_2, \Delta_3$ についての連立方程式である.なお,ここの (L_i, M_i, N_i) および $(X_i, Y_i, Z_i), (i = 1, 2, 3)$ は既知量であるから,c_1/c_2 および c_3/c_2 の二つの値が決まりさえすれば,$\Delta_1, \Delta_2, \Delta_3$ は連立方程式を解いて求めることができるはずである.しかし,c_1/c_2 および c_3/c_2 の値はすぐにはわからない.そこで,これらの値を求めることを考える.

なお,ここまでの式は,天体の軌道上の3点が原点を含む平面上にあるという幾何学的条件だけから導いたものであり,そこに力学的な考慮はまったく入っていない.

3.2.2 c_1/c_2 と c_3/c_2 の検討

(3.4) 式に左から $\mathbf{r}_3$ を掛けてベクトル積を作ってみる.$\mathbf{r}_3 \times \mathbf{r}_3 = 0$ であるから,

$$c_1(\mathbf{r}_3 \times \mathbf{r}_1) + c_2(\mathbf{r}_3 \times \mathbf{r}_2) = 0,$$

になり,ここから,

$$\frac{\mathbf{r}_2 \times \mathbf{r}_3}{c_1} = \frac{\mathbf{r}_3 \times \mathbf{r}_1}{c_2}, \tag{3.10}$$

の関係が得られる.ここで $\mathbf{r}_2 \times \mathbf{r}_3$ のベクトルは $\mathbf{r}_3 \times \mathbf{r}_1$ のベクトルと平行で向きが反対であることを考慮すると,

$$\frac{c_1}{c_2} = -\frac{|\mathbf{r}_2 \times \mathbf{r}_3|}{|\mathbf{r}_3 \times \mathbf{r}_1|}, \tag{3.11}$$

となる.| | の記号はベクトルの長さを表わすものである.同様に (3.4) 式に左から $\mathbf{r}_1$ を掛けたベクトル積を作ることで,

$$\frac{c_3}{c_2} = -\frac{|\mathbf{r}_1 \times \mathbf{r}_2|}{|\mathbf{r}_3 \times \mathbf{r}_1|}, \tag{3.12}$$

が得られる.これも幾何学的条件だけから決まる関係式である.

こうして,ベクトル $\mathbf{r}_1, \mathbf{r}_2, \mathbf{r}_3$ が与えられれば,c_1/c_2 や c_3/c_2 が得られることはわかった.しかし,これらのベクトルを観測から求めることはできない.つまり,問題はこれからである.ここで一歩を進めるため,仮に $\mathbf{r}_2$ のひとつだけが得られた場合,そこから $\mathbf{r}_1$ および $\mathbf{r}_3$ を導くことを考えてみよう.

ここからしばらくは一般的なことを述べる.いま,ある条件の下で運動している質点 P を考える.時刻ゼロにおける位置を $P_0(x_0, y_0, z_0)$,そのときの速度を $V_0(\dot{x}_0, \dot{y}_0, \dot{z}_0)$

3.2 Δ_2 と r_2 の関係式 (2)

とする．このとき，時刻 t における位置 $\mathrm{P}(x,y,z)$ は，テイラー展開によって，

$$x = x_0 + \dot{x}_0 t + \frac{1}{2}\ddot{x}_0 t^2 + \frac{1}{6}x^{(3)}t^3 + \ldots,$$
$$y = y_0 + \dot{y}_0 t + \frac{1}{2}\ddot{y}_0 t^2 + \frac{1}{6}y^{(3)}t^3 + \ldots, \qquad (3.13)$$
$$z = z_0 + \dot{z}_0 t + \frac{1}{2}\ddot{z}_0 t^2 + \frac{1}{6}z^{(3)}t^3 + \ldots,$$

と書くことができる．ただし $x^{(3)}$ は，時刻 t によって x を 3 回微分したものを表わす．$y^{(3)}, z^{(3)}$ についても同様である．ところで，太陽の引力だけで運動している天体には，運動方程式，

$$\ddot{x} = -\mu\frac{x}{r^3},$$
$$\ddot{y} = -\mu\frac{y}{r^3}, \qquad (3.14)$$
$$\ddot{z} = -\mu\frac{z}{r^3},$$

が成立している．ここで，

$$r^2 = x^2 + y^2 + z^2, \qquad (3.15)$$

であり，μ はすでに述べた日心引力定数である．

ここで (3.14) 式の両辺に対し，時間 t による微分を繰り返すと，$x^{(3)}, y^{(3)}, z^{(3)}$ 以降の高次の微分はすべて計算できる．以下，x についての式だけを書くことにすると，たとえば，

$$x^{(3)} = \frac{3\mu\dot{r}}{r^4}x - \frac{\mu}{r^3}\dot{x},$$

である．時刻ゼロに対する値はゼロの添字をつけて表記することにし，これを (3.13) 式に代入すると，

$$x = \left(1 - \frac{\mu}{2r_0^3}t^2 + \frac{\mu\dot{r}_0}{2r_0^4}t^3 + \ldots\right)x_0 + \left(t - \frac{\mu}{6r_0^3}t^3 + \ldots\right)\dot{x}_0, \qquad (3.16)$$

となる．つまり，x_0, および $\dot{x}_0$ にそれぞれ t の関数の係数がつく形に書き直すことができる．$x^{(3)}$ 以降の高次の微分を計算すれば，括弧内の t^3 以上の高次項を書くこともできる．このようにして計算した $x_0, \dot{x}_0$ の係数式をそれぞれ $f(t), g(t)$ で書

き表わすことにすると，y, z の関係もまとめて，

$$\begin{aligned} x &= f(t)x_0 + g(t)\dot{x}_0, \\ y &= f(t)y_0 + g(t)\dot{y}_0, \\ z &= f(t)z_0 + g(t)\dot{z}_0, \end{aligned} \quad (3.17)$$

と書くことができる．この関係には力学的条件が入っている．

ここで話を軌道決定に戻し，t_2 を時刻ゼロにとり，$t_3 - t_2 = t_{32}$ の時刻の位置 (x_3, y_3, z_3) を，(3.17) 式の関係で書いてみよう．すると，

$$x_3 = f(t_{32})x_2 + g(t_{32})\dot{x}_2,$$

になる．ここで

$$\begin{aligned} f(t_{32}) &= f_3, \\ g(t_{32}) &= g_3, \end{aligned} \quad (3.18)$$

と略記すれば，

$$\begin{aligned} x_3 &= f_3 x_2 + g_3 \dot{x}_2, \\ y_3 &= f_3 y_2 + g_3 \dot{y}_2, \\ z_3 &= f_3 z_2 + g_3 \dot{z}_2, \end{aligned} \quad (3.19)$$

である．これで (x_3, y_3, z_3) を $(x_2, y_2, z_2), (\dot{x}_2, \dot{y}_2, \dot{z}_2)$ を使って書くことができた．

ほとんど同様に，$t_2 - t_1 = t_{21}$ の関係を使って，t_2 より t_{21} だけ前の時刻の位置 (x_1, y_1, z_1) を書き表わしてみる．ここでは，

$$\begin{aligned} f(-t_{21}) &= f_1, \\ g(-t_{21}) &= g_1, \end{aligned} \quad (3.20)$$

と略記して，

$$\begin{aligned} x_1 &= f_1 x_2 + g_1 \dot{x}_2, \\ y_1 &= f_1 y_2 + g_1 \dot{y}_2, \\ z_1 &= f_1 z_2 + g_1 \dot{z}_2, \end{aligned} \quad (3.21)$$

3.2 Δ_2 と r_2 の関係式 (2)

になる. これで (x_1, y_1, z_1) も $(x_2, y_2, z_2), (\dot{x}_2, \dot{y}_2, \dot{z}_2)$ で表現することができた.

こうして得られた (3.19),(3.21) 式を使って, (3.11) および (3.12) 式の c_1/c_2 および c_3/c_2 を計算してみる. 計算過程の詳細は付録 A.2 に示した. 結果として,

$$\frac{c_1}{c_2} = -\left|\frac{g_3}{f_3 g_1 - f_1 g_3}\right|,$$
$$\frac{c_3}{c_2} = -\left|\frac{g_1}{f_3 g_1 - f_1 g_3}\right|, \tag{3.22}$$

が得られる.

ここまでの計算は, (3.16) 式の係数式 $f(t), g(t)$ が収束する限り, 厳密に成り立つものである. そこには何の省略も近似も入っていない. ここで初めて近似を取り入れることにしよう. つまり, 係数式から t の高次項を省略して,

$$f(t) = 1 - \frac{\mu}{2r_0^2} t^2,$$
$$g(t) = t\left(1 - \frac{\mu}{6r_0^3} t^2\right), \tag{3.23}$$

として, 以下の計算を進めようというのである. ここでは t_2 を時刻の原点にとっているから, f_1, g_1, f_3, g_3 は,

$$f_1 = 1 - \frac{\mu}{2r_2^3} t_{21}^2,$$
$$g_1 = -t_{21}\left(1 - \frac{\mu}{6r_2^3} t_{21}^2\right),$$
$$f_3 = 1 - \frac{\mu}{2r_2^3} t_{32}^2, \tag{3.24}$$
$$g_3 = t_{32}\left(1 - \frac{\mu}{6r_2^3} t_{32}^2\right),$$

になる. この関係を使って (3.19),(3.21) 式を計算し, それを (3.22) 式に代入する. さらに高次項を省略することで,

$$\frac{c_1}{c_2} = \frac{t_{32}}{t_{13}}\left\{1 + \frac{\mu}{6r_2^3}(t_{13}^2 - t_{32}^2)\right\},$$
$$\frac{c_3}{c_2} = \frac{t_{21}}{t_{13}}\left\{1 + \frac{\mu}{6r_2^3}(t_{13}^2 - t_{21}^2)\right\}, \tag{3.25}$$

が得られる. この計算の詳細も付録 A.2 に示してある. これらの式の右辺はほとんどが観測で得られる既知量であるが, 未知量としてまだ r_2 が残っている. r_2 はも

ちろん時刻 t_2 に対する天体の動径で,

$$r_2^2 = x_2^2 + y_2^2 + z_2^2, \tag{3.26}$$

である. c_1/c_2 や c_3/c_2 を知るためには, この r_2 を求めなくてはならない.

3.2.3 Δ_2 と r_2 の近似的決定

r_2 を求めるため, (3.8) 式から $c_1\Delta_1, c_3\Delta_3$ を消去すると,

$$c_2\Delta_2 \begin{vmatrix} L_1 & L_2 & L_3 \\ M_1 & M_2 & M_3 \\ N_1 & N_2 & N_3 \end{vmatrix} = \begin{vmatrix} L_1 & -c_1X_1 - c_2X_2 - c_3X_3 & L_3 \\ M_1 & -c_1Y_1 - c_2Y_2 - c_3Y_3 & M_3 \\ N_1 & -c_1Z_1 - c_2Z_2 - c_3Z_3 & N_3 \end{vmatrix},$$

になる. この行列式を展開して書き直すと,

$$\begin{aligned} &-c_2\Delta_2(\Gamma_1 L_2 + \Gamma_2 M_2 + \Gamma_3 N_2) \\ &= (\Gamma_1 X_1 + \Gamma_2 Y_1 + \Gamma_3 Z_1)c_1 + (\Gamma_1 X_2 + \Gamma_2 Y_2 + \Gamma_3 Z_2)c_2 \\ &\quad + (\Gamma_1 X_3 + \Gamma_2 Y_3 + \Gamma_3 Z_3)c_3, \end{aligned} \tag{3.27}$$

となる. ただしここでは,

$$\begin{aligned} \Gamma_1 &= M_1 N_3 - N_1 M_3, \\ \Gamma_2 &= N_1 L_3 - L_1 N_3, \\ \Gamma_3 &= L_1 M_3 - M_1 L_3, \end{aligned} \tag{3.28}$$

と定義している. したがって,

$$\Delta_2 = -J_1 \frac{c_1}{c_2} - J_2 - J_3 \frac{c_3}{c_2}, \tag{3.29}$$

の形になる. ここでも,

$$\begin{aligned} J_1 &= \frac{\Gamma_1 X_1 + \Gamma_2 Y_1 + \Gamma_3 Z_1}{\Gamma_1 L_2 + \Gamma_2 M_2 + \Gamma_3 N_2}, \\ J_2 &= \frac{\Gamma_1 X_2 + \Gamma_2 Y_2 + \Gamma_3 Z_2}{\Gamma_1 L_2 + \Gamma_2 M_2 + \Gamma_3 N_2}, \\ J_3 &= \frac{\Gamma_1 X_3 + \Gamma_2 Y_3 + \Gamma_3 Z_3}{\Gamma_1 L_2 + \Gamma_2 M_2 + \Gamma_3 N_2}, \end{aligned} \tag{3.30}$$

としている．(3.29) 式に (3.25) 式の $c_1/c_2, c_3/c_2$ を代入すると，

$$\begin{aligned}
\Delta_2 &= -J_1 \frac{t_{32}}{t_{13}} \left\{ 1 + \frac{\mu}{6r_2^3}(t_{13}{}^2 - t_{32}{}^2) \right\} - J_2 \\
&\quad - J_3 \frac{t_{21}}{t_{13}} \left\{ 1 + \frac{\mu}{6r_2^3}(t_{13}{}^2 - t_{21}{}^2) \right\} \\
&= -\frac{1}{t_{13}}(J_1 t_{32} + J_2 t_{13} + J_3 t_{21}) \\
&\quad - \frac{\mu}{6r_2^3 t_{13}} \{ J_1 t_{32}(t_{13}{}^2 - t_{32}{}^2) + J_3 t_{21}(t_{13}{}^2 - t_{21}{}^2) \},
\end{aligned}$$

となる．ここで，

$$\begin{aligned}
\mathcal{A} &= -\frac{1}{t_{13}}(J_1 t_{32} + J_2 t_{13} + J_3 t_{21}), \\
\mathcal{B} &= -\frac{\mu}{6t_{13}} \{ J_1 t_{32}(t_{13}{}^2 - t_{32}{}^2) + J_3 t_{21}(t_{13}{}^2 - t_{21}{}^2) \},
\end{aligned} \tag{3.31}$$

と置けば，

$$\Delta_2 = \mathcal{A} + \frac{\mathcal{B}}{r_2^3}, \tag{3.32}$$

の形になり，$\mathcal{A}$ と $\mathcal{B}$ を使って Δ_2 を r_2 で表わした式になる．これが Δ_2 と r_2 を未知量として含む第二の方程式である．(3.3) 式をもう一度書いておくと，

$$r_2^2 = \Delta_2^2 + 2\Delta_2(L_2 X_2 + M_2 Y_2 + N_2 Z_2) + R_2^2, \tag{3.3}$$

である．

こうして，(3.3) 式および (3.32) 式によって，Δ_2 と r_2 を未知量として含む二つの関係式が得られた．この (3.3) 式と (3.32) 式を連立方程式として解けば，そこから Δ_2 と r_2 を求めることができる．長々と書いてきたが，これで距離 Δ_2 と r_2 を推定する手順の説明がやっと終結した．

(3.3) および (3.32) の連立方程式から直接に解を求めるのはむずかしいので，通常は逐次近似法によって数値的に解を求める．つまり，

(a) 適当な Δ_2 (たとえば1AU) を仮定して (3.3) 式から r_2 を計算する．

(b) その r_2 を使って，(3.32) 式から Δ_2 を計算する．

(c) こうして計算した Δ_2 が最初に仮定した値と一致していれば，その Δ_2 が正しい値であるが，一般にそういうことはない．そこで，得られた Δ_2 を再び (3.3) 式に代入して r_2 を計算し直す．

(d) その r_2 を (3.32) 式に入れてまた Δ_2 を計算する.

(e) この過程を繰り返すと, Δ_2 の値がしだいに一定値に近づき, 最後には必要精度の範囲内で変化しないようになる. 現実には, Δ_2 の変化の絶対値が 10^{-8}AU 以下になればよいであろう. このときの Δ_2 や r_2 の値が求める解である. この r_2 を使って (3.25) 式から $c_1/c_2, c_3/c_2$ が計算できる.

ここでちょっと注釈を加えておこう.

(3.3),(3.32) の連立方程式の解を求める方法をここでは簡単に説明したが, 実をいうと, この逐次近似法で必要な解が必ず求められることが保証されているわけではない. 条件によってはこの連立方程式に 2 組以上の解が存在することがあり, ここに示した逐次近似法では正しい解が得られない場合もある. そのときには, 必要な解を求めるために別の方法を使わなくてはならない. 9 章「放物線軌道の決定」の中の計算例では, そのような特別の場合を扱っている.

現実の問題としては, 連立方程式のそれぞれについて r_2 と Δ_2 のグラフを描き, そこに何組の解があるかを確認するのが間違いのない方法である. $r_2 > 0, \Delta_2 > 0$ の範囲に交点がひとつしかない場合には, 解は 1 組だけであり, 逐次近似法で得られた解を安心して使うことができる. とにかく必要な解が得られたものとして, ここでは話を進めることにする.

$c_1/c_2, c_3/c_2$ が得られれば, それを (3.9) 式に代入して $\Delta_1, \Delta_2, \Delta_3$ を求めることができる. しかしすでに Δ_2 はわかっているのだから, Δ_2 を既知とし, (3.9) 式から任意に二つを選び出して Δ_1, Δ_3 を計算すればよい.

これまでの過程で, f_1, g_1, f_3, g_3 の計算に近似が入っているから, こうして得られた $\Delta_1, \Delta_2, \Delta_3$ も当然近似値である. しかし, 観測時間が極端に接近しているような場合を別にすれば, 一般に推定距離として十分に使えるものが得られる.

3.3 推定距離 $\Delta_1, \Delta_2, \Delta_3$ の計算手順

ここまでの説明をまとめると, 観測量 $(\alpha_i, \delta_i), t_i, (i = 1, 2, 3)$ および既知量 $Q_i(X_i, Y_i, Z_i), (i = 1, 2, 3)$, および μ から, 推定距離 $\Delta_i, (i = 1, 2, 3)$ を計算する手順は以下のようになる.

3.3 推定距離 $\Delta_1, \Delta_2, \Delta_3$ の計算手順

(a)
$$L_i = \cos\delta_i \cos\alpha_i,$$
$$M_i = \cos\delta_i \sin\alpha_i, \qquad (i = 1, 2, 3)$$
$$N_i = \sin\delta_i,$$

(b)
$$R_2^2 = X_2^2 + Y_2^2 + Z_2^2,$$
$$R_2 \cos\gamma = -(L_2 X_2 + M_2 Y_2 + N_2 Z_2),$$

(c)
$$\Gamma_1 = M_1 N_3 - N_1 M_3,$$
$$\Gamma_2 = N_1 L_3 - L_1 N_3,$$
$$\Gamma_3 = L_1 M_3 - M_1 L_3,$$

(d)
$$J_1 = \frac{\Gamma_1 X_1 + \Gamma_2 Y_1 + \Gamma_3 Z_1}{\Gamma_1 L_2 + \Gamma_2 M_2 + \Gamma_3 N_2},$$
$$J_2 = \frac{\Gamma_1 X_2 + \Gamma_2 Y_2 + \Gamma_3 Z_2}{\Gamma_1 L_2 + \Gamma_2 M_2 + \Gamma_3 N_2},$$
$$J_3 = \frac{\Gamma_1 X_3 + \Gamma_2 Y_3 + \Gamma_3 Z_3}{\Gamma_1 L_2 + \Gamma_2 M_2 + \Gamma_3 N_2},$$

(e)
$$t_{32} = t_3 - t_2,$$
$$t_{13} = t_1 - t_3,$$
$$t_{21} = t_2 - t_1,$$

(f)
$$\mathcal{A} = -\frac{1}{t_{13}}(J_1 t_{32} + J_2 t_{13} + J_3 t_{21}),$$
$$\mathcal{B} = -\frac{\mu}{6 t_{13}}\{J_1 t_{32}(t_{13}^2 - t_{32}^2) + J_3 t_{21}(t_{13}^2 - t_{21}^2)\},$$

(g)
$$r_2^2 = \Delta_2^2 + 2\Delta_2(L_2 X_2 + M_2 Y_2 + N_2 Z_2) + R_2^2,$$
$$\Delta_2 = \mathcal{A} + \frac{\mathcal{B}}{r_2^3},$$

の 2 式から，逐次近似によって Δ_2, r_2 を計算する．ただし，

$$R_2 = X_2^2 + Y_2^2 + Z_2^2,$$

である．

(h)
$$\frac{c_1}{c_2} = \frac{t_{32}}{t_{13}}\left\{1 + \frac{\mu}{6r_2^3}(t_{13}{}^2 - t_{32}{}^2)\right\},$$
$$\frac{c_3}{c_2} = \frac{t_{21}}{t_{13}}\left\{1 + \frac{\mu}{6r_2^3}(t_{13}{}^2 - t_{21}{}^2)\right\},$$

(i)

Δ_2 がすでにわかっているから，(3.9) 式中の二つを変形し，

$$\frac{c_1}{c_2}L_1\Delta_1 + \frac{c_3}{c_2}L_3\Delta_3 = -\frac{c_1}{c_2}X_1 - X_2 - \frac{c_3}{c_2}X_3 - L_2\Delta_2,$$
$$\frac{c_1}{c_2}M_1\Delta_1 + \frac{c_3}{c_2}M_3\Delta_3 = -\frac{c_1}{c_2}Y_1 - Y_2 - \frac{c_3}{c_2}Y_3 - M_2\Delta_2,$$

の連立方程式を解いて，Δ_1, Δ_3 を求める．

3.4 近似距離推定の計算実例

計算例 7

これからの計算例では，具体的な観測データを使うことにする．

つぎに示す一連の数値は，2000 年 12 月 20 日に発行された MPEC(Minor Planet Electronic Circular)2000-Y21 から，マサチューセッツ工科大学のリンカーン研究所がニューメキシコに設置した観測所で，2000WT$_{168}$ と符号のつけられた小惑星を観測したデータである．たくさんの観測の中から適当な 3 回だけを拾い出してある．

表 3.1　2000WT$_{168}$ の観測データ

観測日時	赤経	赤緯
9 月 27.44500 日	$7^h 20^m 05^s.44$	$+25°03'00''.3$
11 月 02.41761 日	$8^h 12^m 44^s.72$	$+19°06'16''.4$
12 月 16.30311 日	$8^h 45^m 38^s.82$	$+7°51'57''.2$

このデータを使って、それぞれの観測点の位置から $2000WT_{168}$ までの近似距離を推定せよ.

解答

3回の観測時刻を、早い方から順に t_1, t_2, t_3 とする。観測した赤経、赤緯を度とその小数による表示に直して、必要なデータを表にまとめると、つぎのようになる.

表 3.2　$2000WT_{168}$ 軌道計算の基礎データ

i	1	2	3
t_i	9月27.44500日	11月2.41761日	12月16.30311日
α_i	110°.0226667	123°.1863333	131°.4117500
δ_i	25°.0500833	19°.1045556	7°.8658889
X_i (AU)	0.9989344	0.7567902	0.0919899
Y_i (AU)	0.0741511	0.5886221	0.8989690
Z_i (AU)	0.0321551	0.2552052	0.3897541

計算に必要なデータはこれで全部である。$Q_i(X_i, Y_i, Z_i), (i=1,2,3)$ はそれぞれの観測時刻に対する観測点の日心赤道直交座標である。この数値をどこから引き出したのか疑問をもたれるであろうが、これについては後の10章で説明をする。ここでは、$Q_i(X_i, Y_i, Z_i)$ はただ天下り式に与えられた数値と考えておこう.

以下、3.3節の手順にしたがった計算表を示す.

表 3.3　計算例7の計算表

i	1	2	3
$L_i = \cos\delta_i \cos\alpha_i$	-0.3101858	-0.5172164	-0.6552420
$M_i = \cos\delta_i \sin\alpha_i$	0.8511806	0.7908011	0.7429190
$N_i = \sin\delta_i$	0.4234103	0.3272930	0.1368548
$R_2^2 = X_2^2 + Y_2^2 + Z_2^2$		0.9843371	
$2(L_2 X_2 + M_2 Y_2 + N_2 Z_2)$		0.3151712	
Γ_i	-0.1980714	-0.2349858	0.3272864
J_i	-8.6261290	-8.6231938	-4.2930068
$t_j - t_k$	$t_3 - t_2$ 43.88550	$t_1 - t_3$ -79.85811	$t_2 - t_1$ 35.97261
$\mathcal{A}$		1.9489482	
$\mathcal{B}$		-1.5255064	

ここまでの計算から、r_2 と Δ_2 に関する二つの方程式は，

$$(3.3)式 \quad r_2^2 = \Delta_2{}^2 + 0.3151712\Delta_2 + 0.9843371,$$

$$(3.32)式 \quad \Delta_2 = 1.9489482 - \frac{1.5255064}{r_2^3},$$

になる．(g) に当たるこの二つの連立方程式から Δ_2 と r_2 を求めればよい．この方程式により r_2 と Δ_2 のグラフを描いたのが図 3.2 である．ここには交点がひとつしかないから，解が得られればそれは必ず求める解である．

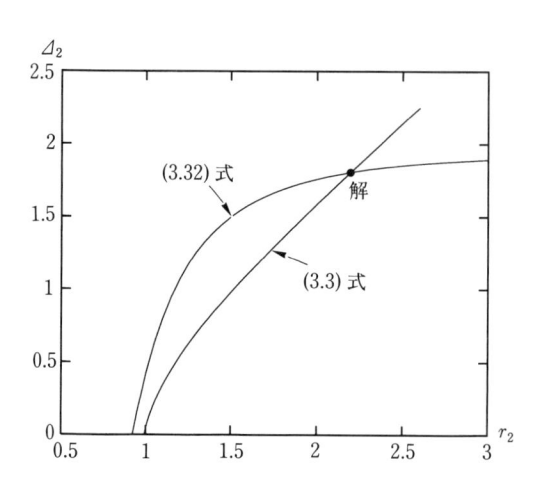

図 3.2　r_2 と Δ_2 のグラフ

　ここでは，逐次近似法によって解を求める．まず Δ_2 に適当な値を仮定する．これは真値とかなり離れていてもよい．軌道を求める天体が比較的地球に近いと思われるときは，初期値として $\Delta_2 = 1$ (AU) 程度の値をとればよい．また，その明るさが暗く動きが遅いことからカイパーベルト天体と推定されるようなときは，初期値に $\Delta_2 = 40$ (AU) 程度をとらなくてはならない．ここではまず $\Delta_2 = 1$ (AU) をとる．このとき (3.3) 式から，

$$r_2^2 = 2.2995083 (\text{AU})^2,$$

が得られる．そこからすぐに，

$$r_2^3 = 3.4870043 (\text{AU})^3,$$

が計算できる．これを (3.32) 式に代入して，

$$\Delta_2 = 1.5114648 (\text{AU}),$$

3.4 近似距離推定の計算実例

が計算できる．これで逐次近似の 1 回目の計算が終了である．その結果，Δ_2 としてはじめに仮定した 1AU の値が 1.5114648AU に変化した．

続いて，この $\Delta_2 = 1.5114648$ AU を (3.3) 式に入れて r_2^2 を計算し，それをもとに r_2^3 を求め，それを (3.32) 式に代入して再び Δ_2 を計算する．これが 2 回目の近似である．その結果今度は

$$\Delta_2 = 1.7384755 (\mathrm{AU}),$$

が得られる．

このような計算を何度も繰り返す．すると Δ_2 の値の変化はしだいに小さくなり，遂には必要精度で一定値に収束する．この計算では，変化量の絶対値が 10^{-8} AU より小さくなるまでに 10 回あまりの繰り返し計算が必要であり，

$$\Delta_2 = 1.8042649 (\mathrm{AU}),$$

になる．これが求めようとしている Δ_2 の近似値である．また，そのときの r^2 の値から，

$$r_2^2 = 4.8083613 (\mathrm{AU})^2,$$
$$r_2 = 2.1927976 (\mathrm{AU}),$$
$$r_2^3 = 10.5437630 (\mathrm{AU})^3,$$

も得られる．

つぎに，上記の r_2^3 および観測の時刻差 t_{32}, t_{13}, t_{21} を使って (h) の c_1/c_2 および c_3/c_2 を計算すると，

$$\frac{c_1}{c_2} = \frac{t_{32}}{t_{13}} \left\{ 1 + \frac{\mu}{6 r_2^3} (t_{13}{}^2 - t_{32}{}^2) \right\} = -0.5609857,$$
$$\frac{c_3}{c_2} = \frac{t_{21}}{t_{13}} \left\{ 1 + \frac{\mu}{6 r_2^3} (t_{13}{}^2 - t_{21}{}^2) \right\} = -0.4611672,$$

になる．よって (i) の方程式の係数は，

$$\frac{c_1}{c_2} L_1 = 0.1740098,$$
$$\frac{c_3}{c_2} L_3 = 0.3021761,$$

$$\frac{c_1}{c_2}M_1 = -0.4775002,$$
$$\frac{c_3}{c_2}M_3 = -0.3426098,$$

である.また右辺の定数項は,

$$-\frac{c_1}{c_2}X_1 - X_2 - \frac{c_3}{c_2}X_3 - L_2\Delta_2 = 0.7792158,$$
$$-\frac{c_1}{c_2}Y_1 - Y_2 - \frac{c_3}{c_2}Y_3 - M_2\Delta_2 = -1.5592642,$$

である.したがって Δ_1, Δ_3 に関する方程式は,

$$0.1740098\Delta_1 + 0.3021761\Delta_3 = 0.7792158,$$
$$-0.4775002\Delta_1 - 0.3426098\Delta_3 = -1.5592642,$$

になる.これを解くのは簡単であり,Δ_2 と並べてその解を書けば,

$$\Delta_1 = 2.4117319,$$
$$\Delta_2 = 1.8042649,$$
$$\Delta_3 = 1.1898718,$$

になる.これが t_1, t_2, t_3 それぞれの時刻に対する,観測点から 2000WT$_{168}$ までの推定距離になる.

4 $\Delta_1, \Delta_2, \Delta_3$ に対する補正方程式

4.1 補正方程式の形

観測点から天体までの距離 $\Delta_1, \Delta_2, \Delta_3$ を推定すれば，3点の天体の位置 P_1, P_2, P_3 が定まり，そこから，前章までの説明によって，天体の計算上の移動時間 t_{21}', t_{32}' を求めることができる．$\Delta_1, \Delta_2, \Delta_3$ の推定値が真の値とあまり大きく異なっていないなら，そこから計算される天体の移動時間 t_{21}', t_{32}' は，現実の移動時間 t_{21}, t_{32} とそれほど大きく違ってはいないはずである．この場合は以下に述べる手順で $\Delta_1, \Delta_2, \Delta_3$ を修正し，より正しい値に近づけることができる．ただし，t_{21} と t_{21}' の差，t_{32} と t_{32}' の差が非常に大きい場合にはこの方法を適用することはできない．このときは最初に戻って，より適当な $\Delta_1, \Delta_2, \Delta_3$ の推定値を探すところからやり直す必要がある．

採用した推定値がそれほど悪いものではなく，計算上の移動時間と現実の移動時間の差があまり大きいものではなかったとしよう．このときは，たとえば Δ_1 を d_1 だけ，ちょっと伸ばすことを考える．すると，それにしたがって，t_{21}', t_{32}' の値が多少変化するはずである．この場合の変化量を計算してみよう．ただし，t_{21}', t_{32}' の変化を直接求めるのはやめて，ここでは，近日点を通過してからの時間 τ_1, τ_2, τ_3 の変化を調べることにする．これは，たとえば τ_1 が $\Delta\tau_1$，τ_2 が $\Delta\tau_2$ の変化をしたなら，$\Delta\tau_2 - \Delta\tau_1$ が t_{21}' の変化になるからである．変化を見るために伸ばしてみる必要があるのは Δ_1 だけではない．同様に Δ_2 や Δ_3 も伸ばした場合をすべて考慮しなければならない．

いま一般的に Δ_i を d_i だけ伸ばしたときに τ_j が増加する量を $\Delta\tau_{ji}$ とする．d_i があまり大きくないとき，$\Delta\tau_{ji}$ は，

$$\Delta\tau_{ji} = \frac{\partial \tau_j}{\partial \Delta_i} d_i, \tag{4.1}$$

4 $\Delta_1, \Delta_2, \Delta_3$ に対する補正方程式

と書くことができる．したがって τ_{ji} の変化を知るには，$\partial \tau_j / \partial \Delta_i$ を計算する必要がある．

その計算はちょっと面倒であるから後まわしにして，いま，$\Delta \tau_{ji}, (i=1,2,3;\ j=1,2,3)$ がすべて得られたと考えよう．すると，$\Delta_1, \Delta_2, \Delta_3$ をそれぞれ小さい量 d_1, d_2, d_3 だけ伸ばしたときの τ_1, τ_2, τ_3 の変化 $\Delta \tau_1, \Delta \tau_2, \Delta \tau_3$ は，

$$\begin{aligned}
\Delta\tau_1 &= \Delta\tau_{11} + \Delta\tau_{12} + \Delta\tau_{13} = \frac{\partial \tau_1}{\partial \Delta_1}d_1 + \frac{\partial \tau_1}{\partial \Delta_2}d_2 + \frac{\partial \tau_1}{\partial \Delta_3}d_3, \\
\Delta\tau_2 &= \Delta\tau_{21} + \Delta\tau_{22} + \Delta\tau_{23} = \frac{\partial \tau_2}{\partial \Delta_1}d_1 + \frac{\partial \tau_2}{\partial \Delta_2}d_2 + \frac{\partial \tau_2}{\partial \Delta_3}d_3, \\
\Delta\tau_3 &= \Delta\tau_{31} + \Delta\tau_{32} + \Delta\tau_{33} = \frac{\partial \tau_3}{\partial \Delta_1}d_1 + \frac{\partial \tau_3}{\partial \Delta_2}d_2 + \frac{\partial \tau_3}{\partial \Delta_3}d_3,
\end{aligned} \quad (4.2)$$

と書くことができる．t_{21}' および t_{32}' の変化はそれぞれ $\Delta \tau_2 - \Delta \tau_1$，$\Delta \tau_3 - \Delta \tau_2$ として求められる．そこから，t_{21}, t_{32} との差を小さくするには，

$$\begin{aligned}
&\left(\frac{\partial \tau_2}{\partial \Delta_1} - \frac{\partial \tau_1}{\partial \Delta_1}\right)d_1 + \left(\frac{\partial \tau_2}{\partial \Delta_2} - \frac{\partial \tau_1}{\partial \Delta_2}\right)d_2 + \left(\frac{\partial \tau_2}{\partial \Delta_3} - \frac{\partial \tau_1}{\partial \Delta_3}\right)d_3 \\
&= t_{21} - t_{21}', \\
&\left(\frac{\partial \tau_3}{\partial \Delta_1} - \frac{\partial \tau_2}{\partial \Delta_1}\right)d_1 + \left(\frac{\partial \tau_3}{\partial \Delta_2} - \frac{\partial \tau_2}{\partial \Delta_2}\right)d_2 + \left(\frac{\partial \tau_3}{\partial \Delta_3} - \frac{\partial \tau_2}{\partial \Delta_3}\right)d_3 \\
&= t_{32} - t_{32}',
\end{aligned} \quad (4.3)$$

が成り立つように d_1, d_2, d_3 をとればよい．

しかし，求めるべき未知数 d_1, d_2, d_3 が三つあるのに，ここに条件式は二つしかない．これだけでは d_1, d_2, d_3 を決めることはできない．何かもうひとつ条件式が必要である．それは，$\Delta_1, \Delta_2, \Delta_3$ をそれぞれ d_1, d_2, d_3 だけ伸ばしたとき，それらの点が原点を含む同一平面上にある条件である．この条件は，

$$\begin{vmatrix} x_1 + L_1 d_1 & y_1 + M_1 d_1 & z_1 + N_1 d_1 \\ x_2 + L_2 d_2 & y_2 + M_2 d_2 & z_2 + N_2 d_2 \\ x_3 + L_3 d_3 & y_3 + M_3 d_3 & z_3 + N_3 d_3 \end{vmatrix} = 0, \quad (4.4)$$

で与えられる．d_1, d_2, d_3 が小さいとしてこの関係の二次以上の項を省略し，一次の関係式を作ると，

$$\begin{vmatrix} L_1 & M_1 & N_1 \\ x_2 & y_2 & z_2 \\ x_3 & y_3 & z_3 \end{vmatrix} d_1 + \begin{vmatrix} x_1 & y_1 & z_1 \\ L_2 & M_2 & N_2 \\ x_3 & y_3 & z_3 \end{vmatrix} d_2 + \begin{vmatrix} x_1 & y_1 & z_1 \\ x_2 & y_2 & z_2 \\ L_3 & M_3 & N_3 \end{vmatrix} d_3 = 0, \quad (4.5)$$

4.1 補正方程式の形

の形になる．これで三つの条件式が揃ったから，(4.3),(4.5) 式を連立方程式として解けば，d_1, d_2, d_3 を求めることができる．

ただし，これらの条件式は d_1, d_2, d_3 の一次の関係だけで決めたものであるから，計算を 1 回おこなっただけで完全に正しい補正値が求まるわけではない．また (4.5) 式は一次項だけをとったものであるから，d_1, d_2, d_3 の絶対値が大きいときは，補正して求めた $\Delta_1, \Delta_2, \Delta_3$ で決まる 3 点が原点を含んで同一平面上にあるという条件を必ずしも満たしているとは限らない．以下のすべての計算式は 3 点が原点を含む同じ平面上にあるという前提で作られたものであるから，このときは，$\Delta_1, \Delta_2, \Delta_3$ のうちどれかひとつを修正して，3 点を同一平面上に修正する方がいい．たとえば，Δ_1, Δ_3 をそのままにして Δ_2 を修正するなら，まず，

$$\begin{aligned}
x_1 &= X_1 + \Delta_1 L_1, \\
y_1 &= Y_1 + \Delta_1 M_1, \\
z_1 &= Z_1 + \Delta_1 N_1, \\
x_3 &= X_3 + \Delta_3 L_3, \\
y_3 &= Y_3 + \Delta_3 M_3, \\
z_3 &= Z_3 + \Delta_3 N_3,
\end{aligned} \qquad (4.6)$$

で $(x_1, y_1, z_1), (x_3, y_3, z_3)$ を計算し，

$$\Delta_2 = -\frac{X_2(z_1 y_3 - y_1 z_3) + Y_2(x_1 z_3 - z_1 x_3) + Z_2(y_1 x_3 - x_1 y_3)}{L_2(z_1 y_3 - y_1 z_3) + M_2(x_1 z_3 - z_1 x_3) + N_2(y_1 x_3 - x_1 y_3)}, \qquad (4.7)$$

によって Δ_2 を求め直すとよい．

こうして計算した $\Delta_1, \Delta_2, \Delta_3$ は，まだ厳密な値ではない．正しい値を求めるには，得られた d_1, d_2, d_3 を加えた $\Delta_1 + d_1, \Delta_2 + d_2, \Delta_3 + d_3$ を新たな $\Delta_1, \Delta_2, \Delta_3$ にとり直し，必要精度で補正値がゼロになるまで，この補正計算を繰り返す必要がある．補正値がゼロになれば，その $\Delta_1, \Delta_2, \Delta_3$ で与えられる目標天体の位置 P_1, P_2, P_3 に対して，計算による時刻と現実に観測をおこなった時刻 t_1, t_2, t_3 とが一致し，目標天体までの正しい距離が得られたことになる．

この計算方法の流れは，図 4.1 によって示すことができる。

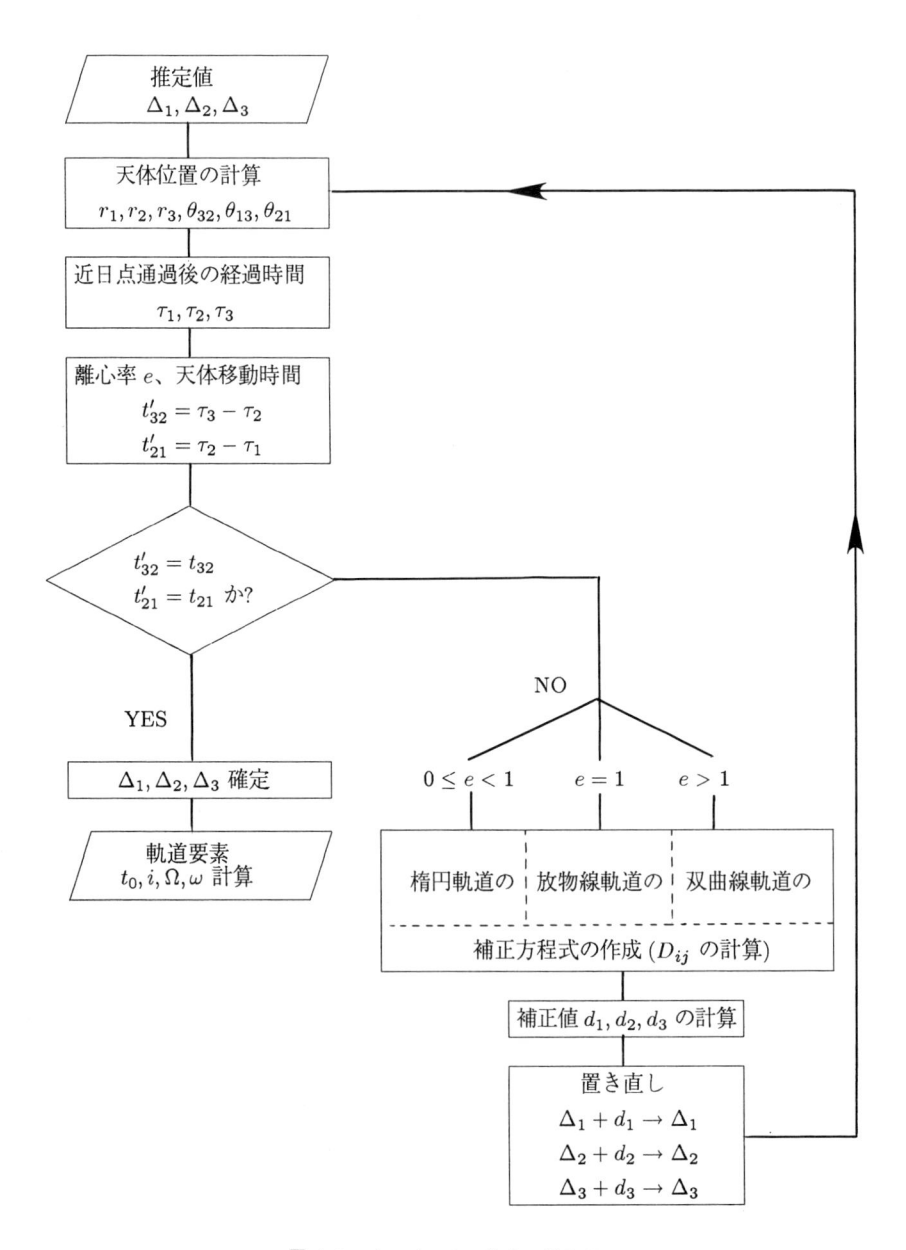

4 $\Delta_1, \Delta_2, \Delta_3$ に対する補正方程式

```
        ┌─────────────────┐
        │  推定値         │
        │ $\Delta_1, \Delta_2, \Delta_3$ │
        └────────┬────────┘
                 ▼
    ┌──────────────────────┐ ◄─────────────────────┐
    │  天体位置の計算      │                        │
    │ $r_1, r_2, r_3, \theta_{32}, \theta_{13}, \theta_{21}$ │
    └──────────┬───────────┘                        │
               ▼                                     │
    ┌──────────────────────┐                        │
    │ 近日点通過後の経過時間 │                      │
    │ $\tau_1, \tau_2, \tau_3$ │                    │
    └──────────┬───────────┘                        │
               ▼                                     │
    ┌──────────────────────┐                        │
    │ 離心率 $e$、天体移動時間 │                    │
    │ $t'_{32} = \tau_3 - \tau_2$ │                 │
    │ $t'_{21} = \tau_2 - \tau_1$ │                 │
    └──────────┬───────────┘                        │
               ▼                                     │
           ╱─────────╲                               │
         ╱ $t'_{32} = t_{32}$ ╲                      │
        ╱  $t'_{21} = t_{21}$ か?╲──── NO ──┐        │
         ╲               ╱                 │        │
           ╲───┬───────╱                   ▼        │
              YES       ┌──────┬─────┬──────┐       │
               ▼        │0≤e<1 │ e=1 │ e>1  │       │
    ┌──────────────────┐│      │     │      │       │
    │$\Delta_1,\Delta_2,\Delta_3$ 確定│楕円軌道の│放物線軌道の│双曲線軌道の│
    └────────┬─────────┘└──────┴─────┴──────┘       │
             ▼          ┌────────────────────┐      │
    ┌──────────────┐    │補正方程式の作成 ($D_{ij}$ の計算)│
    │ 軌道要素     │    └──────────┬─────────┘      │
    │$t_0, i, \Omega, \omega$ 計算│  ▼               │
    └──────────────┘    ┌────────────────────┐      │
                        │補正値 $d_1, d_2, d_3$ の計算│
                        └──────────┬─────────┘      │
                                   ▼                │
                        ┌────────────────────┐      │
                        │ 置き直し           │      │
                        │$\Delta_1 + d_1 \to \Delta_1$│      │
                        │$\Delta_2 + d_2 \to \Delta_2$│──────┘
                        │$\Delta_3 + d_3 \to \Delta_3$│
                        └────────────────────┘
```

図 **4.1** $\Delta_1, \Delta_2, \Delta_3$ 確定の流れ図

すると，問題は $\partial \tau_j / \partial \Delta_i$ のすべてを書き表わす具体的な関係式を求めることになる．これについては以下の節で述べる．

4.2 楕円，双曲線，放物線軌道に対する $\partial \tau_j / \partial \Delta_i$

4.2.1 楕円軌道の場合

(2.19) 式の，

$$\tau_j = \frac{u_j - e \sin u_j}{n},$$

から，

$$\frac{\partial \tau_j}{\partial \Delta_i} = \frac{1 - e \cos u_j}{n} \frac{\partial u_j}{\partial \Delta_i} - \frac{\sin u_j}{n} \frac{\partial e}{\partial \Delta_i} - \frac{\tau_j}{n} \frac{\partial n}{\partial \Delta_i}, \quad (4.8)$$
$$(i = 1, 2, 3; \quad j = 1, 2, 3)$$

である．したがって，これを計算するには $\partial u_j / \partial \Delta_i, \partial e / \partial \Delta_i, \partial n / \partial \Delta_i$ をすべて求める必要がある．これらの計算は困難ではないが，かなり面倒なので，計算手順だけを 4.3 節に示し，その具体的な導出法は付録 B に示す．

4.2.2 双曲線軌道の場合

(2.24) 式の，

$$\tau_j = \frac{e \sinh u_j - u_j}{n},$$

から，

$$\begin{aligned}\frac{\partial \tau_j}{\partial \Delta_i} &= \frac{e \cosh u_j - 1}{n} \frac{\partial u_j}{\partial \Delta_i} + \frac{\sinh u_j}{n} \frac{\partial e}{\partial \Delta_i} - \frac{\tau_j}{n} \frac{\partial n}{\partial \Delta_i} \\ &= \frac{e^2 - 1}{n(1 + e \cos f_j)} \frac{\partial u_j}{\partial \Delta_i} + \frac{\sqrt{e^2 - 1} \sin f_j}{n(1 + e \cos f_j)} \frac{\partial e}{\partial \Delta_i} - \frac{\tau_j}{n} \frac{\partial n}{\partial \Delta_i}, \end{aligned} \quad (4.9)$$
$$(i = 1, 2, 3; \quad j = 1, 2, 3)$$

である．ここでも $\partial u_j / \partial \Delta_i, \partial e / \partial \Delta_i, \partial n / \partial \Delta_i$ の計算手順だけを 4.3 節に示し，この導出も付録 B にまわす．

4.2.3 放物線軌道の場合

(2.28) 式の，
$$\tau_j = \frac{1}{n}\left(\tan\frac{f_j}{2} + \frac{1}{3}\tan^3\frac{f_j}{2}\right),$$
から，
$$\begin{aligned}
\frac{\partial \tau_j}{\partial \Delta_i} &= \frac{1}{n}\left(1 + \tan^2\frac{f_j}{2}\right)\left(2\cos^2\frac{f_j}{2}\right)^{-1}\frac{\partial f_j}{\partial \Delta_i} - \frac{\tau_j}{n}\frac{\partial n}{\partial \Delta_i} \\
&= \frac{1}{2n}\left(\cos\frac{f_j}{2}\right)^{-4}\frac{\partial f_j}{\partial \Delta_i} - \frac{\tau_j}{n}\frac{\partial n}{\partial \Delta_i} \\
&= \frac{1}{n}\left\{\frac{2}{(1+\cos f_j)^2}\frac{\partial f_j}{\partial \Delta_i} - \tau_j\frac{\partial n}{\partial \Delta_i}\right\}, (i=1,2,3; j=1,2,3) \quad (4.10)
\end{aligned}$$
である．これも $\partial f_j/\partial \Delta_i, \partial n/\partial \Delta_i$ の計算手順を 4.3 節に示し，それらの導出も付録 B に示した．

4.3 $\partial \tau_j/\partial \Delta_i$ の計算手順

ここでは，観測量，計算された量として，つぎの数値はあらかじめわかっているものとする．

(1) 観測時刻 $t_i, (i=1,2,3)$
(2) 観測点の日心赤道直交座標 $Q_i(X_i, Y_i, Z_i), (i=1,2,3)$
(3) 目標天体の観測方向余弦 $(L_i, M_i, N_i), (i=1,2,3)$
(4) 目標天体までの推定距離 $\Delta_i, (i=1,2,3)$

これらのデータから，つぎの手順で計算を進める．

(a) 観測時刻差
$$t_{32} = t_3 - t_2,$$
$$t_{21} = t_2 - t_1,$$

(b) 天体の日心直交座標 (x_i, y_i, z_i)
$$\begin{aligned}
x_i &= X_i + L_i \Delta_i, \\
y_i &= Y_i + M_i \Delta_i, \quad (i=1,2,3) \\
z_i &= Z_i + N_i \Delta_i,
\end{aligned}$$

4.3 $\partial \tau_j / \partial \Delta_i$ の計算手順

(c) 天体の動径 r_i と日心方向余弦 (ℓ_i, m_i, n_i)

$$r_i = \sqrt{x_i^2 + y_i^2 + z_i^2},$$
$$\ell_i = \frac{x_i}{r_i},$$
$$m_i = \frac{y_i}{r_i}, \qquad (i = 1, 2, 3)$$
$$n_i = \frac{z_i}{r_i},$$

(d) 動径のはさみ角 θ_{jk} の余弦, 正弦

$$\cos\theta_{jk} = \ell_j \ell_k + m_j m_k + n_j n_k,$$
$$\sin\theta_{jk} = \pm\sqrt{1 - \cos^2\theta_{jk}},$$

jk は, 32, 13, 21 の組み合わせを計算する. $\sin\theta_{13}$ のときだけ, 複号はマイナスをとる.

(e) C, S, Q, H, L

$$C = r_3(r_2 - r_1)\cos\theta_{32} + r_2(r_1 - r_3) + r_1(r_3 - r_2)\cos\theta_{21},$$
$$S = r_3(r_2 - r_1)\sin\theta_{32} - r_1(r_3 - r_2)\sin\theta_{21},$$
$$Q = \sqrt{C^2 + S^2},$$
$$H = r_2 r_3 \sin\theta_{32} + r_3 r_1 \sin\theta_{13} + r_1 r_2 \sin\theta_{21},$$
$$L = r_1 r_2 r_3 (\sin\theta_{32} + \sin\theta_{13} + \sin\theta_{21}),$$

(f) 半直弦 ℓ, 離心率 e, 近日点偏角 θ_0 の余弦, 正弦

$$\ell = \frac{L}{H},$$
$$e = \frac{Q}{H},$$
$$\cos\theta_0 = -\frac{S}{Q},$$
$$\sin\theta_0 = \frac{C}{Q},$$

(g) G_i, G_{ji}

$$G_i = \ell_i L_i + m_i M_i + n_i N_i, \qquad (i = 1, 2, 3)$$
$$G_{ji} = \ell_j L_i + m_j M_i + n_j N_i, \qquad (i = 1, 2, 3; j = 1, 2, 3; i \neq j)$$

(h) Λ_{ji}

$$\Lambda_{ji} = \frac{\partial \cos \theta_{ij}}{\partial \Delta_i}$$
$$= \frac{1}{r_i}(G_{ji} - G_i \cos \theta_{ij}), (i=1,2,3; j=1,2,3;\quad i \neq j)$$

(i) C の偏微分

$$\frac{\partial C}{\partial \Delta_1} = \{(r_3-r_2)\cos\theta_{21} + r_2 - r_3\cos\theta_{32}\}G_1 + r_1(r_3-r_2)\Lambda_{21},$$
$$\frac{\partial C}{\partial \Delta_2} = \{-r_1\cos\theta_{21} + (r_1-r_3) + r_3\cos\theta_{32}\}G_2 + r_1(r_3-r_2)\Lambda_{12}$$
$$+ r_3(r_2-r_1)\Lambda_{32},$$
$$\frac{\partial C}{\partial \Delta_3} = \{r_1\cos\theta_{21} - r_2 + (r_2-r_1)\cos\theta_{32}\}G_3 + r_3(r_2-r_1)\Lambda_{23},$$

(j) S の偏微分

$$\frac{\partial S}{\partial \Delta_1} = \{-(r_3-r_2)\sin\theta_{21} - r_3\sin\theta_{32}\}G_1 + r_1(r_3-r_2)\frac{\cos\theta_{21}}{\sin\theta_{21}}\Lambda_{21},$$
$$\frac{\partial S}{\partial \Delta_2} = (r_1\sin\theta_{21} + r_3\sin\theta_{32})G_2 + r_1(r_3-r_2)\frac{\cos\theta_{21}}{\sin\theta_{21}}\Lambda_{12}$$
$$- r_3(r_2-r_1)\frac{\cos\theta_{32}}{\sin\theta_{32}}\Lambda_{32},$$
$$\frac{\partial S}{\partial \Delta_3} = \{-r_1\sin\theta_{21} + (r_2-r_1)\sin\theta_{32}\}G_3 - r_3(r_2-r_1)\frac{\cos\theta_{32}}{\sin\theta_{32}}\Lambda_{23},$$

(k) Q の偏微分

$$\frac{\partial Q}{\partial \Delta_i} = \frac{1}{Q}\left(C\frac{\partial C}{\partial \Delta_i} + S\frac{\partial S}{\partial \Delta_i}\right), \qquad (i=1,2,3)$$

(ℓ) H の偏微分

$$\frac{\partial H}{\partial \Delta_1} = (r_3\sin\theta_{13} + r_2\sin\theta_{21})G_1 - r_3r_1\frac{\cos\theta_{13}}{\sin\theta_{13}}\Lambda_{31} - r_1r_2\frac{\cos\theta_{21}}{\sin\theta_{21}}\Lambda_{21},$$
$$\frac{\partial H}{\partial \Delta_2} = (r_1\sin\theta_{21} + r_3\sin\theta_{32})G_2 - r_1r_2\frac{\cos\theta_{21}}{\sin\theta_{21}}\Lambda_{12} - r_2r_3\frac{\cos\theta_{32}}{\sin\theta_{32}}\Lambda_{32},$$
$$\frac{\partial H}{\partial \Delta_3} = (r_2\sin\theta_{32} + r_1\sin\theta_{13})G_3 - r_2r_3\frac{\cos\theta_{32}}{\sin\theta_{32}}\Lambda_{23} - r_3r_1\frac{\cos\theta_{13}}{\sin\theta_{13}}\Lambda_{13},$$

(m) L の偏微分

$$\frac{\partial L}{\partial \Delta_1} = \frac{L}{r_1}G_1 - r_1r_2r_3\left(\frac{\cos\theta_{13}}{\sin\theta_{13}}\Lambda_{31} + \frac{\cos\theta_{21}}{\sin\theta_{21}}\Lambda_{21}\right),$$

$$\frac{\partial L}{\partial \Delta_2} = \frac{L}{r_2}G_2 - r_1r_2r_3\left(\frac{\cos\theta_{21}}{\sin\theta_{21}}\Lambda_{12} + \frac{\cos\theta_{32}}{\sin\theta_{32}}\Lambda_{32}\right),$$

$$\frac{\partial L}{\partial \Delta_3} = \frac{L}{r_3}G_3 - r_1r_2r_3\left(\frac{\cos\theta_{32}}{\sin\theta_{32}}\Lambda_{23} + \frac{\cos\theta_{13}}{\sin\theta_{13}}\Lambda_{13}\right),$$

(n) e の偏微分

$$\frac{\partial e}{\partial \Delta_i} = \frac{1}{H}\left(\frac{\partial Q}{\partial \Delta_i} - e\frac{\partial H}{\partial \Delta_i}\right), \qquad (i=1,2,3)$$

(o) f_i の偏微分

$$\frac{\partial f_1}{\partial \Delta_1} = -\frac{1}{Q^2}\left(C\frac{\partial S}{\partial \Delta_1} - S\frac{\partial C}{\partial \Delta_1}\right) + \frac{1}{\sin\theta_{21}}\Lambda_{21},$$

$$\frac{\partial f_2}{\partial \Delta_1} = \frac{\partial f_3}{\partial \Delta_1} = -\frac{1}{Q^2}\left(C\frac{\partial S}{\partial \Delta_1} - S\frac{\partial C}{\partial \Delta_1}\right),$$

$$\frac{\partial f_1}{\partial \Delta_2} = -\frac{1}{Q^2}\left(C\frac{\partial S}{\partial \Delta_2} - S\frac{\partial C}{\partial \Delta_2}\right) + \frac{1}{\sin\theta_{21}}\Lambda_{12},$$

$$\frac{\partial f_2}{\partial \Delta_2} = -\frac{1}{Q^2}\left(C\frac{\partial S}{\partial \Delta_2} - S\frac{\partial C}{\partial \Delta_2}\right),$$

$$\frac{\partial f_3}{\partial \Delta_2} = -\frac{1}{Q^2}\left(C\frac{\partial S}{\partial \Delta_2} - S\frac{\partial C}{\partial \Delta_2}\right) - \frac{1}{\sin\theta_{32}}\Lambda_{32},$$

$$\frac{\partial f_1}{\partial \Delta_3} = \frac{\partial f_2}{\partial \Delta_3} = -\frac{1}{Q^2}\left(C\frac{\partial S}{\partial \Delta_3} - S\frac{\partial C}{\partial \Delta_3}\right),$$

$$\frac{\partial f_3}{\partial \Delta_3} = -\frac{1}{Q^2}\left(C\frac{\partial S}{\partial \Delta_3} - S\frac{\partial C}{\partial \Delta_3}\right) - \frac{1}{\sin\theta_{32}}\Lambda_{23},$$

$$(i=1,2,3; \quad j=1,2,3)$$

(p) f_i の余弦, 正弦

$$\cos f_1 = \cos\theta_0\cos\theta_{21} - \sin\theta_0\sin\theta_{21},$$

$$\sin f_1 = -\sin\theta_0\cos\theta_{21} - \cos\theta_0\sin\theta_{21},$$

$$\cos f_2 = \cos\theta_0,$$

$$\sin f_2 = -\sin\theta_0,$$

$$\cos f_3 = \cos\theta_0\cos\theta_{32} + \sin\theta_0\sin\theta_{32},$$

$$\sin f_3 = -\sin\theta_0\cos\theta_{32} + \cos\theta_0\sin\theta_{32},$$

(q) u_j の偏微分

(q.1) 楕円軌道の場合

$$a = \frac{\ell}{1-e^2},$$

$$n = \sqrt{\frac{\mu}{a^3}},$$
$$\frac{\partial n}{\partial \Delta_i} = -\frac{3n}{2L}\left\{\frac{\partial L}{\partial \Delta_i} + 2ae\frac{\partial Q}{\partial \Delta_i} - a(1+e^2)\frac{\partial H}{\partial \Delta_i}\right\}, \quad (i=1,2,3)$$
$$\frac{\partial u_j}{\partial \Delta_i} = \frac{\sqrt{1-e^2}}{1+e\cos f_j}\left\{\frac{\partial f_j}{\partial \Delta_i} - \frac{a}{L}\sin f_j\left(\frac{\partial Q}{\partial \Delta_i} - e\frac{\partial H}{\partial \Delta_i}\right)\right\},$$
$$(i=1,2,3; \quad j=1,2,3)$$

また，

$$\cos u_i = \frac{\cos f_i + e}{1 + e\cos f_i},$$
$$\sin u_i = \frac{\sqrt{1-e^2}\sin f_i}{1 + e\cos f_i}, \quad (i=1,2,3)$$
$$\tau_i = \frac{u_i - e\sin u_i}{n},$$

である．これによって，楕円軌道の場合，

$$\frac{\partial \tau_j}{\partial \Delta_i} = \frac{1-e\cos u_j}{n}\frac{\partial u_j}{\partial \Delta_i} - \frac{\sin u_j}{n}\frac{\partial e}{\partial \Delta_i} - \frac{\tau_j}{n}\frac{\partial n}{\partial \Delta_i},$$
$$(i=1,2,3; \quad j=1,2,3)$$

が計算できる．

(q.2) 双曲線軌道の場合

$$a = \frac{\ell}{e^2 - 1},$$
$$n = \sqrt{\frac{\mu}{a^3}},$$
$$\frac{\partial n}{\partial \Delta_i} = -\frac{3n}{2L}\left\{\frac{\partial L}{\partial \Delta_i} - 2ae\frac{\partial Q}{\partial \Delta_i} + a(1+e^2)\frac{\partial H}{\partial \Delta_i}\right\}, \quad (i=1,2,3)$$
$$\frac{\partial u_j}{\partial \Delta_i} = \frac{\sqrt{e^2-1}}{1+e\cos f_j}\left\{\frac{\partial f_j}{\partial \Delta_i} + \frac{a}{L}\sin f_j\left(\frac{\partial Q}{\partial \Delta_i} - e\frac{\partial H}{\partial \Delta_i}\right)\right\},$$
$$(i=1,2,3; \quad j=1,2,3)$$

である．また，

$$\cosh u_i = \frac{\cos f_i + e}{1 + e\cos f_i},$$
$$\sinh u_i = \frac{\sqrt{e^2-1}\sin f_i}{1 + e\cos f_i}, \quad (i=1,2,3)$$
$$\tau_i = \frac{e\sinh u_i - u_i}{n},$$

である．これによって，双曲線軌道の場合，

$$\frac{\partial \tau_j}{\partial \Delta_i} = \frac{e^2 - 1}{n(1 + e\cos f_j)}\frac{\partial u_j}{\partial \Delta_i} + \frac{\sqrt{e^2-1}\sin f_j}{n(1+e\cos f_j)}\frac{\partial e}{\partial \Delta_i} - \frac{\tau_j}{n}\frac{\partial n}{\partial \Delta_i},$$
$$(i = 1, 2, 3; \quad j = 1, 2, 3)$$

が計算できる．

(q.3) 放物線軌道の場合

$$q = \ell/2,$$
$$n = \sqrt{\frac{\mu}{2q^3}} = \sqrt{\frac{4\mu}{\ell^3}},$$
$$\frac{\partial n}{\partial \Delta_i} = -\frac{3n}{2L}\left(\frac{\partial L}{\partial \Delta_i} - \ell\frac{\partial H}{\partial \Delta_i}\right), \quad (i = 1, 2, 3)$$

である．また，

$$\tau_i = \frac{1}{n}\left(\tan\frac{f_i}{2} + \frac{1}{3}\tan^3\frac{f_i}{2}\right), \quad (i = 1, 2, 3)$$

である．これによって，放物線軌道の場合，

$$\begin{aligned}\frac{\partial \tau_j}{\partial \Delta_i} &= \frac{1}{2n}\left(\cos\frac{f_j}{2}\right)^{-4}\frac{\partial f_j}{\partial \Delta_i} - \frac{\tau_j}{n}\frac{\partial n}{\partial \Delta_i} \\ &= \frac{1}{n}\left\{\frac{2}{(1+\cos f_j)^2}\frac{\partial f_j}{\partial \Delta_i} - \tau_j\frac{\partial n}{\partial \Delta_i}\right\}, \quad (i = 1, 2, 3; \quad j = 1, 2, 3)\end{aligned}$$

が計算できる．

(r) 補正方程式

$$D_{11} = \frac{\partial \tau_2}{\partial \Delta_1} - \frac{\partial \tau_1}{\partial \Delta_1},$$
$$D_{12} = \frac{\partial \tau_2}{\partial \Delta_2} - \frac{\partial \tau_1}{\partial \Delta_2},$$
$$D_{13} = \frac{\partial \tau_2}{\partial \Delta_3} - \frac{\partial \tau_1}{\partial \Delta_3},$$
$$D_{21} = \frac{\partial \tau_3}{\partial \Delta_1} - \frac{\partial \tau_2}{\partial \Delta_1},$$
$$D_{22} = \frac{\partial \tau_3}{\partial \Delta_2} - \frac{\partial \tau_2}{\partial \Delta_2},$$
$$D_{23} = \frac{\partial \tau_3}{\partial \Delta_3} - \frac{\partial \tau_2}{\partial \Delta_3},$$

$$D_{31} = \begin{vmatrix} L_1 & M_1 & N_1 \\ x_2 & y_2 & z_2 \\ x_3 & y_3 & z_3 \end{vmatrix},$$

$$D_{32} = \begin{vmatrix} x_1 & y_1 & z_1 \\ L_2 & M_2 & N_2 \\ x_3 & y_3 & z_3 \end{vmatrix},$$

$$D_{31} = \begin{vmatrix} x_1 & y_1 & z_1 \\ x_2 & y_2 & z_2 \\ L_3 & M_3 & N_3 \end{vmatrix},$$

$$t_{32}' = \tau_3 - \tau_2,$$
$$t_{21}' = \tau_2 - \tau_1,$$

以上の結果から, d_1, d_2, d_3 を決める方程式は,

$$D_{11}d_1 + D_{12}d_2 + D_{13}d_3 = t_{21} - t_{21}',$$
$$D_{21}d_1 + D_{22}d_2 + D_{23}d_3 = t_{32} - t_{32}',$$
$$D_{31}d_1 + D_{32}d_2 + D_{33}d_3 = 0,$$

になる.

(s) 新しい $\Delta_1, \Delta_2, \Delta_3$ への置き直し

$$\Delta_i + d_i \implies \Delta_i, \quad (i = 1, 2, 3)$$

(t) Δ_2 の修正

$$x_i = X_i + \Delta_i L_i,$$
$$y_i = Y_i + \Delta_i M_i, \quad (i = 1, 3)$$
$$z_i = Z_i + \Delta_i N_i,$$

として,

$$\Delta_2 = -\frac{X_2(z_1y_3 - y_1z_3) + Y_2(x_1z_3 - z_1x_3) + Z_2(y_1x_3 - x_1y_3)}{L_2(z_1y_3 - y_1z_3) + M_2(x_1z_3 - z_1x_3) + N_2(y_1x_3 - x_1y_3)},$$

で計算できる.

4.4 楕円軌道の計算実例

計算例 8

計算例 7 で扱った小惑星 2000WT$_{168}$ に対して推定した近似距離を補正し，目標天体までの正しい距離 $\Delta_1, \Delta_2, \Delta_3$ を求めよ．

解答

観測点の日心赤道直交座標 $Q_i(X_i, Y_i, Z_i), (i = 1, 2, 3)$，観測点から目標天体への方向余弦 $(L_i, M_i, N_i), (i = 1, 2, 3)$，および計算例 7 で推定した距離 $\Delta_i, (i = 1, 2, 3)$ を基礎データとし，4.3 節の手順にしたがって計算を進める．まず計算手順で (b) から (f) までを計算表 (1) で示す．

表 4.1　計算例 8 の計算表 (1)

i	1	2	3
X_i	0.9989344	0.7567902	0.0919899
Y_i	0.0741511	0.5886221	0.8989690
Z_i	0.0321551	0.2552052	0.3897541
L_i	-0.3101858	-0.5172164	-0.6552420
M_i	0.8511806	0.7908011	0.7429190
N_i	0.4234103	0.3272930	0.1368548
Δ_i	2.4117319	1.8042649	1.1898718
$x_i = X_i + L_i\Delta_i$	0.2508494	-0.1764052	-0.6876641
$y_i = Y_i + M_i\Delta_i$	2.1269706	2.0154369	1.7829473
$z_i = Z_i + N_i\Delta_i$	1.0533073	0.8457285	0.5525938
$r_i = \sqrt{x_i^2 + y_i^2 + z_i^2}$	2.3867102	2.1927976	1.9892569
$\ell_i = x_i/r_i$	0.1051026	-0.0804475	-0.3456889
$m_i = y_i/r_i$	0.8911725	0.9191167	0.8962881
$n_i = z_i/r_i$	0.4413218	0.3856847	0.2777891
ij	32	13	21
$\cos\theta_{ij} = \ell_i\ell_j + m_im_j + n_in_j$	0.9587422	0.8850089	0.9808474
$\sin\theta_{ij} = \pm\sqrt{1-\cos^2\theta_{ij}}$	0.2842770	-0.4655740	0.1947778
C		0.02521906	
S		-0.01503595	
Q		0.02936122	
H		0.04896769	
L		0.14034702	
ℓ		2.8661150	
e		0.5996039	
$\cos\theta_0$		0.5121025	
$\sin\theta_0$		0.8589244	

つぎに，補正方程式の計算に使う偏微分の予備計算 (g),(h) を計算表 (2) に示す．また，それまでの結果をもとに計算した (i) から (o) までの各種の偏微分を計算表 (3) に

示した．ひきつづいて，(p),(q) の補正方程式の係数に関する計算をする．$0 < e < 1$ であるから，楕円軌道の場合の計算をおこない，計算表 (4) に示す．

表 4.2 計算例 8 の計算表 (2)

i	1	2	3
G_i	0.9128077	0.8946792	0.9303962
G_{1i}	—	0.7948210	0.6535984
G_{2i}	0.9705909	—	0.7883247
G_{3i}	0.9877496	0.9785001	—
$\cos\theta_{1i}$	—	0.9808474	0.8850089
$\cos\theta_{2i}$	0.9808474	—	0.9587422
$\cos\theta_{3i}$	0.8850089	0.9587422	—
Λ_{1i}	—	-0.0377248	-0.0853638
Λ_{2i}	0.0315354	—	-0.0521227
Λ_{3i}	0.0753785	0.0550590	—

表 4.3 計算例 8 の計算表 (3)

i	1	2	3
$\partial C/\partial\Delta_i$	0.0631551	-0.0354433	-0.0149806
$\partial S/\partial\Delta_i$	-0.5571499	1.0857732	-0.5516173
$\partial Q/\partial\Delta_i$	0.3395633	-0.5864702	0.2696174
$\partial H/\partial\Delta_i$	-0.6063412	1.1061001	-0.4574963
$\partial L/\partial\Delta_i$	-0.1078665	0.1018356	0.2063882
$\partial e/\partial\Delta_i$	14.3590160	-25.5207522	11.1080191
$\partial f_1/\partial\Delta_i$	15.359087	-31.338387	16.398133
$\partial f_2/\partial\Delta_i$	15.197182	-31.144706	16.398133
$\partial f_3/\partial\Delta_i$	15.197182	-31.338387	16.581485

表 4.4 計算例 8 の計算表 (4)

i	1	2	3
$\cos f_i$	0.3349950	0.5121025	0.7351467
$\sin f_i$	-0.9422199	-0.8589244	-0.6779081
$a = \ell/(1-e^2)$		4.4749823	
$n = \sqrt{\mu/a^3}$		0.00181717	
$\partial n/\partial\Delta_i$	-0.1049395	0.1898405	-0.0861656
$\partial u_1/\partial\Delta_i$	24.313525	-45.905740	21.818675
$\partial u_2/\partial\Delta_i$	21.095591	-40.025244	19.161448
$\partial u_3/\partial\Delta_i$	16.883269	-32.411160	15.740865
$\cos u_i$	0.7782718	0.8505405	0.9363975
$\sin u_i$	-0.6279275	-0.5259095	-0.3765470
τ_i	-166.40181	-131.21903	-88.20720
$\partial\tau_1/\partial\Delta_i$	2488.3842	-4908.1866	2351.9077
$\partial\tau_2/\partial\Delta_i$	2266.4931	-4470.5860	2159.7360
$\partial\tau_3/\partial\Delta_i$	2011.6613	-4001.9183	1969.8416

ここまで計算すると，補正方程式を書くことができる．(r) の関係から左辺の係数を計算表 (5) に書き出すと，

4.4 楕円軌道の計算実例

表 4.5 計算例 8 の計算表 (5)

i	1	2	3
D_{1i}	-221.8911	437.6006	-192.1716
D_{2i}	-254.8318	468.6677	-189.8944
D_{3i}	0.1638640	-0.3060983	0.0372086

となる．また (a) の現実の観測時刻差は，

$$t_{21} = t_2 - t_1 = 35.97261(\text{day}),$$

$$t_{32} = t_3 - t_2 = 43.88550(\text{day}),$$

である．一方，推定距離から計算した計算上の移動時間は，

$$t'_{21} = \tau_2 - \tau_1 = -131.21903 - (-166.40181) = 35.18278(\text{day}),$$

$$t'_{32} = \tau_3 - \tau_2 = -88.20720 - (-131.21903) = 43.01183(\text{day}),$$

となる．したがって補正方程式右辺の定数項は，

$$t_{21} - t'_{21} = 35.97261 - 35.18278 = 0.78983(\text{day}),$$

$$t_{32} - t'_{32} = 43.88550 - 43.01183 = 0.87367(\text{day}),$$

になる．長い計算の末，結局補正方程式として，

$$\begin{aligned} -221.8911 d_1 + 437.6006 d_2 - 192.1716 d_3 &= 0.78983, \\ -254.8318 d_1 + 468.6677 d_2 - 189.8944 d_3 &= 0.87367, \\ 0.1638640 d_1 - 0.3060983 d_2 + 0.0372086 d_3 &= 0, \end{aligned} \quad (4.11)$$

が得られた．これを解くことで，補正値として，

$$d_1 = -0.0074979(\text{AU}),$$

$$d_2 = -0.0047858(\text{AU}),$$

$$d_3 = -0.0063505(\text{AU}),$$

を求めることができる．この値を補正することで，新たな $\Delta_1, \Delta_2, \Delta_3$ は，

$$\Delta_1 = 2.4117319 - 0.0074979 = 2.4042340,$$

$$\Delta_2 = 1.8042649 - 0.0047858 = 1.7994791,$$

$$\Delta_3 = 1.1898718 - 0.0063505 = 1.1835213,$$

になる．

ここで，(h) により Δ_2 を同一平面へ修正する．この計算は計算表 (6) に示す．

表 4.6 計算例 8 の計算表 (6)

i	1	2	3
x	0.2531751	—	-0.6835030
y	2.1205885	—	1.7782294
z	1.0501326	—	0.5517247
Δ_i	—	1.7994772	—

結局，この修正によって

$\Delta_2 = 1.7994772,$

$x_2 = -0.1739289,$

$y_2 = 2.0116508,$

$z_2 = 0.8441615,$

になる．

以下，こうして修正された $\Delta_1, \Delta_2, \Delta_3$ を新たな推定距離として補正方程式を作り直し，2 回目の補正をする．その計算過程は 1 回目とほとんど同じである．さらに何度も同じ補正を，補正値が必要精度でゼロになるまで繰り返す．ここではその計算結果を省略し，繰り返しのたびの補正値と，それによる Δ_1, Δ_3 および同じ平面上へ修正した Δ_2 の値だけを計算表 (7) に示す．

表 4.7 計算例 8 の計算表 (7)

補正回数	1 回目	2 回目	3 回目
d_1	-0.0074979	-0.0003444	0.0000000
d_2	-0.0047858	-0.0001981	0.0000000
d_3	-0.0063505	-0.0001115	0.0000000
Δ_1	2.4042340	2.4038896	2.4038896
Δ_3	1.1835213	1.1834098	1.1834098
Δ_2	1.7994772	1.7992790	1.7992790

ここから，繰り返しのたびに補正値が急激に小さくなり，3 回の補正で収束することがわかる．こうして最終的に求めた目標天体までの距離は，

$\Delta_1 = 2.4038896 \text{(AU)},$

$\Delta_2 = 1.7992790 \text{(AU)},$

$\Delta_3 = 1.1834098 \text{(AU)},$

である．

問題はこれで解けたのであるが，あとで利用するため，最終的に定まった P_1, P_2, P_3 の位置に関する各種パラメータの値を表 4.8 および表 4.9 に示しておく．

表 4.8 小惑星 $2000WT_{168}$ の確定位置に関するパラメータ (1)

$C = 0.02499843$	$\ell = 2.7239895$ (AU)
$S = -0.01252226$	$e = 0.5465290$
$Q = 0.02795941$	$\theta_0 = 63°.39271$
$H = 0.05115814$	$a = 3.8841665$ (AU)
$L = 0.13935423$	$n = 0.00224716 (\text{day})^{-1}$

表 4.9 小惑星 $2000WT_{168}$ の確定位置に関するパラメータ (2)

i	1	2	3
Δ_i (AU)	2.4038896	1.7992790	1.1834098
x_i (AU)	0.2532820	-0.1738264	-0.6834299
y_i (AU)	2.1202953	2.0114941	1.7781466
z_i (AU)	1.0499868	0.8440966	0.5517094
r_i (AU)	2.3795538	2.1883380	1.9832461
ℓ_i	0.1064409	-0.0794331	-0.3446017
m_i	0.8910474	0.9191880	0.8965839
n_i	0.4412536	0.3857250	0.2781851
$\cos f_i$	0.2648496	0.4478729	0.6834048
$\sin f_i$	-0.9642897	-0.8940973	-0.7300397
f_i (度)	$-74°.64198$	$-63°.39271$	$-46°.88972$
$\cos u_i$	0.7087836	0.7988604	0.8954738
$\sin u_i$	-0.7054260	-0.6015165	-0.4451142
u_i (度)	$-44°.86397$	$-36°.97858$	$-26°.43064$
τ_i (day)	-176.88441	-140.91180	-97.02630

5 軌道要素の決定

1章でも書いたように，ある天体の軌道決定をするとは，その軌道要素の具体的な数値を定めることである．そして，地球上の観測点の位置から対象としている天体までの距離 $\Delta_1, \Delta_2, \Delta_3$ を決めることができさえすれば，観測したそれぞれの時点に対するその天体の日心赤道直交座標 $P_i(x_i, y_i, z_i), (i=1,2,3)$ は (2.38) 式で定まり，軌道決定の主要部分は事実上終わったも同然である．あとは決まりきった手順で軌道要素を計算することができる．5章で述べるのは，その手順である．

5.1 近日点距離および近日点通過時刻の計算

$\Delta_1, \Delta_2, \Delta_3$ を求めるこれまでの計算で，軌道の離心率 e および半直弦 ℓ はすでに計算されている．そこから，近日点距離 q は (1.2) 式により，

$$q = \frac{\ell}{1+e}, \tag{5.1}$$

で計算できる．さらに楕円軌道の場合の長半径 a は，

$$a = \frac{\ell}{1-e^2}, \tag{5.2}$$

で，また双曲線軌道の場合の半主軸の長さ a は，

$$a = \frac{\ell}{e^2-1}, \tag{5.3}$$

で求めることができる．ただし，長半径，半主軸のどちらの場合の a も，目標天体までの距離 $\Delta_1, \Delta_2, \Delta_3$ の補正計算をする最終段階で，すでに計算されている．

つぎに，$e \neq 0$ であれば，天体が近日点を通過後それぞれの点 P_1, P_2, P_3 に到達するまでの経過時間 τ_1, τ_2, τ_3 も求められているから，観測時刻 t_1, t_2, t_3 をもとに，近日点通過時刻 t_0 は，

$$t_0 = t_i - \tau_i, \qquad (i = 1, 2, 3) \tag{5.4}$$

で，ただちに計算できる．i に 1,2,3 のどれを使っても，得られる t_0 は同じになる．ただし，$e = 0$ のときは近日点が存在しないから，近日点通過時刻 t_0 は計算できない．こうして，6 個の軌道要素のうち，離心率 e，近日点距離 q，近日点通過時刻 t_0 の三つは，これまでに計算できていると考えてよい．

5.2 黄道座標への変換

このあと求めなければならない軌道要素は，軌道傾斜角 i，昇交点黄経 Ω，近日点引数 ω の 3 要素である．これらはすべて方向だけを決めればよい量であるから，方向余弦を使って計算を進めることにする．これらの 3 要素はどれも黄道を基準に定義されているから，日心赤道直交座標によるそれぞれの方向余弦 $(\ell_i, m_i, n_i), (i = 1, 2, 3)$ を，日心黄道直交座標による方向余弦 $(u_i, v_i, w_i), (i = 1, 2, 3)$ に変換しなければならない．

日心赤道直交座標系と日心黄道直交座標系の関係は図 1.6 に示してあり，これらの変換は，

$$\begin{pmatrix} u_i \\ v_i \\ w_i \end{pmatrix} = \begin{pmatrix} 1 & 0 & 0 \\ 0 & \cos\varepsilon & \sin\varepsilon \\ 0 & -\sin\varepsilon & \cos\varepsilon \end{pmatrix} \begin{pmatrix} \ell_i \\ m_i \\ n_i \end{pmatrix}, \qquad (i = 1, 2, 3) \tag{5.5}$$

の行列関係で与えられる．この変換式を，

$$\begin{aligned} u_i &= \ell_i, \\ v_i &= m_i \cos\varepsilon + n_i \sin\varepsilon, \qquad (i = 1, 2, 3) \\ w_i &= -m_i \sin\varepsilon + n_i \cos\varepsilon, \end{aligned} \tag{5.6}$$

と書いても同じである．以下の計算に対しては $(i = 1, 3)$ の 2 組だけを求めればよい．黄道傾斜角 ε の具体的な値は，もっとも普通に使われている J2000.0 の座標系に対しては，

$$\varepsilon = 23°26'21''.448 = 23°.4392911, \tag{5.7}$$

である．

5.3 軌道面法線の方向余弦

原点 O にある太陽から見て，P_1 の方向 (u_1, v_1, w_1) および P_3 の方向 (u_3, v_3, w_3) を含む平面が目標天体の軌道面である．この軌道面に直交する法線の方向余弦を (A_0, B_0, C_0) とする．これは (u_1, v_1, w_1) にも (u_3, v_3, w_3) にも直交する条件から求めることができる (付録 C.3 参照)．具体的にはまず，

$$\begin{aligned} P_{13} &= v_1 w_3 - w_1 v_3, \\ Q_{13} &= w_1 u_3 - u_1 w_3, \\ R_{13} &= u_1 v_3 - v_1 u_3, \end{aligned} \tag{5.8}$$

を計算し，そこから，

$$\Gamma_{13} = \sqrt{P_{13}^2 + Q_{13}^2 + R_{13}^2}, \tag{5.9}$$

で Γ_{13} を求める．これによって，

$$\begin{aligned} A_0 &= \frac{P_{13}}{\Gamma_{13}}, \\ B_0 &= \frac{Q_{13}}{\Gamma_{13}}, \\ C_0 &= \frac{R_{13}}{\Gamma_{13}}, \end{aligned} \tag{5.10}$$

で (A_0, B_0, C_0) を計算することができる．

5.4 残りの軌道要素の計算

まず，軌道傾斜角 i は，軌道面法線と日心黄道直交座標系の w 軸との交角であり，

$$\cos i = C_0 = R_{13}/\Gamma_{13}, \tag{5.11}$$

から決めることができる．i は $0° \leq i \leq 180°$ の範囲で定める．

つぎに，昇交点方向の方向余弦 $(u_\Omega, v_\Omega, w_\Omega)$ を求める．これは容易に，

$$\begin{aligned} u_\Omega &= \frac{-B_0}{\sqrt{A_0^2 + B_0^2}}, \\ v_\Omega &= \frac{A_0}{\sqrt{A_0^2 + B_0^2}}, \\ w_\Omega &= 0, \end{aligned} \tag{5.12}$$

であることがわかる．したがって昇交点黄経 Ω は，

$$\tan\Omega = -\frac{A_0}{B_0} = -\frac{P_{13}}{Q_{13}}, \tag{5.13}$$

によって定めることができる．ただし，

$B_0 < 0$　で　$-90° < \Omega < 90°$

$B_0 > 0$　で　$90° < \Omega < 270°$

のそれぞれの範囲で決める．$B_0 = 0$ のときは，

$A_0 > 0$　で　$\Omega = 90°$

$A_0 < 0$　で　$\Omega = 270°$

になる．$A_0 = B_0 = 0$ のとき軌道面と黄道面は一致し，昇交点は存在しない．

最後に残った要素が近日点引数 ω である．これを求めるには近日点方向を知る必要がある．

原点の太陽 O から見ると，軌道面内で近日点 A から P_1, P_2, P_3 まで天体の運動の向きに沿って測った角度がそれぞれの真近点角 f_1, f_2, f_3 である．したがって，軌道面内で P_1 から，P_3 とは反対の方向に角度 f_1 だけ戻ったところに近日点 A の方向がある．これを，軌道面内で P_3 からは f_3，P_1 からは f_1 の角度のところであるといってもよい．f_1, f_3 などの真近点角はすでに計算されている．

原点から見た近日点 A 方向の方向余弦を (u_0, v_0, w_0) とすると，これらは，

$$\begin{aligned} u_0 &= \frac{1}{\Gamma_{13}}(u_1 \sin f_3 - u_3 \sin f_1), \\ v_0 &= \frac{1}{\Gamma_{13}}(v_1 \sin f_3 - v_3 \sin f_1), \\ w_0 &= \frac{1}{\Gamma_{13}}(w_1 \sin f_3 - w_3 \sin f_1), \end{aligned} \tag{5.14}$$

と書くことができる (付録 C.3 参照)．

近日点引数 ω は昇交点方向と近日点方向のはさむ角であるから，

$$\begin{aligned} \cos\omega &= u_0 u_\Omega + v_0 v_\Omega \\ &= \frac{-B_0 u_0 + A_0 v_0}{\sqrt{A_0^2 + B_0^2}}, \end{aligned} \tag{5.15}$$

で計算できる．ただし，

$$w_0 > 0 \quad \text{のとき} \quad 0° < \omega < 180°$$
$$w_0 < 0 \quad \text{のとき} \quad 180° < \omega < 360°$$

のそれぞれの範囲で定める．$w_0 = 0$ のときは，

$$\cos\omega > 0 \quad \text{なら} \quad \omega = 0°,$$
$$\cos\omega < 0 \quad \text{なら} \quad \omega = 180°,$$

になる．それ以外のとき ω は定義できない．これですべての軌道要素を求めることができる．

5.5　軌道要素の計算手順

以上の説明をまとめると，軌道要素の計算はつぎの手順になる．

(a) 近日点距離 q，長半径 a，半主軸 a

$$q = \frac{\ell}{1+e},$$
$$a = \frac{\ell}{1-e^2}, \quad (0 < e < 1) \text{ 楕円の長半径}$$
$$a = \frac{\ell}{e^2-1}, \quad (e > 1) \text{ 双曲線の半主軸}$$

(b) 近日点通過時刻 t_0

$$t_0 = t_i - \tau_i, \quad (i = 1, 2, 3)$$

(c) 日心黄道直交座標系による方向余弦 (u_i, v_i, w_i)

$$u_i = \ell_i,$$
$$v_i = m_i \cos\varepsilon + n_i \sin\varepsilon, \quad (i = 1, 3)$$
$$w_i = -m_i \sin\varepsilon + n_i \cos\varepsilon,$$

(d) 軌道面法線の方向余弦 (A_0, B_0, C_0)

$$P_{13} = v_1 w_3 - w_1 v_3,$$

$$Q_{13} = w_1 u_3 - u_1 w_3,$$

$$R_{13} = u_1 v_3 - v_1 u_3,$$

$$\Gamma_{13} = \sqrt{P_{13}^2 + Q_{13}^2 + R_{13}^2},$$

$$A_0 = \frac{P_{13}}{\Gamma_{13}},$$

$$B_0 = \frac{Q_{13}}{\Gamma_{13}},$$

$$C_0 = \frac{R_{13}}{\Gamma_{13}},$$

(e) 軌道傾斜角 i

$$\cos i = C_0, \qquad 0° \leq i \leq 180°$$

(f) 昇交点方向の方向余弦 $(u_\Omega, v_\Omega, w_\Omega)$

$$u_\Omega = \frac{-B_0}{\sqrt{A_0^2 + B_0^2}},$$

$$v_\Omega = \frac{A_0}{\sqrt{A_0^2 + B_0^2}},$$

$$w_\Omega = 0,$$

(g) 昇交点黄経 Ω

$$\tan \Omega = -\frac{A_0}{B_0},$$

$B_0 < 0$ のとき　$-90° < \Omega < 90°$,

$B_0 > 0$ のとき　$90° < \Omega < 270°$,

$B_0 = 0$ のとき

$\qquad A_0 > 0$ なら　$\Omega = 90°$,

$\qquad A_0 < 0$ なら　$\Omega = 270°$,

$\qquad A_0 = 0$ なら昇交点なし

(h) 近日点方向の方向余弦 (u_0, v_0, w_0)

$$u_0 = \frac{1}{\Gamma_{13}}(u_1 \sin f_3 - u_3 \sin f_1),$$

$$v_0 = \frac{1}{\Gamma_{13}}(v_1 \sin f_3 - v_3 \sin f_1),$$
$$w_0 = \frac{1}{\Gamma_{13}}(w_1 \sin f_3 - w_3 \sin f_1),$$

(i) 近日点引数 ω

$$\cos\omega = u_0 u_\Omega + v_0 v_\Omega,$$

$$w_0 > 0 \quad \text{のとき} \quad 0° < \omega < 180°,$$
$$w_0 < 0 \quad \text{のとき} \quad 180° < \omega < 360°,$$
$$w_0 = 0 \quad \text{のとき}$$
$$\cos\omega > 0 \quad \text{なら} \quad \omega = 0°,$$
$$\cos\omega < 0 \quad \text{なら} \quad \omega = 180°,$$

その他の場合に ω は定義できない．

5.6 軌道要素の計算実例

計算例 9

計算例 8 までずっと扱ってきた小惑星 2000WT_{168} の軌道要素を求めよ．

解答

これまでにおこなった $\Delta_1, \Delta_2, \Delta_3$ の補正計算の最終段階 (表 4.8) から，

$\ell = 2.7239895 \text{(AU)},$

$e = 0.5465290,$

$a = 3.8841665 \text{(AU)},$

であることが求められている．$0 < e < 1$ であるから，これは楕円軌道である．ここから近日点距離 q は，

$$q = \frac{\ell}{1+e} = 1.7613569 \text{(AU)},$$

と計算される．また，

$t_1 = 2000 \text{ 年 } 9 \text{ 月 } 27.44500 \text{ 日},$

$\tau_1 = -176.88441 \text{(day)},$

が，初期条件および補正計算の最終結果から得られている．したがって，近日点通過時刻 t_0 は，

$$t_0 = t_1 - \tau_1 = 2001 \text{ 年 3 月 } 23.32941 \text{ 日},$$

と求めることができる．

残る軌道要素の計算も，手順にしたがって進めればよい．4 章，計算例 8 の距離 Δ_1, Δ_3 を求める過程で，観測時刻 t_1, t_3 における観測点の日心赤道直交座標 $Q_i(X_i, Y_i, Z_i), (i = 1, 3)$，観測方向の方向余弦 (L_i, M_i, N_i) から，目標天体の日心赤道直交座標 $P_i(x_i, y_i, z_i), (i = 1, 3)$ および日心方向余弦 (ℓ_i, m_i, n_i) が計算され，また真近点角の正弦 $\sin f_1, \sin f_3$ も求められている．そこから (5.6) 式によって目標天体の日心黄道座標による方向余弦 $(u_i, v_i, w_i), (i = 1, 3)$ が計算できる．それらを書き出したものが表 5.1 である．

表 5.1 計算例 9 の計算表

i	1	3
X_i	0.9989344	0.0919899
Y_i	0.0741511	0.8989690
Z_i	0.0321551	0.3897541
L_i	−0.3101858	−0.6552420
M_i	0.8511806	0.7429190
N_i	0.4234103	0.1368548
Δi	2.4038896	1.1834098
x_i	0.2532820	−0.6834299
y_i	2.1202953	1.7781466
z_i	1.0499868	0.5517094
r_i	2.3795538	1.9832461
ℓ_i	0.1064409	−0.3446017
m_i	0.8910474	0.8965839
n_i	0.4412536	0.2781851
u_i	0.1064409	−0.3446017
v_i	0.9930407	0.9332553
w_i	0.0504040	−0.1014108
$\sin f_i$	−0.9642897	−0.7300397

この結果から，黄道座標系に関する軌道面法線の方向余弦 (A_0, B_0, C_0) は (5.8) 式から (5.10) 式までを使って，表 5.2 に示すように計算される．

表 5.2 軌道面法線の方向余弦の計算表

$P_{13} = -0.1477448$	$Q_{13} = -0.0065750$	$R_{13} = 0.4415401$
	$\Gamma_{13} = 0.4656494$	
$A_0 = -0.3172877$	$B_0 = -0.0141201$	$C_0 = 0.9482242$

5.6 軌道要素の計算実例

ここから，(5.11) 式により軌道傾斜角 i は，

$$\cos i = C_0 = 0.9482242,$$
$$i = 18°.51795,$$

である．また，昇交点黄経 Ω は，

$$\tan \Omega = -\frac{A_0}{B_0} = -22.4705739,$$

から，$B_0 < 0$ の条件で，

$$\Omega = 272°.54813,$$

と求めることができる．なお，昇交点方向の方向余弦 $(u_\Omega, v_\Omega, w_\Omega)$ は，(5.12) 式から，

$$u_\Omega = 0.0444586,$$
$$v_\Omega = -0.9990112,$$
$$w_\Omega = 0,$$

である．

最後に残った要素は近日点引数 ω である．これを計算するには，まず P_1, P_3 の方向余弦 $(u_i, v_i, w_i), (i = 1, 3)$ および $\sin f_1, \sin f_3$ を使い，(5.14) 式で近日点方向の方向余弦 (u_0, v_0, w_0) を求める．その結果，

$$u_0 = -0.8804949,$$
$$v_0 = 0.3757536,$$
$$w_0 = -0.2890293,$$

が得られる．つぎに昇交点方向の方向余弦 $(u_\Omega, v_\Omega, w_\Omega)$ を使って (5.15) 式により，

$$\cos \omega = u_0 u_\Omega + v_0 v_\Omega = -0.4145277,$$

を計算する．ここで，$w_0 < 0$ であるから，

$$\omega = 245°.51043,$$

を求めることができる．

　これで，すべての軌道要素を求めることができて，軌道決定は終了である．最終結果をまとめると，

$$t_0 = 2001 \text{年} 3 \text{月} 23.32941 \text{日},$$
$$a = 3.8841665 (\text{AU}),$$
$$q = 1.7613569 (\text{AU}),$$
$$e = 0.5465290,$$
$$i = 18°.51795,$$
$$\Omega = 272°.54813,$$
$$\omega = 245°.51043,$$

となる．

6 天体位置の不確かさ

　軌道要素を求めても，その数値にどのくらいの確かさがあるかは，これまであまり検討されていなかった．これは，その精度の求めにくさに原因がある．そのため，放物線に近い楕円軌道をもつ彗星に対して形式的に計算された数千年にも達する周期が，あたかも真実の周期であるかのように報道されるといったことがしばしば起こった．

　6章と7章では，軌道要素の精度の計算法を導く．これは3回の観測の天体位置の不確かさがそれぞれ三次元正規分布をもつと仮定して，そこから軌道要素の数値の分散や標準偏差を計算するものである．6章で天体位置の不確かさをどのようにして計算するかを述べ，7章でその位置の不確かさをどのようにして軌道要素の不確かさに換算するのかを説明する．本書では，楕円軌道だけに対してその導出をおこなった．しかし，放物線，双曲線などその他の形の軌道に対してもほとんど同様に計算を進めることができる．しかし，この計算過程はまだ検討が不十分であり，ここに示したものを完成したアルゴリズムということはできない．また，間違いもあろうかと思われる．単に，ひとつの試みとして提出するものであり，皆さまのご批判を仰ぎたいと思っている．

　3回だけの観測から求めた軌道要素は，多くの場合，初期の暫定的なものであるから，この段階で軌道要素の精度を求めても，実のところあまり意味はない．一方，この計算には，多次元正規分布について，あるいは連立方程式の条件数についてなど，軌道計算と直接関わりない分野の知識がかなり必要になる．全体の流れを理解するのに必要最低限のことは，本文に，あるいは付録に示したが，その内容を十分納得するためには，専門書でそれぞれの意味を確認してもらわなくてはならない．なお，この6章，7章の内容は，その他の章とはやや異質である．軌道要素の精度に興味のない方は，この2章をとばして読み進めても差し支えない．

6.1 軌道精度決定の考え方

3回の観測をもとに，天体の位置 P_1, P_2, P_3 を求めたとする．これらの点を一般に P で表わすことにして，P の位置の不確かさを考えよう．

P の位置の不確かさは，大きく二つに分けて考えるとよい．ひとつは視線方向の位置の不確かさ，いい換えれば，観測点から天体までの距離 Δ の不確かさである．もうひとつは，視線に直交する方向の不確かさである．これは，観測した赤経，赤緯の不確かさといってもよい．

このうち，視線に直交する方向の不確かさは比較的決めやすい．測定を繰り返すことによって決めることもできるし，望遠鏡の焦点距離と位置測定の読み取り精度などから推定することもできる．この決め方について本書では特に取り上げることはしない．赤経，赤緯方向に別々に不確かさを決めてもいいが，簡便のため，ここでは視線に直交するあらゆる方向に等しい不確かさがあるものとし，その角度の分散を σ_k^2 とする．分散とは標準偏差を2乗したものである．

これに比べて，距離決定の不確かさを見積もるのは簡単ではない．ここでは，P までの距離 Δ の不確かさが推定できて，その分散が σ_Δ^2 であったとする．さらに，点 P の位置の不確かさが，P のもっとも確からしい位置 P_0 を中心とし，視線方向に σ_Δ^2，視線に直交する方向に $\Delta^2 \sigma_k^2$ の分散をもつ三次元正規分布であることを仮定する．P_1, P_2, P_3 3点の位置の不確かさをこのように定めたとき，軌道要素にどのような不確かさが生ずるかを計算するのが6章，7章の目的である．結局，問題は，

(A) 3点の距離 $\Delta_1, \Delta_2, \Delta_3$ の不確かさをどうして求めるか，

(B) 3点の位置の不確かさから，どんな手順で軌道要素の不確かさを計算するか，

の二つになる．それらに先立って，点の位置の不確かさをどのように表現するか，そのことから話を始めよう．その後の6章で (A) について述べ，7章で (B) について検討する．

6.2 点の位置の不確かさ

ある点 P の位置に不確かさがあり，P が存在するもっとも確からしい点が P_0 であるとする．まず，P の不確かさが x 方向の一次元に限られるとしよう．P が x と

$x + dx$ の範囲に存在する確率が $f(x)dx$ で与えられるとき，この $f(x)$ を P の確率分布関数という．よく耳にする確率分布関数に正規分布がある．正規分布は，もっとも確からしい点 $P_0(x_0)$ に対して，P の存在する確率が正負いずれの位置にも対称である場合にしばしば現われる．正規分布の確率分布関数は，

$$f(x) = \frac{1}{\sqrt{2\pi}\sigma_x} \exp\left\{-\frac{(x-x_0)^2}{2\sigma_x^2}\right\},$$

で与えられる．これは統計学の教科書には必ず載っている公式であるから，皆さんよくご存じであろう．σ_x が P の位置のばらつきの**標準偏差**である．標準偏差の二乗の σ_x^2 を P の位置の**分散**という．x 方向の分散が σ_x^2 であるということは，P の x 方向における P_0 からのずれの量の二乗平均が σ_x^2 になるという意味である．そして，正規分布の場合，もっとも確からしい位置 P_0 から見て，P の x 方向のずれが $\pm\sigma_x$ 以内である確率はおよそ 68 パーセントになる．

いま，もっとも存在の可能性が高い点 P_0 を $x=0$ の原点にとるとすれば，上の式は，

$$f(x) = \frac{1}{\sqrt{2\pi}\sigma_x} \exp\left(-\frac{x^2}{2\sigma_x^2}\right),$$

となる．

ここまでは点 P が x 方向の一次元だけに不確かさをもつ場合の話であった．ここで P が三次元空間にあり，x, y, z のどの方向にも不確かさがある場合を考えよう．P の存在するもっとも確からしい点を原点 $P_0(0,0,0)$ とし，x, y, z 方向のどの方向にも点の位置のばらつきが正規分布をしているものとする．それぞれの方向の標準偏差が $\sigma_x, \sigma_y, \sigma_z$ であるとしよう．このとき，y, z 方向の確率分布関数を x 方向と同様に考えれば，

$$f(y) = \frac{1}{\sqrt{2\pi}\sigma_y} \exp\left(-\frac{y^2}{2\sigma_y^2}\right),$$

$$f(z) = \frac{1}{\sqrt{2\pi}\sigma_z} \exp\left(-\frac{z^2}{2\sigma_z^2}\right),$$

である．したがって，点 P の三次元確率分布関数 $f_p(x,y,z)$ はこれら三つの関数の積をとった，

$$f_p(x,y,z) = \frac{1}{(2\pi)^{3/2}\sigma_x\sigma_y\sigma_z} \exp\left\{-\frac{1}{2}\left(\frac{x^2}{\sigma_x^2} + \frac{y^2}{\sigma_y^2} + \frac{z^2}{\sigma_z^2}\right)\right\}, \tag{6.1}$$

の形になると一応考えられる．確率分布関数が $f_p(x,y,z)$ であるとき，点 (x,y,z) に体積 $dxdydz$ の小さい直方体をとれば，P がその直方体の内部にある確率が $f_p(x,y,z)dxdydz$ になる．

ここで，x, y, z の各軸の方向に，軸長の半分をそれぞれ $\sigma_x, \sigma_y, \sigma_z$ にとった楕円体,

$$\frac{x^2}{\sigma_x^2} + \frac{y^2}{\sigma_y^2} + \frac{z^2}{\sigma_z^2} = 1, \tag{6.2}$$

を考えよう．これを点 P の**誤差楕円体**という．この左辺は，確率分布関数の指数ベキから $-1/2$ を取り去った形である．誤差楕円体は，P の存在確率がどの向きに大きいかを視覚的にとらえる上で役に立つ．ただし，ある特定方向のずれが標準偏差以内である確率が 68 パーセントであることからわかるように，P がこの楕円体の中に必ず存在することを意味するものではない．

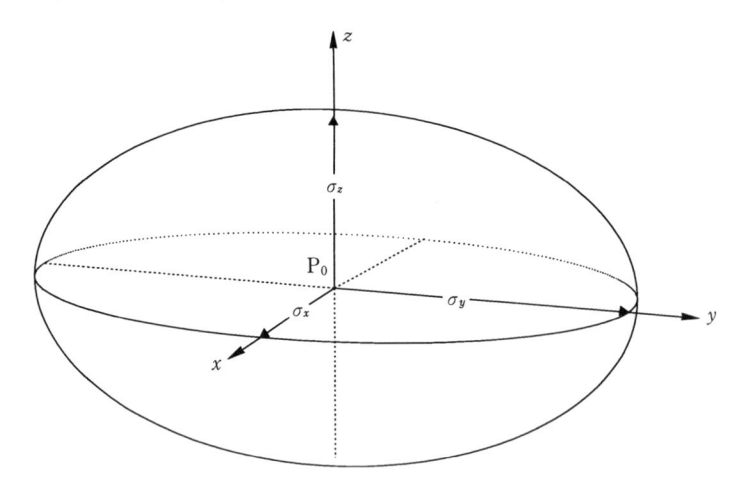

図 **6.1**　誤差楕円体

ある任意の方向 g をとり，g をその法線にもつ誤差楕円体の接平面を考える．このとき，g の方向に関する P の標準偏差 σ_g は，原点 P_0 からその接平面までの距離として与えられる．この状況を図 6.2 に模式的に示した．点の分布に関する一般方向の標準偏差に対し，誤差楕円体にはこのような性質がある．特に注意しておくが，ある方向の標準偏差は，原点 P_0 からその楕円体の表面までの距離ではない．この

点を誤解しないでほしい.

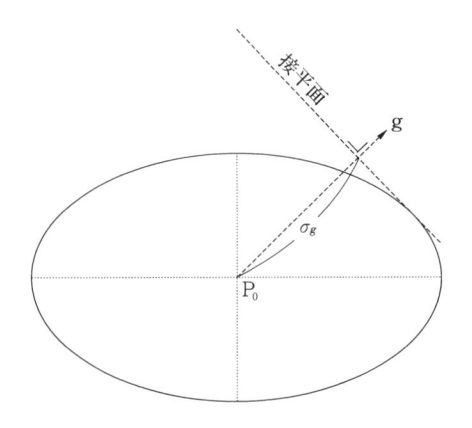

6.2図 一般の方向の標準偏差

実をいうと，(6.1) 式はいつでも成り立つ確率分布関数ではない．(6.1) 式が成り立つのは，x, y, z の各方向の分散がそれぞれ独立の場合だけである．多くの場合，x と y，y と z，あるいは z と x の分布の間に相関がある．このような場合には，確率分布関数を (6.1) 式の形に書くことはできない．三次元正規分布の存在確率をもつ点に，独立の分散をもつ直交する 3 方向が存在することは確かである．しかし，その 3 方向が与えられた (x, y, z) の直交軸と必ずしも一致するとは限らない．一致しない場合の一般の確率分布関数は，

$$f_p(x, y, z) = \frac{\sqrt{|\delta|}}{(2\pi)^{2/3}}$$
$$\times \exp\left\{-\frac{1}{2}\left(\delta_x^2 x^2 + \delta_y^2 y^2 + \delta_z^2 z^2 + 2\delta_{yz} yz + 2\delta_{zx} zx + 2\delta_{xy} xy\right)\right\}, \quad (6.3)$$

の形になる．ただし，行列式 $|\delta|$ は，

$$|\delta| = \begin{vmatrix} \delta_x^2 & \delta_{xy} & \delta_{zx} \\ \delta_{xy} & \delta_y^2 & \delta_{yz} \\ \delta_{zx} & \delta_{yz} & \delta_z^2 \end{vmatrix}, \quad (6.4)$$

を表わす．この確率分布の誤差楕円体は，

$$\delta_x^2 x^2 + \delta_y^2 y^2 + \delta_z^2 z^2 + 2\delta_{yz} yz + 2\delta_{zx} zx + 2\delta_{xy} xy = 1, \quad (6.5)$$

である．また，行列 δ の逆行列が，

$$\delta^{-1} = \begin{pmatrix} \sigma_x^2 & \sigma_{xy} & \sigma_{zx} \\ \sigma_{xy} & \sigma_y^2 & \sigma_{yz} \\ \sigma_{zx} & \sigma_{yz} & \sigma_z^2 \end{pmatrix}, \tag{6.6}$$

であるとすると，x,y,z 方向の分散がそれぞれ $\sigma_x^2, \sigma_y^2, \sigma_z^2$ になり，また y と z ，z と x ，x と y の共分散がそれぞれ $\sigma_{yz}, \sigma_{zx}, \sigma_{xy}$ になる．

平面上における点の位置の不確かさも，正規分布に対しては三次元の場合に準じて表現できる．一般の確率分布関数は，

$$f_p(x,y) = \frac{1}{2\pi}\sqrt{\delta_x^2\delta_y^2 - \delta_{xy}^2}\exp\left\{-\frac{1}{2}(\delta_x^2 x^2 + 2\delta_{xy}xy + \delta_y^2 y^2)\right\}, \tag{6.7}$$

の形になり，その誤差楕円は，

$$\delta_x^2 x^2 + 2\delta_{xy}xy + \delta_y^2 y^2 = 1, \tag{6.8}$$

で与えられる．また，x,y 方向に関する分散をそれぞれ σ_x^2, σ_y^2 ，共分散を σ_{xy} とすると，その分散，共分散行列は，

$$\begin{pmatrix} \sigma_x^2 & \sigma_{xy} \\ \sigma_{xy} & \sigma_y^2 \end{pmatrix} = \begin{pmatrix} \delta_x^2 & \delta_{xy} \\ \delta_{xy} & \delta_y^2 \end{pmatrix}^{-1}, \tag{6.9}$$

の関係から求めることができる．

6.3 ローカル座標系

観測点，あるいは太陽など，ある特定の点 O から見た天体の位置 P の不確かさを表わす座標系として，ここで，つぎのようなローカル座標系を定義する．

どこか特定の点 O を原点とする赤道直交座標系 (x,y,z) において，原点 O から P までの距離を Δ とする．ここで原点 O を中心とした半径 Δ の球面を考える．P のもっとも確からしい位置 P_0 でその球面に接する平面上に，P_0 を原点とし，その平面を (ξ,η) 面とする直交座標系 (ξ,η,ζ) を設定する．ただし，O から見て，球面上で天の北極と P_0 を結ぶ大円の $\xi\eta$ 面への投影を η 軸とし，北極へ向かう向きを η の正の向きとする．また，その面上で P_0 を通り，η 軸に直交して ξ 軸をとる．ここでは，図 6.3 に示すように，赤経が増加する方向に ξ 軸の正の向きをとることにする．また，ζ 軸は $\xi\eta$ 面に直交し，O から P_0 への向きを正の向きとする．

ここからわかるように，ある点 P に対するローカル座標を設定するには，観測点 O の位置を決める必要があり，その点 O の位置を表現する直交座標系を定めておく必要もある．ここでは赤道座標系に対してローカル座標を定義したが，これに準じて黄道座標系に対しても同様にローカル座標を定義できる．軌道傾斜角，昇交点黄経の不確かさを求めるためには，黄道系のローカル座標を利用する必要がある．ローカル座標系は不確かさのあるすべての点に対し，それぞれ個別に設定できるものとする．この座標系によって，各点の確率分布関数を便利に扱うことができる．

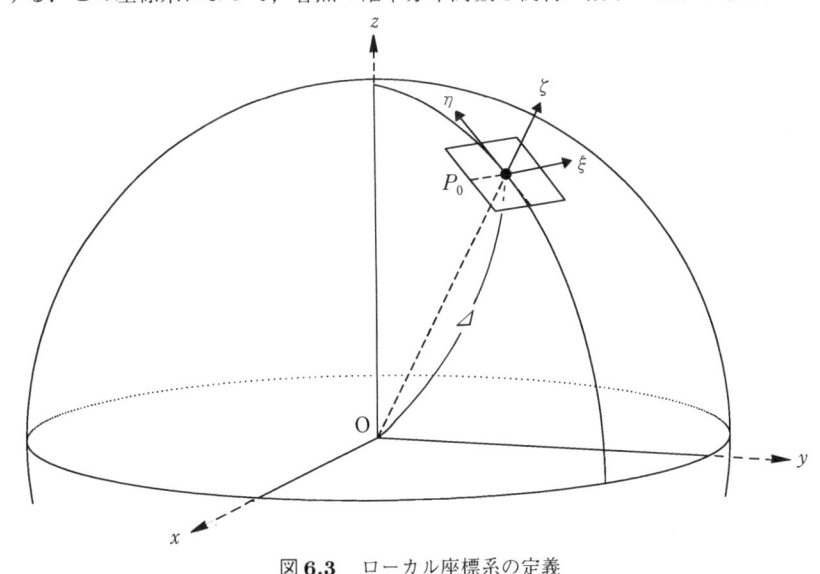

図 **6.3** ローカル座標系の定義

6.4 連立一次方程式の解の不確かさと条件数

天体までの距離 $\Delta_1, \Delta_2, \Delta_3$ は，まず近似距離を推定し，それに対する補正値 d_1, d_2, d_3 を求めることで計算をする．そこから，補正値 d_1, d_2, d_3 の不確かさは，それぞれそのまま $\Delta_1, \Delta_2, \Delta_3$ の不確かさと考えることができる．d_1, d_2, d_3 は (4.3),(4.5) 式の三元連立方程式を解いて求める．したがって，この連立方程式の性質を調べれば，およその見積りであるが，その解の不確かさの程度を知ることができる．ここでは，やや天下り式の説明であるが，一般の三元一次連立方程式を例にとって，不確かさを見積もる道筋を示すことにする．

まず，x_1, x_2, x_3 を未知数とする方程式,

$$\begin{aligned} a_{11}x_1 + a_{12}x_2 + a_{13}x_3 &= b_1, \\ a_{21}x_1 + a_{22}x_2 + a_{23}x_3 &= b_2, \\ a_{31}x_1 + a_{32}x_2 + a_{33}x_3 &= b_3, \end{aligned} \quad (6.10)$$

を考える．この左辺の係数行列を A とすると，

$$A = \begin{pmatrix} a_{11} & a_{12} & a_{13} \\ a_{21} & a_{22} & a_{23} \\ a_{31} & a_{32} & a_{33} \end{pmatrix} \quad (6.11)$$

である．さらに列ベクトル B, X を，

$$B = \begin{pmatrix} b_1 \\ b_2 \\ b_3 \end{pmatrix},$$

$$X = \begin{pmatrix} x_1 \\ x_2 \\ x_3 \end{pmatrix}, \quad (6.12)$$

と定める．これで (6.10) の連立方程式は，

$$AX = B, \quad (6.13)$$

と書き表わすことができる．

行列 A に対して，その各列の数値の絶対値の合計を考えたとき，そのもっとも大きい数値を A の**ノルム**という．つまり $|a_{11}| + |a_{21}| + |a_{31}|$, $|a_{12}| + |a_{22}| + |a_{32}|$, $|a_{13}| + |a_{23}| + |a_{33}|$ の三つの数値のうち最大のものが A のノルムである．この値を $\|A\|$ と書くことにする．

つぎに，A の**逆行列** A^{-1} を考える．逆行列とは，A との積が単位行列となる行列のことで，具体的には，

$$AA^{-1} = A^{-1}A = \begin{pmatrix} 1 & 0 & 0 \\ 0 & 1 & 0 \\ 0 & 0 & 1 \end{pmatrix}, \quad (6.14)$$

となる行列 A^{-1} を意味する．逆行列の計算はやや面倒であるが，とにかくそれを計算して，

$$A^{-1} = \begin{pmatrix} \alpha_{11} & \alpha_{12} & \alpha_{13} \\ \alpha_{21} & \alpha_{22} & \alpha_{23} \\ \alpha_{31} & \alpha_{32} & \alpha_{33} \end{pmatrix}, \tag{6.15}$$

になったとしよう．ここで A^{-1} のノルム $||A^{-1}||$ を考える．つまり，$|\alpha_{11}| + |\alpha_{21}| + |\alpha_{31}|$, $|\alpha_{12}| + |\alpha_{22}| + |\alpha_{32}|$, $|\alpha_{13}| + |\alpha_{23}| + |\alpha_{33}|$ の三つの数値のうちの最大のものが $||A^{-1}||$ である．

こうして係数行列 A およびその逆行列 A^{-1} のノルムを考えたとき，その積を，A を係数行列とする連立方程式の**条件数**という．条件数を λ で表わせば，

$$\lambda = ||A|| \cdot ||A^{-1}||, \tag{6.16}$$

である．

ここで，(6.10) 式の方程式の左辺の係数行列がほんの少し変化した場合を考える．たとえば，どれかひとつの係数がわずかに増加した場合などを考えればよい．このように係数行列が A から $A + \Delta A$ に変化すると，それに応じて解 X も $X + \Delta X$ へ変化する．これに対しては，

$$(A + \Delta A)(X + \Delta X) = B, \tag{6.17}$$

の関係が成り立つ．この (6.17) 式に対し，条件数 λ を使って，

$$\frac{||\Delta X||}{||X + \Delta X||} \leq \lambda \frac{||\Delta A||}{||A||}, \tag{6.18}$$

の不等式が成立する．ただし，列ベクトル X のノルムは $||X|| = |x_1| + |x_2| + |x_3|$ である．この左辺はノルムで書き表わした解の相対誤差であるから，(6.18) 式は条件数を使って相対誤差の上限を抑える関係になっている．つまり，この式によって，解の相対誤差の最大値の推定ができる．

つぎに，(6.10) 式の右辺の定数項 B が少し変化し，$B + \Delta B$ になった場合を考えよう．このとき，解が $X + \Delta X$ に変化したとすると，

$$A(X + \Delta X) = B + \Delta B, \tag{6.19}$$

であり，この (6.19) 式に対しては，

$$\frac{||\Delta X||}{||X||} \leq \lambda \frac{||\Delta B||}{||B||}, \tag{6.20}$$

の不等式の成り立つことが示される.ただし,列ベクトル B のノルムは $||B|| = |b_1| + |b_2| + |b_3|$ である.これもまた,相対誤差の上限を与える関係式である.

(6.18) および (6.20) 式は不等号で結ばれた関係であるから,左辺で示される解の相対誤差は,右辺で計算される値より一般に小さい.しかし,ときには右辺の値に近づく可能性もある.連立一次方程式の係数や定数が観測値,測定値などから導き出され,誤差を含む可能性がある場合には,係数行列,あるいは定数項には当然不確かさが含まれる.その不確かさが ΔA や ΔB に相当すると考えると,(6.18) や (6.20) の関係式は,係数などの不確かさから方程式の解の相対誤差の上限を抑える関係と見ることができる.結局これらの関係は,

連立方程式の係数や定数に含まれる相対誤差と方程式の条件数との積が,解の相対誤差の上限を与える

といい表わすことができる.つまり,係数や定数に含まれる相対誤差が,何倍になって解の相対誤差に現われるかを示すものが条件数なのである.

このような一般的な説明だけでは理解しにくいであろうから,具体的な数値例で考え直すことにしよう.

いま,未知数 x_1, x_2, x_3 に関する三元一次連立方程式,

$$\begin{aligned} 5.26x_1 + 4.10x_2 + 8.05x_3 &= 9.28, \\ 2.59x_1 - 2.02x_2 + 3.96x_3 &= 1.64, \\ 3.13x_1 + 2.44x_2 - 4.79x_3 &= -7.73, \end{aligned} \quad (6.21)$$

を考える.これはごくあたりまえの方程式であり,通常のどんな方法を使っても解くことができる.解いた結果,

$$\begin{aligned} x_1 &= -0.917124, \\ x_2 &= 0.724022, \\ x_3 &= 1.383302, \end{aligned} \quad (6.22)$$

の解が得られる.ここでは解を小数点以下 6 桁まで記した.この解が (6.21) の方程式を小数点以下 6 桁まで満たすことは,代入ですぐに確かめることができる.この

6.4 連立一次方程式の解の不確かさと条件数

方程式の係数行列は,

$$A = \begin{pmatrix} 5.26 & 4.10 & 8.05 \\ 2.59 & -2.02 & 3.96 \\ 3.13 & 2.44 & -4.79 \end{pmatrix}, \tag{6.23}$$

であり,そのノルムは,

$$||A|| = 8.05 + 3.96 + |-4.79| = 16.8,$$

である. $||A^{-1}||$ は逆行列を計算してみなければわからない. 計算の結果, A の逆行列は,

$$A^{-1} = \begin{pmatrix} 0.0000658 & 0.1930044 & 0.1596717 \\ 0.1218574 & -0.2475970 & 0.0000978 \\ 0.0622165 & -0.0000068 & -0.1043819 \end{pmatrix},$$

となり, このノルムは,

$$||A^{-1}|| = 0.4406082,$$

である. したがって条件数 λ は,

$$\lambda = ||A|| \cdot ||A^{-1}|| = 7.4022,$$

となる.

いまここで, (6.21) の方程式をほんの少し変え, 2式目の x_3 の係数 3.96 を 3.95 にしてみよう. するとこの方程式は,

$$\begin{aligned} 5.26x_1 + 4.10x_2 + 8.05x_3 &= 9.28, \\ 2.59x_1 - 2.02x_2 + 3.95x_3 &= 1.64, \\ 3.13x_1 + 2.44x_2 - 4.79x_3 &= -7.73, \end{aligned} \tag{6.24}$$

になる. これは方程式の係数に不確かさがあった場合のひとつの例として考えている. (6.23) 式の A に対し, ΔA は,

$$\Delta A = \begin{pmatrix} 0 & 0 & 0 \\ 0 & 0 & -0.01 \\ 0 & 0 & 0 \end{pmatrix},$$

であり，$||\Delta A|| = 0.01$ になる．

(6.24) の方程式は (6.21) 式とほとんど同じだから，その解の x_1, x_2, x_3 は，(6.22) の解と多少は異なるにしても，大きく変化することはないと想像できる．事実その解は，

$$\begin{aligned} x_1 &= -0.914454, \\ x_2 &= 0.720597, \\ x_3 &= 1.383302, \end{aligned} \qquad (6.25)$$

になる．予想のとおり，解の変化はせいぜい 0.004 程度で，大きな変化ではない．これを不等式 (6.18) にあてはめると，その右辺は，

$$\lambda \frac{||\Delta A||}{||A||} = 7.4022 \times \frac{0.01}{16.8} = 0.0044,$$

になるから，

$$\frac{||\Delta X||}{||X + \Delta X||} < 0.0044,$$

が期待される．方程式 (6.21) の解では $||X|| = 3.24448$ であるから，$||\Delta X||$ の最大値は，

$$0.0044 \times 3.024448 = 0.0121,$$

で抑えられる．現実に方程式 (6.22) と (6.25) の解を比較すれば，

$$\Delta X = \begin{pmatrix} 0.002670 \\ -0.003425 \\ 0.0 \end{pmatrix},$$

であり，$||\Delta X|| = 0.006095$ である．これは解の最大変化として推定した大きさのほぼ 50 パーセントに当たっている．

これはあたりまえのことを述べたにすぎず，とりたてて不思議なことはない．読者もあまり意味のないことを述べたと思われるかもしれない．それに答えるために，もうひとつ数値例を挙げよう．今度は (6.21) とよく似た方程式，

$$\begin{aligned} 5.26x_1 + 4.10x_2 + 8.05x_3 &= 9.28, \\ 2.59x_1 + 2.02x_2 + 3.96x_3 &= 1.64, \\ 3.13x_1 + 2.44x_2 + 4.79x_3 &= -7.73, \end{aligned} \qquad (6.26)$$

6.4 連立一次方程式の解の不確かさと条件数

を取り上げる．これは方程式 (6.21) の左辺の係数の符号をすべてプラスに変えただけのものであり，ノルムは前と同じく $||A|| = 16.8$ である．まずこの方程式の解は，

$$x_1 = 80630.433,$$
$$x_2 = -65123.702, \qquad (6.27)$$
$$x_3 = -19515.480,$$

になる．代入によって，およそ 3 桁の精度でこの解が原方程式を満足していることがわかる．しかし，係数の符号を二つ変えただけで，(6.22) とは桁数がまったく異なった解になっている．また，A の逆行列は，

$$A^{-1} = \begin{pmatrix} 3350 & 750 & -6250 \\ -2825 & -275 & 4975 \\ -750 & -350 & 1550 \end{pmatrix},$$

であり，このノルムは，

$$||A^{-1}|| = 12775,$$

である．ここから条件数は，

$$\lambda = ||A|| \cdot ||A^{-1}|| = 214620,$$

となる．たった二つの係数をプラスに変えただけで，条件数は 5 桁も変わった．このことから，この方程式は，係数を少し変えると，解が大きく変わることが予想される．事実，前と同様に 2 式目の x_3 の係数 3.96 を 3.95 に変えた方程式，

$$5.26x_1 + 4.10x_2 + 8.05x_3 = 9.28,$$
$$2.59x_1 + 2.02x_2 + 3.95x_3 = 1.64, \qquad (6.28)$$
$$3.13x_1 + 2.44x_2 + 4.79x_3 = 7.73,$$

からは，

$$x_1 = 48104.646,$$
$$x_2 = -53197.590, \qquad (6.29)$$
$$x_3 = -4336.775,$$

の解が得られる．この解が (6.28) の方程式をほぼ満たしていることは代入によってわかる．しかし，これは (6.27) の解とはまったく異なったものである．(6.21) の方程式は係数を多少変えてもその解はそれほど変わらなかった．それに比べて，(6.26) の方程式は，ほんの少し係数を変えただけで解が大きく変わってしまった．

このことを改めて考え直してみよう．方程式 (6.21) は係数を多少変えても解はそれほど変わらない．それに比べて方程式 (6.26) はほんの少し係数を変えただけでまったく異なった解になった．つまり方程式 (6.21) の解は安定しているが，(6.26) の解は不安定である．方程式の係数が測定値をもとに構成され，そこに誤差が含まれている場合を考えれば，(6.21) のような方程式から求めた解は，係数に多少の誤差があっても大きく変化はせず，解の精度がよいことがわかる．それに対し，方程式が (6.26) のようなものであったなら，たとえそれを解いて解を求めても，係数のわずかな誤差で解の値が大きく変わるから，得られた解はあまり信頼できそうもない．このような状況を数値的に示すものが条件数 λ である．λ が大きいほど解は不安定になる．言い方を変えれば，解の不確かさが大きい．

条件数を計算するには，係数行列の逆行列を計算しなければならない．現実の計算では，これがやや面倒である．実をいうと，逆行列を計算せずに条件数を求めるのに，筑波大学数値解析研究室，名取教授のところで開発した「名取 - 塚本法」という方法がある．しかし，あまりに冗長になるので，ここでは説明を割愛する．

6.5　天体までの距離 $\Delta_1, \Delta_2, \Delta_3$ の不確かさ

さきに述べたように，観測点から天体までの距離 $\Delta_1, \Delta_2, \Delta_3$ は，推定距離に補正値 d_1, d_2, d_3 を繰り返し加えることで得られる．そして，d_1, d_2, d_3 の不確かさが $\Delta_1, \Delta_2, \Delta_3$ の不確かさである．ここでは d_1, d_2, d_3 を求める方程式とその条件数とから，それらの不確かさを推定しようというのである．ただし，条件数から導く不確かさは，標準偏差ではなく，考え得る誤差の最大値といった性格のものであり，それだけの誤差が含まれる可能性があるという，ごくおおざっぱな推測にすぎない．

d_1, d_2, d_3 を求める (4.3),(4.5) の方程式を考えよう．この係数にはどの程度の誤差が含まれるであろうか．これはかなり複雑な計算の結果から求めるものであるが，もともとは目標天体の赤経，赤緯の観測から計算したものである．したがって，ちょっ

6.5 天体までの距離 $\Delta_1, \Delta_2, \Delta_3$ の不確かさ

と乱暴な議論になるが,仮に赤経,赤緯を有効数字7桁の精度で観測したものであれば,それらを含んで計算した方程式の係数は,どんな計算をしたのであれ,有効数字7桁を上回る精度になることはない.もっともよくて7桁の精度を保つだけ,たいていはそれより精度が落ちている.だから,観測精度が7桁なら,方程式係数の精度はよくても7桁,おそらくは6桁そこそこということになろう.

目標天体の赤経,赤緯を角度の $0.1''$ まで測定したとすれば,その精度はおよそ 5×10^{-7} である.すると,方程式の係数の精度は,$||\Delta A||/||A|| \sim 10^{-6}$ ぐらいと考えてよい.これに条件数 λ を掛けたものが,大略 d_1, d_2, d_3 の相対的な不確かさになると考えることができる.

これに対して,(4.3) 式の右辺の定数項は現実の観測時刻差であるから,観測時刻の差が小さいほど相対精度 $||\Delta B||/||B||$ は小さくなる.たとえば,観測時刻に 0.1 分の精度があり,観測の時間間隔が3日であったとすると,$||\Delta B||/||B|| \sim 2 \times 10^{-5}$ くらいになり,この影響の方が左辺の係数の誤差よりも解に大きい不確かさを与える.極端な例として,1時間の観測間隔で3回の観測をおこなったとすれば,定数項の相対誤差は $||\Delta B||/||B|| \sim 2 \times 10^{-3}$ にもなる.また,接近した観測時刻は,条件数 λ も大きくする.したがって d_1, d_2, d_3 の相対誤差は著しく増加する.観測時刻が接近すると軌道決定が困難になるのは,この点から説明できる.

現実には,d_1, d_2, d_3 の補正は繰り返しておこなわれるので,$\Delta_1, \Delta_2, \Delta_3$ に対する不確かさは,そのたびに積算しなければならない.しかし,条件数による誤差の推定は最大誤差の限界を与えるにすぎないこと,また,不確かさをそれほど厳密に求めてもあまり意味がないことなどを考慮し,本書では補正値 d_1, d_2, d_3 を計算する1回目の方程式だけから不確かさの推定をすることにした.また d_1, d_2, d_3 のそれぞれに同じ相対誤差を割り当てることにした.実をいうと,このあたりの推論にはあまり合理性がなく,むしろ,かなりあてずっぽうのところが多い.もっときちんとした考え方が必要と思われる.具体的な不確かさの求め方は,以下の計算例を参照してほしい.

計算例 10

5章までずっと扱ってきた小惑星 $2000WT_{168}$ に対し,3回の観測における観測点から天体までの距離 $\Delta_1, \Delta_2, \Delta_3$ の不確かさを推定せよ.

解答

この観測における $2000WT_{168}$ までの距離そのものは計算例8で求めたもので,

$\Delta_1 = 2.4038896 (AU),$

$\Delta_2 = 1.7992790 (AU),$

$\Delta_3 = 1.1834098 (AU),$

である. 仮定値に対する補正値 d_1, d_2, d_3 を求める1回目の方程式は (4.11) 式として,

$-221.8911 d_1 + 437.6006 d_2 - 192.1716 d_3 = 0.78983,$

$-254.8318 d_1 + 468.6677 d_2 - 189.8944 d_3 = 0.87367,$

$0.1638640 d_1 - 0.3060983 d_2 + 0.0372086 d_3 = 0,$

が与えられている.

ところで, この第3式は, 第1, 第2式と数字の桁数が揃っていない. これは各項をそれぞれ1000倍して,

$$163.8460 d_1 - 306.0983 d_2 + 37.2086 d_3 = 0, \tag{6.30}$$

と書き直した方がよい. 方程式の解き方にもよるが, 連立したすべての式の数値のオーダーをこのように揃える方が, 計算による桁落ちが少なくなり, 一般に解きやすくなる. また, 条件数も小さくなり, 精度の高い解が得られる. 第3式を (6.30) 式のように書き直すことにすると, 係数行列は,

$$A = \begin{pmatrix} -221.8911 & 437.6006 & -192.1716 \\ -254.8318 & 468.6677 & -189.8944 \\ 163.8640 & -306.0983 & 37.2086 \end{pmatrix},$$

である. この行列のノルムは $\|A\| = 1212.3666$ になる. つぎにこの逆行列 A^{-1} を計算すると,

$$A^{-1} = \begin{pmatrix} 0.06064681 & -0.06340879 & -0.01038415 \\ 0.03224766 & -0.03463077 & -0.01018865 \\ -0.00179731 & -0.00564391 & -0.01121086 \end{pmatrix},$$

になる. このノルムは, $\|A^{-1}\| = 0.10368347$ である. したがって条件数 λ は,

$\lambda = 1212.3666 \times 0.10368347 = 125.7024,$

6.5 天体までの距離 $\Delta_1, \Delta_2, \Delta_3$ の不確かさ

となる.この条件数は,とりたてて問題にするほどの大きさではない.

ここで,方程式の係数行列の精度を考える.この小惑星 2000WT$_{168}$ は,赤経で $0^s.01$,赤緯で $0''.1$ の精度で観測されている.$0^s.01 \sim 7 \times 10^{-7}$ であり,$0''.1 \sim 5 \times 10^{-7}$ であるから,この観測はほぼ 10^{-6} 程度でおこなわれたと見てよい.そして,いささかやまかん的な推定ではあるが,方程式の係数行列の相対的な不確かさをその 4 倍くらいとし,$||\Delta A||/||A|| \sim 4 \times 10^{-6}$ 程度であるものと考える.すると,これに条件数を掛けることで,解の相対誤差は,

$$\frac{||\Delta X||}{||X + \Delta X||} < \lambda \cdot \frac{||\Delta A||}{||A||} = 125.7 \times 4 \times 10^{-6} \sim 5 \times 10^{-4},$$

程度と見当をつけることができる.

つぎに方程式右辺の定数項を考える.ここには現実の観測時刻差 t_{21}, t_{32} や,計算上の時刻差 t'_{21}, t'_{32} が含まれている.t'_{21}, t'_{32} は,一応左辺と同程度の相対誤差があると考えておこう.問題になるのは現実の観測時刻差 t_{21}, t_{32} である.この観測では,

$t_{21} = 43.88550 (\text{day})$,

$t_{32} = 35.97261 (\text{day})$,

である.ここには 0.00001 日 $\sim$ 1 秒 まで書かれてはいるが,現実にそれだけの精度があるかどうかいささか疑わしい.真の精度を一応 0.0001 日 $\sim$ 8.6 秒 であると考えることにし,この項の相対精度は,

$$\frac{0.0001}{43.88550} + \frac{0.0001}{35.97261} \sim 5 \times 10^{-6},$$

である.これが仮に t'_{21}, t'_{32} の相対精度より大きいとすれば,

$$\frac{||\Delta B||}{||B||} \sim 5 \times 10^{-6},$$

となる.ここでは,さきに推定した係数行列の相対精度,つまり t'_{21}, t'_{32} に推定される相対精度をやや上回っているからこの関係が成立する.もし t_{21}, t_{32} の相対精度が t'_{21}, t'_{32} の相対精度を下回るときは,定数項の相対精度 $||\Delta B||/||B||$ として,t'_{21}, t'_{32} の相対精度をとらなくてはならない.

解の相対精度は,係数行列の相対精度あるいは定数項の列ベクトルの相対精度に条件数を乗じたものである.ここでは,推定値のいくらか大きい定数項の相対精度

の方をとって，

$$\frac{\|\Delta X\|}{\|X\|} < \frac{\|\Delta B\|}{\|B\|} = 125.7 \times 5 \times 10^{-6} \sim 6 \times 10^{-4},$$

と見ることができる．この方程式の解は，

$$d_1 = -0.0074979,$$
$$d_2 = -0.0047858,$$
$$d_3 = -0.0063505,$$

であるから，このそれぞれに 6×10^{-4} を掛けたものがそれぞれの相対誤差になる．これによって，大略の見当ではあるが，$\Delta_1, \Delta_2, \Delta_3$ の不確かさはそれぞれ，

$$\Delta_1 \rightarrow 4.5 \times 10^{-6} (\mathrm{AU}),$$
$$\Delta_2 \rightarrow 2.9 \times 10^{-6} (\mathrm{AU}),$$
$$\Delta_3 \rightarrow 3.8 \times 10^{-6} (\mathrm{AU}),$$

となる．

すでに述べたように，赤経，赤緯方向の不確かさは 10^{-6} 程度である．この角度の不確かさを P_1, P_2, P_3 の3点に対する実距離の不確かさに直すと，それぞれ 2.4×10^{-6} AU, 1.8×10^{-6} AU, 1.2×10^{-6} AU になる．したがって，この例の場合は，視線方向の不確かさと視線に直交する方向の不確かさに，あまり大きい差はない．

6.6 太陽から見た天体位置の不確かさ

ここまでの説明で，その数値はかなりいいかげんなものではあるが，観測点から見た天体の位置を，視線方向の距離の不確かさ σ_Δ および視線に直交する方向の不確かさ $\Delta\sigma_k$ に分けて求める方法を与えることができた．求めた過程からわかるように，視線方向の不確かさ σ_Δ は標準偏差ではない．しかし，ここでそれをあえて標準偏差と見なすことにすると，天体の位置 P の確率分布関数 f_p は，観測点 Q から見たローカル座標 (ξ, η, ζ) で，

$$f_p(\xi, \eta, \zeta) = \frac{1}{(2\pi)^{3/2} \sigma^2 \sigma_\Delta} \exp\left\{-\frac{1}{2}\left(\frac{\xi^2 + \eta^2}{\sigma^2} + \frac{\zeta^2}{\sigma_\Delta^2}\right)\right\}, \tag{6.31}$$

6.6 太陽から見た天体位置の不確かさ

と書くことができる.ただしここでは σ_k と Δ の積を,

$$\sigma = \Delta \sigma_k, \tag{6.32}$$

と置いて,長さの単位をもつ標準偏差 σ に置き直している.

ところで,天体の軌道要素を求めるときには,まずその天体の位置を日心黄道直交座標に変換する.確率分布関数を求めるときも同様に,観測点から見た赤道系ローカル座標 (ξ, η, ζ) から,太陽を原点とした黄道系ローカル座標 (ξ', η', ζ') に変換しなくてはならない.これまでのように,観測点から天体を見た方向余弦を (L, M, N) とし,また,同じ天体を太陽から見たときの黄道座標系による方向余弦を (u, v, w) とすると,赤道直交座標を中間に介在させることで確率分布関数の変数変換ができる.これらは単に座標軸の向きを変えているだけである.ここで観測点から見た天体の赤経,赤緯を (α, δ) とし,太陽から見たその天体の黄経,黄緯を (λ, β) とすると,(ξ', η', ζ') は,つぎの 5 回の座標軸の回転によって (ξ, η, ζ) に変換できる.

(1) ξ' 軸を軸として $-(90° - \beta)$ の回転

(2) 移動後の ζ' 軸を軸として $-(90° + \lambda)$ の回転

これで黄道直交座標系の (u, v, w) 軸と向きが一致する.

(3) u 軸を軸として $-\varepsilon$ の回転

これで赤道直交座標系の (x, y, z) 軸と向きが一致する.

(4) z 軸を軸として $90° + \alpha$ の回転

(5) 移動後の x 軸を軸として $(90° - \delta)$ の回転

ただし,回転の向きの符号は,それぞれの軸の正の位置から原点を見たとき,反時計回りを正としている.

この 5 回の座標軸の回転による座標変換は,行列を使ってつぎの形に書くことができる.

$$\begin{pmatrix} \xi \\ \eta \\ \zeta \end{pmatrix} = \begin{pmatrix} a_{11} & a_{12} & a_{13} \\ a_{21} & a_{22} & a_{23} \\ a_{31} & a_{32} & a_{33} \end{pmatrix} \begin{pmatrix} 1 & 0 & 0 \\ 0 & \cos\varepsilon & -\sin\varepsilon \\ 0 & \sin\varepsilon & \cos\varepsilon \end{pmatrix}$$
$$\times \begin{pmatrix} b_{11} & b_{12} & b_{13} \\ b_{21} & b_{22} & b_{23} \\ b_{31} & b_{32} & b_{33} \end{pmatrix} \begin{pmatrix} \xi' \\ \eta' \\ \zeta' \end{pmatrix}$$

$$= \begin{pmatrix} c_{11} & c_{12} & c_{13} \\ c_{21} & c_{22} & c_{23} \\ c_{31} & c_{32} & c_{33} \end{pmatrix} \begin{pmatrix} \xi' \\ \eta' \\ \zeta' \end{pmatrix}, \tag{6.33}$$

ここでは b_{ij} の行列が (1),(2) の回転に，ε を含んだ行列が (3) の回転に，また a_{ij} の行列が (4),(5) の回転に対応する．行列要素のそれぞれを方向余弦 $(L, M, N), (u, v, w)$ で書き表わすと，

$$\begin{aligned}
a_{11} &= \frac{-M}{\sqrt{L^2 + M^2}}, \\
a_{12} &= \frac{L}{\sqrt{L^2 + M^2}}, \\
a_{13} &= 0, \\
a_{21} &= \frac{-LM}{\sqrt{L^2 + M^2}}, \\
a_{22} &= \frac{-MN}{\sqrt{L^2 + M^2}}, \\
a_{23} &= \sqrt{L^2 + M^2}, \\
a_{31} &= L, \\
a_{32} &= M, \\
a_{33} &= N,
\end{aligned} \tag{6.34}$$

であり，また，

$$\begin{aligned}
b_{11} &= \frac{-v}{\sqrt{u^2 + v^2}}, \\
b_{12} &= \frac{-uw}{\sqrt{u^2 + v^2}}, \\
b_{13} &= u, \\
b_{21} &= \frac{u}{\sqrt{u^2 + v^2}}, \\
b_{22} &= \frac{-vw}{\sqrt{u^2 + v^2}}, \\
b_{23} &= v, \\
b_{31} &= 0, \\
b_{32} &= \sqrt{u^2 + v^2}, \\
b_{33} &= w,
\end{aligned} \tag{6.35}$$

6.6 太陽から見た天体位置の不確かさ

である．ここから，

$$\begin{aligned}
c_{11} &= a_{11}b_{11} + a_{12}b_{21}\cos\varepsilon, \\
c_{12} &= a_{11}b_{12} + a_{12}b_{22}\cos\varepsilon - a_{12}b_{32}\sin\varepsilon, \\
c_{13} &= a_{11}b_{13} + a_{12}b_{23}\cos\varepsilon - a_{12}b_{33}\sin\varepsilon, \\
c_{21} &= a_{21}b_{11} + a_{22}b_{21}\cos\varepsilon + a_{23}b_{21}\sin\varepsilon, \\
c_{22} &= a_{21}b_{12} + (a_{22}b_{22} + a_{23}b_{32})\cos\varepsilon + (a_{23}b_{22} - a_{22}b_{32})\sin\varepsilon, \\
c_{23} &= a_{21}b_{13} + (a_{22}b_{23} + a_{23}b_{33})\cos\varepsilon + (a_{23}b_{23} - a_{22}b_{33})\sin\varepsilon, \\
c_{31} &= a_{31}b_{11} + a_{32}b_{21}\cos\varepsilon + a_{33}b_{21}\sin\varepsilon, \\
c_{32} &= a_{31}b_{12} + (a_{32}b_{22} + a_{33}b_{32})\cos\varepsilon + (a_{33}b_{22} - a_{32}b_{32})\sin\varepsilon, \\
c_{33} &= a_{31}b_{13} + (a_{32}b_{23} + a_{33}b_{33})\cos\varepsilon + (a_{33}b_{23} - a_{32}b_{33})\sin\varepsilon,
\end{aligned} \tag{6.36}$$

となる．これによって，

$$\begin{aligned}
\xi &= c_{11}\xi' + c_{12}\eta' + c_{13}\zeta', \\
\eta &= c_{21}\xi' + c_{22}\eta' + c_{23}\zeta', \\
\zeta &= c_{31}\xi' + c_{32}\eta' + c_{33}\zeta',
\end{aligned} \tag{6.37}$$

と書くことができる．この関係を代入すると，(6.31) 式は，

$$\begin{aligned}
f_p(\xi',\eta',\zeta') = \frac{\sqrt{|\delta|}}{(2\pi)^{3/2}} \exp\Big\{ &-\frac{1}{2}(\delta_\Xi^2 \xi'^2 + \delta_H^2 \eta'^2 + \delta_Z^2 \zeta'^2 \\
&+ 2\delta_{HZ}\eta'\zeta' + 2\delta_{Z\Xi}\zeta'\xi' + 2\delta_{\Xi H}\xi'\eta')\Big\},
\end{aligned} \tag{6.38}$$

と変形される．ただし，

$$\begin{aligned}
\delta_\Xi^2 &= \frac{c_{11}^2 + c_{21}^2}{\sigma^2} + \frac{c_{31}^2}{\sigma_\Delta^2}, \\
\delta_H^2 &= \frac{c_{12}^2 + c_{22}^2}{\sigma^2} + \frac{c_{32}^2}{\sigma_\Delta^2}, \\
\delta_Z^2 &= \frac{c_{13}^2 + c_{23}^2}{\sigma^2} + \frac{c_{33}^2}{\sigma_\Delta^2}, \\
\delta_{HZ} &= \frac{c_{12}c_{13} + c_{22}c_{23}}{\sigma^2} + \frac{c_{32}c_{33}}{\sigma_\Delta^2},
\end{aligned} \tag{6.39}$$

$$\delta_{Z\Xi} = \frac{c_{13}c_{11} + c_{23}c_{21}}{\sigma^2} + \frac{c_{33}c_{31}}{\sigma_\Delta^2},$$

$$\delta_{\Xi H} = \frac{c_{11}c_{12} + c_{21}c_{22}}{\sigma^2} + \frac{c_{31}c_{32}}{\sigma_\Delta^2},$$

であり,また,$|\delta|$ は,

$$|\delta| = \begin{vmatrix} \delta_\Xi^2 & \delta_{\Xi H} & \delta_{Z\Xi} \\ \delta_{\Xi H} & \delta_H^2 & \delta_{HZ} \\ \delta_{Z\Xi} & \delta_{HZ} & \delta_Z^2 \end{vmatrix}, \tag{6.40}$$

の行列式を表わしている.なおここでは,あとで出てくる二次元の確率分布関数と区別をするため,三次元の確率分布関数の指数ベキでは,係数の添字に (ξ',η',ζ') に変えて,ギリシャ大文字の (Ξ, H, Z) を使用している.

6.7 軌道の不確かさを求めるのに必要な向きの分散,共分散

こうして,太陽から見たローカル座標 (ξ',η',ζ') による天体位置の確率分布関数の計算ができた.これは三次元の確率分布関数である.つぎに必要なことは,そこから,軌道計算に必要な向きの二次元の確率分布関数を引き出すことである.必要な向きは 2 組ある,そのひとつは黄道系ローカル座標 ξ' と η' に関する分散,共分散であり,もうひとつは,軌道面に沿った向きと太陽からの距離の不確かさ,換言すれば,太陽からの距離 r と天体の真近点角 f に関する分散,共分散である.まず,比較的簡単な (ξ',η') に関する分散から計算を始めよう.この二次元の分散に対しては,単に (ξ,η) をそれぞれ添字にとることにする.

(ξ',η') に関する二次元の確率分布関数は,(6.38) 式の ζ' を $-\infty$ から ∞ まで積分した関数 $f_p(\xi',\eta')$ として得られる.この積分を実行すると,

$$f_p(\xi',\eta') = \frac{\sqrt{|\delta|}}{2\pi\delta_Z} \exp\left\{-\frac{1}{2}(C_\xi^2 \xi'^2 + 2C_{\xi\eta}\xi'\eta' + C_\eta^2 \eta'^2)\right\}, \tag{6.41}$$

となる.ただしここで,

$$C_\xi^2 = \frac{\delta_Z^2 \delta_\Xi^2 - \delta_{Z\Xi}^2}{\delta_Z^2},$$

$$C_{\xi\eta} = \frac{\delta_Z^2 \delta_{\Xi H} - \delta_{HZ}\delta_{Z\Xi}}{\delta_Z^2}, \tag{6.42}$$

6.7 軌道の不確かさを求めるのに必要な向きの分散，共分散

$$C_\eta^2 = \frac{\delta_H^2 \delta_Z^2 - \delta_{HZ}^2}{\delta_Z^2},$$

である．この関数の形を (6.7),(6.9) 式と比較することで，ξ' 方向の分散 σ_ξ^2，η' 方向の分散 σ_η^2，およびそれらの共分散 $\sigma_{\xi\eta}$ はそれぞれ，

$$\begin{aligned}
\sigma_\xi^2 &= \frac{C_\eta^2}{C_\xi^2 C_\eta^2 - C_{\xi\eta}^2}, \\
\sigma_{\xi\eta} &= \frac{-C_{\xi\eta}}{C_\xi^2 C_\eta^2 - C_{\xi\eta}^2}, \\
\sigma_\eta^2 &= \frac{C_\xi^2}{C_\xi^2 C_\eta^2 - C_{\xi\eta}^2},
\end{aligned} \quad (6.43)$$

となることがわかる．

つぎに，やや面倒な太陽からの距離 r と真近点角 f に関する分散，共分散を求めよう．ここでは，ある時刻の天体のもっとも確からしい位置 P_i の方向余弦が，日心黄道直交座標系で (u_i, v_i, w_i) であり，別の時刻の天体の位置 P_j の方向余弦が同じく (u_j, v_j, w_j) であるとする．このとき，太陽から見て P_i と P_j を結ぶ大円が軌道面であるから，真近点角の分散は，この大円に沿った向きの分散をとればよい．これは (6.38) 式の確率分布関数を，この大円に直交する方向に対し $-\infty$ から ∞ まで積分した関数の形から求めることができる．

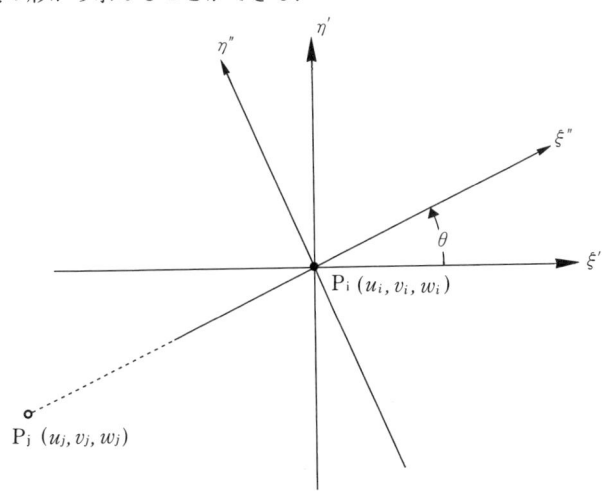

図 **6.4** ローカル座標の座標軸変換

積分をするため，ローカル座標 (ξ', η', ζ') で与えられている (6.38) 式を，P_i と P_j を結ぶ軌道面に沿った方向を ξ'' 軸とする (ξ'', η'', ζ'') 系に座標変換をする．図 6.4 で示すように，P_i と P_j を結ぶ軌道面の $(\xi'\eta')$ 面への投影が P_i のローカル座標の ξ' 軸となす角を θ とすると，

$$\cos\theta = \pm\frac{u_j v_i - v_j u_i}{\Gamma\sqrt{1-w_i^2}},$$
$$\sin\theta = \pm\frac{v_i(v_j w_i - w_j v_i) - u_i(w_j u_i - u_j w_i)}{\Gamma\sqrt{1-w_i^2}}, \quad (6.44)$$

である．ただし，

$$\Gamma^2 = (v_j w_i - w_j v_i)^2 + (w_j u_i - u_j w_i)^2 + (u_j v_i - v_j u_i)^2, \quad (6.45)$$

である．ここで複号は $\cos\theta > 0$ となるようにとり，$\sin\theta$ はそれと同順にする．これは $-90° < \theta \leq 90°$ の範囲に θ をとることを意味する．この $\cos\theta, \sin\theta$ を使って座標軸を θ だけ反時計回りに回転し，(ξ'', η'', ζ'') による確率分布関数として (6.38) 式を書き直す．ここでは，

$$\xi' = \xi''\cos\theta - \eta''\sin\theta,$$
$$\eta' = \xi''\sin\theta + \eta''\cos\theta, \quad (6.46)$$
$$\zeta' = \zeta'',$$

であり，この変換によって確率分布関数は，

$$f_p(\xi'', \eta'', \zeta'') = \frac{\sqrt{|D|}}{(2\pi)^{3/2}}\exp\left\{-\frac{1}{2}(D_\xi^2\xi''^2 + D_\eta^2\eta''^2\right.$$
$$\left. + D_\zeta^2\zeta''^2 + 2D_{\eta\zeta}\eta''\zeta'' + 2D_{\zeta\xi}\zeta''\xi'' + 2D_{\xi\eta}\xi''\eta'')\right\}, \quad (6.47)$$

の形に書き直すことができる．ただし，

$$|D| = \begin{vmatrix} D_\xi^2 & D_{\xi\eta} & D_{\zeta\xi} \\ D_{\xi\eta} & D_\eta^2 & D_{\eta\zeta} \\ D_{\zeta\xi} & D_{\eta\zeta} & D_\zeta^2 \end{vmatrix}, \quad (6.48)$$

であり，

$$D_\xi^2 = \delta_\Xi^2\cos^2\theta + \delta_H^2\sin^2\theta + 2\delta_{\Xi H}\cos\theta\sin\theta,$$

6.7 軌道の不確かさを求めるのに必要な向きの分散，共分散

$$\begin{aligned}
D_\eta^2 &= \delta_\Xi^2 \sin^2\theta + \delta_H^2 \cos^2\theta - 2\delta_{\Xi H}\cos\theta\sin\theta, \\
D_\zeta^2 &= \delta_Z^2, \\
D_{\eta\zeta} &= \delta_{HZ}\cos\theta - \delta_{Z\Xi}\sin\theta, \\
D_{\zeta\xi} &= \delta_{HZ}\sin\theta + \delta_{Z\Xi}\cos\theta, \\
D_{\xi\eta} &= -\delta_\Xi^2\cos\theta\sin\theta + \delta_H^2\cos\theta\sin\theta + \delta_{\Xi H}(\cos^2\theta - \sin^2\theta),
\end{aligned} \tag{6.49}$$

である．

こうして座標変換ができた．この (6.47) 式を η'' について $-\infty$ から ∞ まで積分すれば，(ξ'', ζ'') 方向の二次元の確率分布関数が得られる．その積分を実行すると，

$$f_p(\xi'', \zeta'') = \frac{\sqrt{|D|}}{2\pi D_\eta} \exp\left[-\frac{1}{2D_\eta^2}\left\{(D_\xi^2 D_\eta^2 - D_{\xi\eta}^2)\xi''^2 \right.\right.$$
$$\left.\left. + 2(D_\eta^2 D_{\zeta\xi} - D_{\xi\eta}D_{\eta\zeta})\xi''\zeta'' + (D_\eta^2 D_\zeta^2 - D_{\eta\zeta}^2)\zeta''^2\right\}\right], \tag{6.50}$$

が得られる．この形を (6.7), (6.9) 式と比較すれば，軌道面である ξ'' 方向と，距離である ζ'' 方向の分散を求めることができる．(6.9) 式の展開から一般に，

$$\begin{aligned}
\sigma_x^2 &= \frac{\delta_y^2}{\delta_x^2\delta_y^2 - \delta_{xy}^2}, \\
\sigma_y^2 &= \frac{\delta_x^2}{\delta_x^2\delta_y^2 - \delta_{xy}^2}, \\
\sigma_{xy} &= \frac{-\delta_{xy}}{\delta_x^2\delta_y^2 - \delta_{xy}^2},
\end{aligned} \tag{6.51}$$

である．これに対応した計算によって，ξ'' 方向の真近点角の分散 σ_f^2，ζ'' 方向の距離の分散 σ_r^2 を求めることができる．まず，

$$\frac{1}{D_\eta^4}\left\{(D_\xi^2 D_\eta^2 - D_{\xi\eta}^2)(D_\eta^2 D_\zeta^2 - D_{\eta\zeta}^2) - (D_\eta^2 D_{\zeta\xi} - D_{\xi\eta}D_{\eta\zeta})^2\right\}$$
$$= \frac{1}{D_\eta^2}(D_\xi^2 D_\eta^2 D_\zeta^2 - D_\xi^2 D_{\eta\zeta}^2 - D_\eta^2 D_{\zeta\xi}^2 - D_\zeta^2 D_{\xi\eta}^2 + 2D_{\eta\zeta}D_{\zeta\xi}D_{\xi\eta})$$
$$= \frac{|D|}{D_\eta^2}, \tag{6.52}$$

であることを計算しておくと，

$$\begin{aligned}
\sigma_r^2 &= \frac{D_\xi^2 D_\eta^2 - D_{\xi\eta}^2}{|D|}, \\
\sigma_f^2 &= \frac{D_\eta^2 D_\zeta^2 - D_{\eta\zeta}^2}{|D|},
\end{aligned} \tag{6.53}$$

が得られる．また，ξ'' 方向と ζ'' 方向の共分散 σ_{rf} は，

$$\sigma_{rf} = -\frac{D_\eta^2 D_{\zeta\xi} - D_{\xi\eta}D_{\eta\zeta}}{|D|}, \tag{6.54}$$

となる．(6.49) 式を使えば，さらにこれらを書き直すことができる．

$$|D| = |\delta|, \tag{6.55}$$

であることも考慮して，

$$\begin{aligned}
\sigma_r^2 &= \frac{1}{|\delta|}(\delta_\Xi^2 \delta_H^2 - \delta_{\Xi H}^2), \\
\sigma_f^2 &= \frac{1}{|\delta|}\left\{(\delta_H^2 \delta_Z^2 - \delta_{HZ}^2)\cos^2\theta - 2(\delta_Z^2 \delta_{\Xi H} - \delta_{HZ}\delta_{Z\Xi})\cos\theta\sin\theta \right.\\
&\qquad\left. + (\delta_Z^2 \delta_\Xi^2 - \delta_{Z\Xi}^2)\sin^2\theta\right\}, \\
\sigma_{rf} &= -\frac{1}{|\delta|}\left\{(\delta_H^2 \delta_{Z\Xi} - \delta_{\Xi H}\delta_{HZ})\cos\theta + (\delta_\Xi^2 \delta_{HZ} - \delta_{Z\Xi}\delta_{\Xi H})\sin\theta\right\},
\end{aligned} \tag{6.56}$$

となる．これらの関係式から，点 P の距離の分散 σ_r^2，真近点角の分散 σ_f^2，それらの共分散 σ_{rf} が計算できる．

現実には P_1, P_2, P_3 の 3 点のそれぞれに対し，ξ', η' 方向の分散 $\sigma_{\xi 1}^2, \sigma_{\xi 2}^2, \sigma_{\xi 3}^2$; $\sigma_{\eta 1}^2, \sigma_{\eta 2}^2, \sigma_{\eta 3}^2$ および共分散 $\sigma_{\xi\eta 1}, \sigma_{\xi\eta 2}, \sigma_{\xi\eta 3}$ を計算し，さらに軌道面方向の分散 $\sigma_{f1}^2, \sigma_{f2}^2, \sigma_{f3}^2$ および距離方向の分散 $\sigma_{r1}^2, \sigma_{r2}^2, \sigma_{r3}^2$，それらの共分散 $\sigma_{rf1}, \sigma_{rf2}, \sigma_{rf3}$ を求めておく必要がある．

表 6.1 日心距離，真近点角の分散を計算する基礎データ

i	1	2	3
Δ_i(AU)	2.403890	1.799279	1.183410
L_i	-0.3101858	-0.5172164	-0.6552420
M_i	0.8511806	0.7908011	0.7429190
N_i	0.4234103	0.3272930	0.1368548
σ_{ki}(AU)	2.4×10^{-6}	1.8×10^{-6}	1.2×10^{-6}
$\sigma_{\Delta i}$(AU)	4.5×10^{-6}	2.9×10^{-6}	3.8×10^{-6}
ℓ_i	0.1064409	-0.0794331	-0.3446017
m_i	0.8910474	0.9191880	0.8965839
n_i	0.4412536	0.3857250	0.2781851

計算例 11

小惑星 2000WT$_{168}$ の 3 回の観測に基づいて，観測点からの方向余弦 (L_i, M_i, N_i)，距離 Δ_i，および日心方向余弦 (ℓ_i, m_i, n_i) が求められ，また，距離 Δ_i の不確かさ

6.7 軌道の不確かさを求めるのに必要な向きの分散, 共分散

の標準偏差 $\sigma_{\Delta i}$, 視線に直交する方向の不確かさの標準偏差 σ_{ki} も前ページの表 6.1 のように与えられたとする ($i = 1, 2, 3$). ここから, それぞれの点に対し (ξ', η') 方向の分散共分散 $\sigma_{\xi i}^2, \sigma_{\eta i}^2, \sigma_{\xi \eta i}$ および太陽からの距離の分散 σ_{ri}, 軌道面に沿った真近点角の分散 σ_{fi}, それらの共分散 σ_{rfi} を計算せよ.

表 6.2 回転行列の要素

i	1	2	3
u_i	0.1064409	−0.0794331	−0.3446017
v_i	0.9930407	0.9967711	0.9332553
w_i	0.0504040	−0.0117362	−0.1014108
a_{11}	−0.9395572	−0.8368949	−0.7499754
a_{12}	−0.3423919	−0.5473636	−0.6614657
a_{13}	0	0	0
a_{21}	0.1449723	0.1791483	0.0905248
a_{22}	−0.3978182	−0.2739099	−0.1026378
a_{23}	0.9059380	0.9449229	0.9905911
a_{31}	−0.3101858	−0.5172164	−0.6552420
a_{32}	0.8511806	0.7908011	0.7429190
a_{33}	0.4234103	0.3272930	0.1368548
b_{11}	−0.9943045	−0.9968398	−0.9380915
b_{12}	−0.0053719	−0.0009323	−0.0351274
b_{13}	0.1064409	−0.0794331	−0.3446017
b_{21}	0.1065764	−0.0794385	−0.3463874
b_{22}	−0.0501169	0.0116992	0.0951326
b_{23}	0.9930407	0.9967711	0.9332553
b_{31}	0	0	0
b_{32}	0.9987289	0.9999311	0.9948446
b_{33}	0.0504040	−0.0117362	−0.1014108
c_{11}	0.9007263	0.8741439	0.9137622
c_{12}	0.1568134	0.2126187	0.2303698
c_{13}	−0.4050948	−0.4366529	−0.3346167
c_{21}	−0.1446400	−0.1884771	−0.1887904
c_{22}	0.9876205	0.9771279	0.9701278
c_{23}	0.0607045	0.0984754	0.1523493
c_{31}	0.4095992	0.4476035	0.3597176
c_{32}	0.0039147	−0.0037826	−0.0760386
c_{33}	0.9122572	0.8942241	0.9299577

解答

まず, 観測位置の日心黄道座標による方向余弦 u_i, v_i, w_i を

$$u_i = \ell_i,$$
$$v_i = m_i \cos\varepsilon + n_i \sin\varepsilon, \quad (i = 1, 2, 3)$$
$$w_i = -m_i \sin\varepsilon + n_i \cos\varepsilon,$$

の関係で計算する．ε は黄道傾斜角で，

$$\varepsilon = 23°26'21''.448 = 23°.4392911,$$

$$\cos\varepsilon = 0.9174821,$$

$$\sin\varepsilon = 0.3977772,$$

である．以下手順にしたがい，まず回転行列の要素として (6.34),(6.35),(6.36) の各式から，表 6.2 の計算表が得られる．

この c_{ij} から，(6.42) 式および (6.43) 式によって，(ξ',η') の方向に関する誤差楕円の係数 $C_\xi^2, C_{\xi\eta}, C_\eta^2$ を求めることができ，さらにその方向に関する二次元の分散，共分散 $\sigma_\xi^2, \sigma_\eta^2, \sigma_{\xi\eta}$ を求めることができる．この過程の計算が表 6.3 である．

表 6.3 誤差楕円の係数計算

i	1	2	3
$\sigma_k i^2$	5.76×10^{-12}	3.24×10^{-12}	1.44×10^{-12}
$\sigma_{\Lambda i}^2$	20.25×10^{-12}	8.41×10^{-12}	14.44×10^{-12}
δ_Ξ^2	0.15277×10^{12}	0.27063×10^{12}	0.61355×10^{12}
δ_H^2	0.17361×10^{12}	0.30864×10^{12}	0.69083×10^{12}
δ_Z^2	0.07023×10^{12}	0.15692×10^{12}	0.15376×10^{12}
δ_{HZ}	-0.00044×10^{12}	0.00064×10^{12}	0.04421×10^{12}
$\delta_{Z\Xi}$	-0.04642×10^{12}	-0.07594×10^{12}	-0.20914×10^{12}
$\delta_{\Xi H}$	-0.00020×10^{12}	0.00032×10^{12}	0.01710×10^{12}
$\delta_H^2 \delta_Z^2 - \delta_{HZ}^2$	1.21918×10^{22}	4.84319×10^{22}	10.42708×10^{22}
$\delta_Z^2 \delta_\Xi^2 - \delta_{Z\Xi}^2$	0.85737×10^{22}	3.67002×10^{22}	5.06020×10^{22}
$\delta_\Xi^2 \delta_H^2 - \delta_{\Xi H}^2$	2.65221×10^{22}	8.35265×10^{22}	42.35637×10^{22}
$\delta_Z^2 \delta_{\Xi H} - \delta_{HZ}\delta_{Z\Xi}$	-0.00346×10^{22}	0.00991×10^{22}	1.18753×10^{22}
$\delta_H^2 \delta_{Z\Xi} - \delta_{\Xi H}\delta_{HZ}$	-0.80589×10^{22}	-2.34393×10^{22}	-14.52366×10^{22}
$\delta_\Xi^2 \delta_{HZ} - \delta_{Z\Xi}\delta_{\Xi H}$	-0.00770×10^{22}	0.01981×10^{22}	3.07007×10^{22}
$\|\delta\|$	0.001488×10^{36}	0.011327×10^{36}	0.033397×10^{36}
C_ξ^2	0.12209×10^{12}	0.23388×10^{12}	0.32909×10^{12}
$C_{\xi\eta}$	-0.00049×10^{12}	0.00063×10^{12}	0.07723×10^{12}
C_η^2	0.17361×10^{12}	0.30864×10^{12}	0.67812×10^{12}
σ_ξ^2	8.9101×10^{-12}	4.2758×10^{-12}	3.1222×10^{-12}
$\sigma_{\xi\eta}$	0.0232×10^{-12}	-0.0088×10^{-12}	-0.3556×10^{-12}
σ_η^2	5.7602×10^{-12}	3.2401×10^{-12}	1.5152×10^{-12}

同様にして c_{ij} から (6.39), (6.44), (6.56) 式によって，太陽からの距離の分散 σ_{ri}^2，真近点角の分散 σ_{fi}^2，その共分散 σ_{rfi} も計算できる．軌道面大円の向き θ_i を求めるために，P_1 に対しては P_3 を参照点にとり ($j=3$ とする)，P_2, P_3 に対しては P_1 を参照点にとる ($j=1$ とする) ことにすると，表 6.4 が得られる．

6.7 軌道の不確かさを求めるのに必要な向きの分散，共分散

こうして，手数はかなりかかったけれど，これで軌道要素の不確かさを求める基礎となる2種類の分散，共分散が計算できた．表6.3，表6.4に単位は記載されていないが，ここに示された分散，共分散の単位はすべてAU^2である．

表6.4 太陽からの距離，真近点角の分散，共分散

i	1	2	3
j	3	1	1
$v_j w_i - w_i v_j$	0.1477448	-0.0618958	-0.1477484
$w_j u_i - u_j w_i$	0.0065750	-0.0027545	-0.0065750
$u_j v_i - v_j u_i$	-0.4415401	0.1849775	0.4415401
Γ_i	0.4656494	0.1950779	0.4656494
$\cos\theta_i$	0.9494310	0.9482895	0.9531380
$\sin\theta_i$	-0.3139757	-0.3174067	-0.3025360
σ_{ri}^2	17.8188×10^{-12}	7.3741×10^{-12}	12.6827×10^{-12}
σ_{fi}^2	7.9375×10^{-12}	4.1767×10^{-12}	3.1801×10^{-12}
σ_{rfi}	5.1243×10^{-12}	1.9679×10^{-12}	4.4231×10^{-12}

7 軌道要素の不確かさ

この7章で，軌道要素の不確かさを具体的に計算する方法を述べる．その前提条件として，天体の位置 P_1, P_2, P_3 に関する不確かさがそれぞれ独立であるものとする．つまり，P_1 と P_2 の不確かさの間にまったく相関はないと考える．P_1 と P_3, P_2 と P_3 についても同様である．

7.1 離心率，長半径，近日点偏角，近日点通過時刻の分散

ここではまず，つぎの問題を考えよう．

それぞれに不確かさのある変数 (x, y, z) があり，そのもっとも確からしい数値 (x_0, y_0, z_0) に対して，(x, y, z) のそれぞれが $(\sigma_x^2, \sigma_y^2, \sigma_z^2)$ の分散をもつとする．このとき，この (x, y, z) の関数 $g(x, y, z)$ の分散 σ_g^2 はどれだけになるか．

このとき，$g(x, y, z)$ のもっとも確からしい値は $g_0 = g(x_0, y_0, z_0)$ である．そして，(x, y, z) の不確かさの間にまったく相関がないとき，σ_g^2 は，

$$\sigma_g^2 = \left(\frac{\partial g}{\partial x}\right)_0^2 \sigma_x^2 + \left(\frac{\partial g}{\partial y}\right)_0^2 \sigma_y^2 + \left(\frac{\partial g}{\partial z}\right)_0^2 \sigma_z^2, \tag{7.1}$$

で与えられる．ここで $(\partial g/\partial x)_0$ は，$\partial g/\partial x$ に対し，$x = x_0, y = y_0, z = z_0$ と置いたものである．y, z の微分についても同様である．ここで簡便のため，

$$\begin{aligned} g_x &= \left(\frac{\partial g}{\partial x}\right)_0, \\ g_y &= \left(\frac{\partial g}{\partial y}\right)_0, \\ g_z &= \left(\frac{\partial g}{\partial z}\right)_0, \end{aligned} \tag{7.2}$$

と書くことにすると，(7.1) 式は，

$$\sigma_g^2 = g_x^2 \sigma_x^2 + g_y^2 \sigma_y^2 + g_z^2 \sigma_z^2, \tag{7.3}$$

となる．

しかし，(x, y, z) の間に相関がないのはどちらかというと特殊な場合で，相関のある方がより一般的である．y と z の共分散を σ_{yz} とし，同様に z と x，x と y の共分散をそれぞれ σ_{zx}, σ_{xy} と書くとすると，相関がある場合の g の分散は，

$$\begin{aligned}\sigma_g^2 &= g_x^2 \sigma_x^2 + g_y^2 \sigma_y^2 + g_z^2 \sigma_z^2 \\ &\quad + 2g_y g_z \sigma_{yz} + 2g_z g_x \sigma_{zx} + 2g_x g_y \sigma_{xy},\end{aligned} \tag{7.4}$$

の形になる．これは分散を計算する上で重要な関係である．

この関係を頭に入れてから，離心率 e の不確かさを考えよう．その基礎として (2.12) 式の，

$$\begin{aligned}C &= r_3(r_2 - r_1)\cos\theta_{32} + r_2(r_1 - r_3) + r_1(r_3 - r_2)\cos\theta_{21}, \\ S &= r_3(r_2 - r_1)\sin\theta_{32} - r_1(r_3 - r_2)\sin\theta_{21}, \\ H &= r_2 r_3 \sin\theta_{32} + r_3 r_1 \sin\theta_{13} + r_1 r_2 \sin\theta_{21}, \\ L &= r_1 r_2 r_3 (\sin\theta_{32} + \sin\theta_{13} + \sin\theta_{21}),\end{aligned}$$

および (2.14) 式の，

$$\begin{aligned}Q &= \sqrt{C^2 + S^2}, \\ e &= \frac{Q}{H},\end{aligned}$$

の関係式を取り上げる．ここで，

$$\begin{aligned}\theta_{32} &= f_3 - f_2, \\ \theta_{13} &= f_1 - f_3, \\ \theta_{21} &= f_2 - f_1,\end{aligned}$$

であることを考えると，離心率 e を定めているのは (r_1, r_2, r_3) および (f_1, f_2, f_3) の 6 個の変数である．そして，これら変数それぞれの分散を計算する方法は前章に示した．r_i の分散が σ_{ri}^2，f_i の分散が σ_{fi}^2，r_i と f_i の共分散が σ_{rfi} である．

7.1 離心率,長半径,近日点偏角,近日点通過時刻の分散

ここで注意が必要なのは,(6.56) 式で求めた分散の $\sigma_r^2, \sigma_{rf}, \sigma_f^2$ は太陽からの距離 r のところで考えた誤差楕円体に関する分散,共分散であり,すべて現実の大きさとして考えていること,つまり長さの二乗の単位をもっていることである.しかし C, S, H, L などに含まれている f_1, f_2, f_3 はすべて角度であって,長さの次元をもっていない.したがって,離心率 e,長半径 a,近日点距離 q,近日点偏角 θ_0 などの分散を計算する際に,真近点角方向の分散には σ_{fi}^2 を r_i^2 で割った形の σ_{fi}^2/r_i^2 を,また,σ_{rfi} は r_i で割った形の σ_{rfi}/r_i を使う必要がある.こうしたことを考慮すると,$(r_1, f_1), (r_2, f_2), (r_3, f_3)$ の分散はそれぞれ独立であるから,離心率 e の分散 σ_e^2 は,

$$\sigma_e^2 = \sum_{i=1}^{3} \left\{ \left(\frac{\partial e}{\partial r_i}\right)^2 \sigma_{ri}^2 + 2 \left(\frac{\partial e}{\partial r_i}\right)\left(\frac{\partial e}{\partial f_i}\right) \frac{\sigma_{rfi}}{r_i} + \left(\frac{\partial e}{\partial f_i}\right)^2 \frac{\sigma_{fi}^2}{r_i^2} \right\}, \quad (7.5)$$

の形で計算できる.ここに示した偏微分も,偏微分した式にそれぞれもっとも確からしい値を代入したものを意味する.すると,計算に必要なのは,$(\partial e/\partial r_i), (\partial e/\partial f_i)$ の具体的な値になる.長半径 a に対しては,

$$a = \frac{\ell}{1-e^2} = \frac{HL}{H^2 - Q^2}, \quad (7.6)$$

であり,ここにも離心率 e と同様に六つの変数がある.したがって a の分散 σ_a^2 は,

$$\sigma_a^2 = \sum_{i=1}^{3} \left\{ \left(\frac{\partial a}{\partial r_i}\right)^2 \sigma_{ri}^2 + 2 \left(\frac{\partial a}{\partial r_i}\right)\left(\frac{\partial a}{\partial f_i}\right) \frac{\sigma_{rfi}}{r_i} + \left(\frac{\partial a}{\partial f_i}\right)^2 \frac{\sigma_{fi}^2}{r_i^2} \right\}, \quad (7.7)$$

で計算できる.同様に近日点距離 q に対しては,

$$q = \frac{\ell}{1+e} = \frac{L}{H+Q}, \quad (7.8)$$

であるから,q の分散 σ_q^2 は,

$$\sigma_q^2 = \sum_{i=1}^{3} \left\{ \left(\frac{\partial q}{\partial r_i}\right)^2 \sigma_{ri}^2 + 2 \left(\frac{\partial q}{\partial r_i}\right)\left(\frac{\partial q}{\partial f_i}\right) \frac{\sigma_{rfi}}{r_i} + \left(\frac{\partial q}{\partial f_i}\right)^2 \frac{\sigma_{fi}^2}{r_i^2} \right\}, \quad (7.9)$$

となる.(7.7),(7.9) 式の計算に対し,偏微分の意味は (7.5) 式と同様である.

つぎに近日点引数 ω の不確かさを考えよう.ω は昇交点と近日点のはさむ角であるから,その不確かさには,近日点の位置の不確かさと昇交点の位置の不確かさの両方が関係する.ここではとりあえず近日点の位置の分散だけを考えておこう.近

日点の偏角は (2.14) 式の θ_0 で表わされている．したがって，この θ_0 の分散が近日点偏角の分散 σ_θ^2 になる．θ_0 の偏微分は，

$$\sin\theta_0 = \frac{C}{Q},$$
$$\cos\theta_0 = -\frac{S}{Q}, \tag{7.10}$$

などから計算できる．したがって，ここでも 6 個の変数を考えて，

$$\sigma_\theta^2 = \sum_{i=1}^{3}\left\{\left(\frac{\partial\theta_0}{\partial r_i}\right)^2 \sigma_{ri}^2 + 2\left(\frac{\partial\theta_0}{\partial r_i}\right)\left(\frac{\partial\theta_0}{\partial f_i}\right)\frac{\sigma_{rfi}}{r_i} + \left(\frac{\partial\theta_0}{\partial f_i}\right)^2 \frac{\sigma_{fi}^2}{r_i^2}\right\}, \tag{7.11}$$

の形になる．いま述べたように，近日点引数の不確かさにはこれに加えて，昇交点の位置の不確かさも影響する．これについてはあとで述べる．

ところで，これらの計算に使われる偏微分の式はどのように表わされるであろうか．単純に微分計算を実行することで，まず，離心率 e，長半径 a，近日点距離 q および近日点偏角 θ_0 の $r_i, f_i, (i=1,2,3)$ による偏微分は，

$$\frac{\partial e}{\partial r_i} = \frac{C}{HQ}\frac{\partial C}{\partial r_i} + \frac{S}{HQ}\frac{\partial S}{\partial r_i} - \frac{Q}{H^2}\frac{\partial H}{\partial r_i},$$

$$\frac{\partial e}{\partial f_i} = \frac{C}{HQ}\frac{\partial C}{\partial f_i} + \frac{S}{HQ}\frac{\partial S}{\partial f_i} - \frac{Q}{H^2}\frac{\partial H}{\partial f_i},$$

$$\frac{\partial a}{\partial r_i} = \frac{H}{H^2-Q^2}\frac{\partial L}{\partial r_i} - \frac{(H^2+Q^2)L}{(H^2-Q^2)^2}\frac{\partial H}{\partial r_i} + \frac{2HLC}{(H^2-Q^2)^2}\frac{\partial C}{\partial r_i}$$
$$+ \frac{2HLS}{(H^2-Q^2)^2}\frac{\partial S}{\partial r_i},$$

$$\frac{\partial a}{\partial f_i} = \frac{H}{H^2-Q^2}\frac{\partial L}{\partial f_i} - \frac{(H^2+Q^2)L}{(H^2-Q^2)^2}\frac{\partial H}{\partial f_i} + \frac{2HLC}{(H^2-Q^2)^2}\frac{\partial C}{\partial f_i}$$
$$+ \frac{2HLS}{(H^2-Q^2)^2}\frac{\partial S}{\partial f_i}, \tag{7.12}$$

$$\frac{\partial q}{\partial r_i} = \frac{1}{H+Q}\left\{\frac{\partial L}{\partial r_i} - \frac{L}{H+Q}\frac{\partial H}{\partial r_i} - \frac{L}{Q(H+Q)}\left(C\frac{\partial C}{\partial r_i} + S\frac{\partial S}{\partial r_i}\right)\right\},$$

$$\frac{\partial q}{\partial f_i} = \frac{1}{H+Q}\left\{\frac{\partial L}{\partial f_i} - \frac{L}{H+Q}\frac{\partial H}{\partial f_i} - \frac{L}{Q(H+Q)}\left(C\frac{\partial C}{\partial f_i} + S\frac{\partial S}{\partial f_i}\right)\right\},$$

$$\frac{\partial\theta_0}{\partial r_i} = \frac{C}{Q^2}\frac{\partial S}{\partial r_i} - \frac{S}{Q^2}\frac{\partial C}{\partial r_i},$$

$$\frac{\partial\theta_0}{\partial f_i} = \frac{C}{Q^2}\frac{\partial S}{\partial f_i} - \frac{S}{Q^2}\frac{\partial C}{\partial f_i},$$

7.1 離心率，長半径，近日点偏角，近日点通過時刻の分散

となる．これらの式に含まれている L, H, C, S などの r_i, f_i による微分も計算しなければならない．(2.12) 式から，距離 $r_i, (i = 1, 2, 3)$ による微分は，

$$\begin{aligned}
\frac{\partial C}{\partial r_1} &= -r_3 \cos\theta_{32} + r_2 + (r_3 - r_2)\cos\theta_{21}, \\
\frac{\partial C}{\partial r_2} &= r_3 \cos\theta_{32} + (r_1 - r_3) - r_1 \cos\theta_{21}, \\
\frac{\partial C}{\partial r_3} &= (r_2 - r_1)\cos\theta_{32} - r_2 + r_1 \cos\theta_{21}, \\
\frac{\partial S}{\partial r_1} &= -r_3 \sin\theta_{32} - (r_3 - r_2)\sin\theta_{21}, \\
\frac{\partial S}{\partial r_2} &= r_3 \sin\theta_{32} + r_1 \sin\theta_{21}, \\
\frac{\partial S}{\partial r_3} &= (r_2 - r_1)\sin\theta_{32} - r_1 \sin\theta_{21}, \\
\frac{\partial H}{\partial r_1} &= r_3 \sin\theta_{13} + r_2 \sin\theta_{21}, \\
\frac{\partial H}{\partial r_2} &= r_3 \sin\theta_{32} + r_1 \sin\theta_{21}, \\
\frac{\partial H}{\partial r_3} &= r_2 \sin\theta_{32} + r_1 \sin\theta_{13}, \\
\frac{\partial L}{\partial r_1} &= r_2 r_3 (\sin\theta_{32} + \sin\theta_{13} + \sin\theta_{21}), \\
\frac{\partial L}{\partial r_2} &= r_1 r_3 (\sin\theta_{32} + \sin\theta_{13} + \sin\theta_{21}), \\
\frac{\partial L}{\partial r_3} &= r_1 r_2 (\sin\theta_{32} + \sin\theta_{13} + \sin\theta_{21}),
\end{aligned} \qquad (7.13)$$

である．同様に $f_i, (i = 1, 2, 3)$ による微分は，

$$\begin{aligned}
\frac{\partial C}{\partial f_1} &= r_1(r_3 - r_2)\sin\theta_{21}, \\
\frac{\partial C}{\partial f_2} &= r_3(r_2 - r_1)\sin\theta_{32} - r_1(r_3 - r_2)\sin\theta_{21}, \\
\frac{\partial C}{\partial f_3} &= -r_3(r_2 - r_1)\sin\theta_{32}, \\
\frac{\partial S}{\partial f_1} &= r_1(r_3 - r_2)\cos\theta_{21}, \\
\frac{\partial S}{\partial f_2} &= -r_3(r_2 - r_1)\cos\theta_{32} - r_1(r_3 - r_2)\cos\theta_{21}, \\
\frac{\partial S}{\partial f_3} &= r_3(r_2 - r_1)\cos\theta_{32},
\end{aligned}$$

$$\frac{\partial H}{\partial f_1} = r_3 r_1 \cos\theta_{13} - r_1 r_2 \cos\theta_{21}, \tag{7.14}$$

$$\frac{\partial H}{\partial f_2} = -r_2 r_3 \cos\theta_{32} + r_1 r_2 \cos\theta_{21},$$

$$\frac{\partial H}{\partial f_3} = r_2 r_3 \cos\theta_{32} - r_3 r_1 \cos\theta_{13},$$

$$\frac{\partial L}{\partial f_1} = r_1 r_2 r_3 (\cos\theta_{13} - \cos\theta_{21}),$$

$$\frac{\partial L}{\partial f_2} = r_1 r_2 r_3 (-\cos\theta_{32} + \cos\theta_{21}),$$

$$\frac{\partial L}{\partial f_3} = r_1 r_2 r_3 (\cos\theta_{32} - \cos\theta_{13}),$$

となる．これらの結果を (7.12) 式に代入し，それをさらに (7.5),(7.7),(7.9),(7.11) 式に代入することによって，いささか手順が複雑ではあるが，離心率 e，長半径 a，近日点距離 q，近日点偏角 θ_0 の分散の計算ができる．

ここまでの計算に比べると，近日点通過時刻 t_0 の不確かさを決める手順は，やや面倒でわかりにくい．ここでは，点 P_j に対して (2.19) 式を適用した，

$$\tau_j = \frac{u_j - e \sin u_j}{n}, \quad (j = 1, 2, 3) \tag{7.15}$$

の式をもとに，τ_j の分散を計算することにしよう．これも $r_1, r_2, r_3, f_1, f_2, f_3$ の 6 変数の関数と考えることができるので，τ_j の分散 $\sigma_{\tau j}^2$ は，

$$\sigma_{\tau j}^2 = \sum_{i=1}^{3} \left\{ \left(\frac{\partial \tau_j}{\partial r_i}\right)^2 \sigma_{ri}^2 + 2\left(\frac{\partial \tau_j}{\partial r_i}\right)\left(\frac{\partial \tau_j}{\partial f_i}\right)\frac{\sigma_{rfi}}{r_i} + \left(\frac{\partial \tau_j}{\partial f_i}\right)^2 \frac{\sigma_{fi}^2}{r_i^2} \right\}, \tag{7.16}$$

の形に書くことができる．この $\partial \tau_j/\partial r_i$ や $\partial \tau_j/\partial f_i$ を計算するには (2.18) 式の，

$$\cos u_j = \frac{\cos f_j + e}{1 + e \cos f_j}$$

などの関係を使わなくてはならない．ここからまず，

$$\frac{\partial u_j}{\partial r_i} = -\frac{\sin u_j}{1 - e^2} \frac{\partial e}{\partial r_i}, \quad (i = 1, 2, 3)$$

$$\frac{\partial u_j}{\partial f_i} = \frac{1 - e \cos u_j}{\sqrt{1 - e^2}} - \frac{\sin u_j}{1 - e^2} \frac{\partial e}{\partial f_i}, \quad (i = j) \tag{7.17}$$

$$\frac{\partial u_j}{\partial f_i} = -\frac{\sin u_j}{1 - e^2} \frac{\partial e}{\partial f_i}, \quad (i \neq j)$$

が計算され，その結果，

$$\frac{\partial \tau_j}{\partial r_i} = -\frac{\sin u_1}{n}\left(1 + \frac{1 - e\cos u_j}{1 - e^2}\right)\frac{\partial e}{\partial r_i} + \frac{3\tau_j}{2a}\frac{\partial a}{\partial r_i},$$

$$\frac{\partial \tau_j}{\partial f_i} = \left\{\frac{-\sin u_j}{n}\left(1 + \frac{1 - e\cos u_j}{1 - e^2}\right) + \frac{(1 - e\cos u_j)^2}{n\sqrt{1 - e^2}}\right\}\frac{\partial e}{\partial f_i}$$

$$+ \frac{3\tau_j}{2a}\frac{\partial a}{\partial f_1}, \qquad (i = j) \tag{7.18}$$

$$\frac{\partial \tau_j}{\partial f_i} = -\frac{\sin u_j}{n}\left(1 + \frac{1 - e\cos u_j}{1 - e^2}\right)\frac{\partial e}{\partial f_i} + \frac{3\tau_j}{2a}\frac{\partial a}{\partial f_i}, \quad (i \neq j)$$

の関係を得ることができる．これを (7.16) 式に代入すれば，$\sigma_{\tau j}^2$ を求めることができる．

ここで，近日点通過時刻 t_0 が，

$$t_0 = t_j - \tau_j,$$

で表わされることを考え，観測時刻 t_j の不確かさの分散が σ_{tj}^2 であるとすると，近日点通過時刻 t_0 の分散 σ_{t0}^2 は，

$$\sigma_{t0}^2 = \sigma_{\tau j}^2 + \sigma_{tj}^2, \tag{7.19}$$

で計算できる．しかし，一般に σ_{tj}^2 は $\sigma_{\tau j}^2$ に比べてかなり小さいから，$\sigma_{t0}^2 \sim \sigma_{\tau j}^2$ と見なしてよいことが多い．

ここでは点 P_j に対して近日点通過時刻の分散の計算法を導いた．j として 1,2,3 のどれを選ぶこともできる．ただし，それらの結果は，j によって一般に異なった値になる．そこから，そのどれが正しい分散の値かという問題が生ずる．これに対して，筆者はいまのところ明確な解答をもっていない．近日点通過時刻の計算に関しては，このような疑問点のない，もっと優れた考え方や計算法があるのかもしれない．

7.2 軌道傾斜角，昇交点黄経，近日点引数の分散

その他，分散を計算しなくてはならないものに，軌道傾斜角 i，昇交点黄経 Ω がある．これらの計算のために必要な予備的な事項をまず説明しよう．

中心 O を原点とする天球上で，異なる 2 点を，$P_1(u_1, v_1, w_1)$ および $P_3(u_3, v_3, w_3)$，とする．$(u_1, v_1, w_1), (u_3, v_3, w_3)$ は黄道座標系による方向余弦である．そして，こ

の P_1, P_3 を通る大円 C を考える．O から見て P_1 からも P_3 からも 90° 離れている天球上の点 $Q(u, v, w)$ をこの大円 C の**極**という．一般に大円の極は二つあり，一方が $Q(u, v, w)$ であるとすると，もう一方は $Q'(-u, -v, -w)$ である．大円上で P_1 から P_3 へ進む向きを考え，天球面の外側から見て，図 7.1 のように進行方向左側の極を $Q(u, v, w)$ とすると，(u, v, w) は，

$$\begin{aligned} u &= \frac{v_1 w_3 - w_1 v_3}{\Gamma}, \\ v &= \frac{w_1 u_3 - u_1 w_3}{\Gamma}, \\ w &= \frac{u_1 v_3 - v_1 u_3}{\Gamma}, \end{aligned} \qquad (7.20)$$

で与えられる．ただし，

$$\Gamma = \sqrt{(v_1 w_3 - w_1 v_3)^2 + (w_1 u_3 - u_1 w_3)^2 + (u_1 v_3 - v_1 u_3)^2}, \qquad (7.21)$$

である．

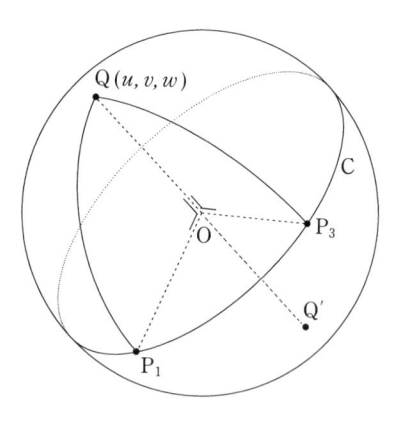

図 **7.1** 大円の極

ここで，P_1, P_3 のそれぞれの位置の不確かさが，黄道系ローカル座標による分散，共分散として，

$$P_1 \quad \to \sigma_{\xi 1}^2, \sigma_{\eta 1}^2, \sigma_{\xi \eta 1},$$
$$P_3 \quad \to \sigma_{\xi 3}^2, \sigma_{\eta 3}^2, \sigma_{\xi \eta 3},$$

で与えられたとする．ここでも分散，共分散の $\sigma_{\xi i}^2, \sigma_{\eta i}^2, \sigma_{\xi \eta i}$ は長さの二乗の単位をもつことを忘れてはならない．球面上の角度の分散，共分散を考えるときは，それ

7.2 軌道傾斜角,昇交点黄経,近日点引数の分散

それ r_i^2 で割り算をした $\sigma_{\xi i}^2/r_i^2, \sigma_{\eta i}^2/r_i^2, \sigma_{\xi\eta i}/r_i^2$ の形にして使う必要がある.この事実も考慮に入れると,P_1, P_3 を通る大円 C の極位置 Q の不確かさのローカル座標における分散,共分散 $\Sigma_\xi^2, \Sigma_\eta^2, \Sigma_{\xi\eta}$ は,つぎの手順で計算できる (この導出は付録 D に示した).

まず,

$$\Phi_i = \{\sigma_{\xi i}^2 (uv_i - vu_i)^2 - 2\sigma_{\xi\eta i} w(uv_i - vu_i) + \sigma_{\eta i}^2 w^2\}/r_i^2,$$
$$(i = 1, 3) \quad (7.22)$$

を計算し,さらに,

$$\begin{aligned}
S_{\xi i}^2 &= \frac{1-w_i^2}{1-w^2} \frac{(uv_i - vu_i)^2}{\Phi_i}, \\
S_{\xi\eta i} &= \frac{1-w_i^2}{1-w^2} \frac{w_i(uv_i - vu_i)}{\Phi_i}, \quad (i=1,3) \\
S_{\eta i}^2 &= \frac{1-w_i^2}{1-w^2} \frac{w_i^2}{\Phi_i},
\end{aligned} \quad (7.23)$$

を求める.これによって,

$$\begin{aligned}
S_\xi^2 &= S_{\xi 1}^2 + S_{\xi 3}^2, \\
S_{\xi\eta} &= S_{\xi\eta 1} + S_{\xi\eta 3}, \\
S_\eta^2 &= S_{\eta 1}^2 + S_{\eta 3}^2,
\end{aligned} \quad (7.24)$$

が計算できる.ここから,

$$\begin{aligned}
\Sigma_\xi^2 &= \frac{S_\eta^2}{S_\xi^2 S_\eta^2 - S_{\xi\eta}^2}, \\
\Sigma_{\xi\eta} &= \frac{-S_{\xi\eta}}{S_\xi^2 S_\eta^2 - S_{\xi\eta}^2}, \\
\Sigma_\eta^2 &= \frac{S_\xi^2}{S_\xi^2 S_\eta^2 - S_{\xi\eta}^2},
\end{aligned} \quad (7.25)$$

が得られる.こうして,極位置 Q の分散,共分散を求めることができる.

こうして,天球上の 2 点の分散,共分散から,一般的にその 2 点を通る大円の極の分散,共分散が計算できる.この結果を利用すると,軌道傾斜角 i,昇交点黄経 Ω の不確かさは容易に求めることができる.具体的には,$P_1(u_1, v_1, w_1)$ および

$P_3(u_3, v_3, w_3)$ の 2 点の位置とその分散,共分散から,その 2 点を通る軌道面大円の極 $Q(u, v, w)$ の分散 $\Sigma_\xi^2, \Sigma_\eta^2$ を計算しさえすればよい.極位置の不確かさは要するに軌道面の不確かさであり,軌道傾斜角 i の分散 σ_i^2 および昇交点黄経 Ω の分散 σ_Ω^2 は,

$$\sigma_i^2 = \Sigma_\eta^2,$$
$$\sigma_\Omega^2 = \frac{\Sigma_\xi^2}{u^2 + v^2}, \tag{7.26}$$

になる.幾何学的に考察すれば,この関係はすぐにわかる.

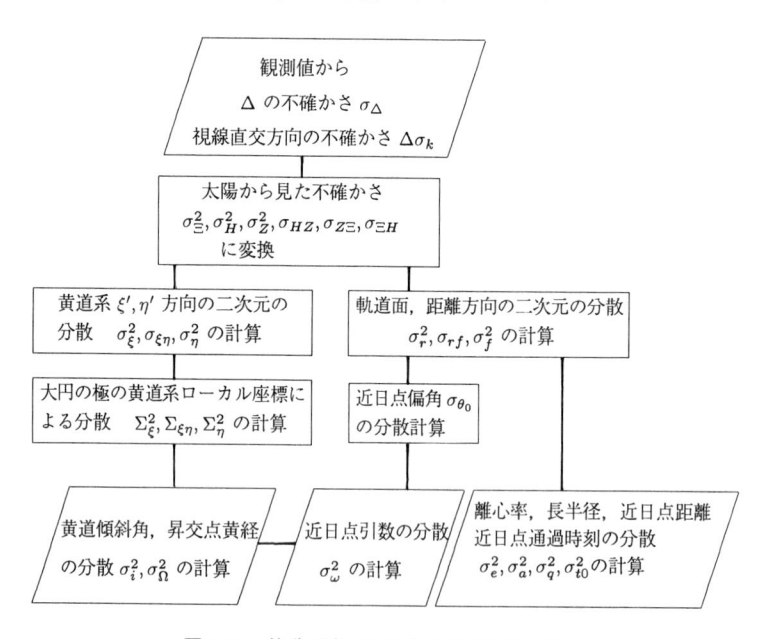

```
┌──────────────────────────────┐
│   観測値から                 │
│   Δ の不確かさ σ_Δ           │
│   視線直交方向の不確かさ Δσ_k │
└──────────────────────────────┘
              │
┌──────────────────────────────┐
│   太陽から見た不確かさ       │
│ σ_Ξ², σ_H², σ_Z², σ_HZ, σ_ZΞ, σ_ΞH │
│   に変換                     │
└──────────────────────────────┘
         │              │
┌──────────────────┐  ┌──────────────────┐
│ 黄道系 ξ', η' 方向│  │ 軌道面,距離方向   │
│ の二次元の分散    │  │ の二次元の分散    │
│ σ_ξ², σ_ξη, σ_η² │  │ σ_r², σ_rf, σ_f² │
│ の計算           │  │ の計算           │
└──────────────────┘  └──────────────────┘
         │                     │
┌──────────────────┐  ┌──────────────────┐
│ 大円の極の黄道系  │  │ 近日点偏角 σ_θ₀  │
│ ローカル座標による│  │ の分散計算       │
│ 分散 Σ_ξ², Σ_ξη, │  │                  │
│ Σ_η² の計算      │  │                  │
└──────────────────┘  └──────────────────┘
     │                │                │
┌──────────┐ ┌──────────┐ ┌──────────────────┐
│黄道傾斜角,│ │近日点引数│ │離心率,長半径,    │
│昇交点黄経 │ │の分散    │ │近日点距離,       │
│の分散     │ │σ_ω² の計算│ │近日点通過時刻の分散│
│σ_i², σ_Ω² │ │          │ │σ_e², σ_a², σ_q², │
│の計算     │ │          │ │σ_t0² の計算      │
└──────────┘ └──────────┘ └──────────────────┘
```

図 **7.2** 軌道要素の不確かさ計算の流れ図

ここで,お預けにしておいた近日点引数の不確かさを考えよう.前節で σ_θ^2 として近日点偏角の分散の計算法をすでに与えてある.一方,軌道傾斜角が i であると,昇交点黄経の不確かさに $\cos i$ を掛けたものが軌道面に沿った昇交点の不確かさの成分になる.したがって,近日点引数の分散 σ_ω^2 は,

$$\sigma_\omega^2 = \sigma_\theta^2 + \sigma_\Omega^2 \cos^2 i, \tag{7.27}$$

の形に書けることがわかる．

もうひとつ，軌道周期 P の分散 σ_P^2 の計算をしておこう．周期 P は，

$$P = \frac{2\pi}{n} = \frac{2\pi}{\sqrt{\mu}} a^{3/2}, \tag{7.28}$$

であることから，

$$\sigma_P^2 = \frac{9P^2}{4a^2}\sigma_a^2, \tag{7.29}$$

の関係となる．

以上に述べたことをまとめれば，軌道要素の不確かさを計算する手順を図 7.2 の流れ図によって示すことができる．

7.3 軌道要素分散の計算実例

計算例 12

計算例 11 で求めた位置の分散，共分散 (表 7.1) を基に，これまで計算を進めてきた小惑星 2000WT$_{168}$ の各軌道要素の分散を求めよ．

表 7.1 2000WT$_{168}$ 3 点の位置の分散，共分散

i	1 ($\times 10^{-12}\mathrm{AU}^2$)	2 ($\times 10^{-12}\mathrm{AU}^2$)	3 ($\times 10^{-12}\mathrm{AU}^2$)
σ_{ri}^2	17.8188	7.3741	12.6827
σ_{rfi}	5.1243	1.9679	4.4231
σ_{fi}^2	7.9375	4.1767	3.1801
σ_{rfi}/r_i	2.1535	0.8993	2.2302
σ_{fi}^2/r_i^2	1.4018	0.8722	0.8085
$\sigma_{\xi i}^2$	8.1910	4.2758	3.1222
$\sigma_{\xi\eta i}$	0.0232	-0.0088	-0.3556
$\sigma_{\eta i}^2$	5.7602	3.2401	1.5152

ただし，σ_{ri} は太陽からの距離 r_i の分散，σ_{fi} は軌道面に沿った真近点角 f_i の分散，σ_{rfi} はそれらの共分散である．一方，$\sigma_{\xi i}^2, \sigma_{\eta i}^2$ はそれぞれ黄道系ローカル座標による黄経，黄緯方向の分散，$\sigma_{\xi\eta i}$ はその共分散である．

解答

まず，離心率 e，長半径 a，近日点距離 q，近日点偏角 θ_0 の分散から計算しよう．

7 軌道要素の不確かさ

表 7.2 C, S, H, L および e, a, q, θ_0 の偏微分

$$C = 0.02499843,$$
$$S = -0.01252226,$$
$$Q = 0.02795941,$$
$$H = 0.05115814,$$
$$L = 0.13935423,$$

i	1	2	3
$\partial C/\partial r_i$	0.08564026	-0.03598343	-0.03783940
$\partial S/\partial r_i$	-0.52336263	1.02756977	-0.51851604
$\partial H/\partial r_i$	-0.49660115	1.02756977	-0.48640687
$\partial L/\partial r_i$	0.05856318	0.06368040	0.07026573
$\partial C/\partial f_i$	-0.09520330	-0.01252226	0.10772556
$\partial S/\partial f_i$	-0.47865113	0.84225686	-0.36360574
$\partial H/\partial f_i$	-0.93084167	0.94599920	-0.01515753
$\partial L/\partial f_i$	-0.98954575	0.22702329	0.76252246
$\partial e/\partial r_i$	11.383869	-20.602586	9.074463
$\partial e/\partial f_i$	12.470856	-17.698769	5.227913
$\partial a/\partial r_i$	108.25312	-200.968469	93.82445
$\partial a/\partial f_i$	118.58966	-172.64311	54.05345
$\partial q/\partial r_i$	4.87281	-11.109500	7.29994
$\partial q/\partial f_i$	5.33809	-9.54368	4.20559
$\partial \theta_0/\partial r_i$	-15.364459	32.283637	-17.187455
$\partial \theta_0/\partial f_i$	-16.831532	26.733443	-9.901911

表 7.3 離心率,長半径,近日点引数の分散

i	1 ($\times 10^{-12}$)	2 ($\times 10^{-12}$)	3 ($\times 10^{-12}$)
$(\partial e/\partial r_i)^2 \sigma_{r_i}^2$	2309.18	3130.07	1044.37
$2(\partial e/\partial r_i)(\partial e/\partial f_i)\sigma_{rfi}/r_i$	611.44	655.81	211.61
$(\partial e/\partial f_i)^2 \sigma_{fi}^2/r_i^2$	218.02	273.21	22.10
計	3138.63	4059.09	1278.07
総計		8475.79	
$(\partial a/\partial r_i)^2 \sigma_{r_i}^2$	208813.5	297828.5	111645.9
$2(\partial a/\partial r_i)(\partial a/\partial f_i)\sigma_{rfi}/r_i$	55291.1	62400.9	22621.4
$(\partial a/\partial f_i)^2 \sigma_{fi}^2/r_i^2$	19714.6	25996.0	2362.3
計	283819.2	386225.3	136629.7
総計		806674.2	
$(\partial q/\partial r_i)^2 \sigma_{r_i}^2$	423.09	910.12	675.85
$2(\partial q/\partial r_i)(\partial q/\partial f_i)\sigma_{rfi}/r_i$	112.03	190.69	136.94
$(\partial q/\partial f_i)^2 \sigma_{fi}^2/r_i^2$	39.95	79.44	14.30
計	575.07	1180.25	827.09
総計		2582.41	
$(\partial \theta_0/\partial r_i)^2 \sigma_{r_i}^2$	4206.42	7685.56	3746.57
$2(\partial \theta_0/\partial r_i)(\partial \theta_0/\partial f_i)\sigma_{rfi}/r_i$	1113.80	1552.21	759.12
$(\partial \theta_0/\partial f_i)^2 \sigma_{fi}^2/r_i^2$	397.14	623.33	79.27
計	5717.36	9861.10	4584.97
総計		20163.42	

これは，(7.13),(7.14) 式にしたがって C, S, H, L の $r_i, f_i, (i=1,2,3)$ による偏微分を計算し，さらに (7.12) 式によって e, a, q, θ_0 の $r_i, f_i, (i=1,2,3)$ による偏微分を計算すればよい．その結果が表 7.2 になる．さらにその結果を使って，(7.5),(7.7),(7.9),(7.11) 式により $\sigma_e^2, \sigma_a^2, \sigma_q^2, \sigma_\theta^2$ が計算できる．その過程が表 7.3 である．

これによって，

$$\sigma_e^2 = 0.847579 \times 10^{-8},$$
$$\sigma_a^2 = 0.806674 \times 10^{-6} (\text{AU}^2),$$
$$\sigma_q^2 = 0.258241 \times 10^{-8} (\text{AU}^2),$$
$$\sigma_\theta^2 = 0.201634 \times 10^{-7},$$

が得られる．

つぎに近日点通過時刻 t_0 の分散を計算しよう．そのために，τ_1, τ_2, τ_3 の分散をそれぞれ計算してみる．実際にはこのうちのひとつだけでもいいが，ここでは全部を計算して，それらの間にどのぐらい差があるのかを見ることにしよう．$\tau_i, (i=1,2,3)$ の偏微分が表 7.4 である．

表 7.4 近日点通過時刻 τ_i の偏微分
$e = 0.5465299,$
$a = 3.8841665$ AU,
$n = 0.0022471636 (\text{day})^{-1}$

j	1	2	3
τ_j	-176.88441	-140.91180	-97.02630
$\cos u_j$	0.7087836	0.7988604	0.8954738
$\sin u_j$	-0.7054260	-0.6015165	-0.4451142
$A_j = \sin u_j / n$	-313.91838	-267.67810	-198.07823
$B_j = (1 - e \cos u_j)/(1-e^2)$	0.8735547	0.8033577	0.7280667
$-A_j(1+B_j)$	588.14325	482.71936	342.29239
$(1-e\cos u_j)^2/(n\sqrt{1-e^2})$	199.43754	168.67264	138.53804
$\partial \tau_j / \partial r_1$	-699.403	-395.680	-159.625
$\partial \tau_j / \partial r_2$	1610.643	990.990	478.166
$\partial \tau_j / \partial r_3$	-1072.045	-725.299	-409.476
$\partial \tau_j / \partial f_1$	1720.972	-433.461	-174.867
$\partial \tau_j / \partial f_2$	1383.803	-2133.983	410.771
$\partial \tau_j / \partial f_3$	-617.619	-417.854	488.361

表 7.4 の結果を使って，τ_j の分散 $\sigma_{\tau_j}^2, (j=1,2,3)$ を (7.14) 式によって計算する．その過程が表 7.5 である．

表 7.5 近日点通過時刻 t_0 の分散

i	1 ($\times 10^{-6}$)	2 ($\times 10^{-6}$)	3 ($\times 10^{-6}$)
$(\partial \tau_1/\partial r_i)^2 \sigma_{ri}^2$	8.71630	19.13447	14.57595
$2(\partial \tau_1/\partial r_i)(\partial \tau_1/\partial f_i)\sigma_{rfi}/r_i$	-5.18405	4.00905	2.95334
$(\partial \tau_1/\partial f_i)^2 \sigma_{fi}^2/r_i^2$	4.15185	1.67015	0.30841
計	7.68411	24.81367	17.83770
総計		50.33548	
$(\partial \tau_2/\partial r_i)^2 \sigma_{ri}^2$	2.78975	7.24183	6.67183
$2(\partial \tau_2/\partial r_i)(\partial \tau_2/\partial f_i)\sigma_{rfi}/r_i$	0.73869	-3.80341	1.35183
$(\partial \tau_2/\partial f_i)^2 \sigma_{fi}^2/r_i^2$	0.26339	3.97182	0.14117
計	3.79183	7.41024	8.16483
総計		19.36690	
$(\partial \tau_3/\partial r_i)^2 \sigma_{ri}^2$	0.45403	1.68604	2.12651
$2(\partial \tau_3/\partial r_i)(\partial \tau_3/\partial f_i)\sigma_{rfi}/r_i$	0.12022	0.35326	-0.89197
$(\partial \tau_3/\partial f_i)^2 \sigma_{fi}^2/r_i^2$	0.04287	0.14717	0.19283
計	0.61711	2.18646	1.42737
総計		4.23095	

ここから,

$$\sigma_{\tau 1}^2 = 50.335 \times 10^{-6} (\text{day})^2,$$
$$\sigma_{\tau 2}^2 = 19.367 \times 10^{-6} (\text{day})^2,$$
$$\sigma_{\tau 3}^2 = 4.231 \times 10^{-6} (\text{day})^2,$$

が得られる. この例では, 分散として, 最大と最小とで 10 倍以上の違いのあることがわかる. ここでは, もっとも値の小さい, $\sigma_{\tau 3}$ を代表値にとることにしよう. 一方, 観測時刻の不確かさを 0.1 分 $\sim 7 \times 10^{-5}$ 日くらいに見積もると,

$$\sigma_{tj}^2 \sim 5 \times 10^{-9} (\text{day})^2,$$

くらいにしかならない. これは数値が 2 桁くらい小さいので, σ_{t0}^2 に大きな影響を与えないことがわかる.

ついで, 軌道傾斜角 i, 昇交点黄経 Ω の分散を計算する. 計算例 11 により, 天体の位置 P_1, P_3 の黄道系ローカル座標による分散が求められている (表 7.1). それらを基にして, 7.2 節の説明にしたがって計算を進めればよい. その過程を示したものが表 7.6 である. σ_Ω^2 が得られたら, それを使って (7.27) 式により近日点引数の分散 σ_ω^2 の計算もしておく.

7.3 軌道要素分散の計算実例

表 7.6 軌道傾斜角 i, 昇交点黄経 Ω の分散

i	1	3
$\sigma_{\xi i}^2$	8.1910×10^{-12}	3.1222×10^{-12}
$\sigma_{\xi \eta i}$	0.0232×10^{-12}	-0.3556×10^{-12}
$\sigma_{\eta i}^2$	5.7602×10^{-12}	1.5152×10^{-12}
ℓ_i	0.1064409	-0.3446017
m_i	0.8910474	0.8965839
n_i	0.4412536	0.2781851
u_i	0.1064409	-0.3446017
v_i	0.9930407	0.9332553
w_i	0.0504040	-0.1014108
$v_1 w_3 - w_1 v_3$	-0.1477448	
$w_1 u_3 - u_1 w_3$	-0.0065750	
$u_1 v_3 - v_1 u_3$	0.4415401	
Γ	0.4656494	
u	-0.3172877	
v	-0.0141201	
w	0.9482242	
$uv_i - vu_i$	-0.3135766	-0.3009763
Φ_i	1.05937×10^{-12}	0.36667×10^{-12}
$S_{\xi i}^2$	0.91785×10^{12}	2.42404×10^{12}
$S_{\xi \eta i}$	-0.14753×10^{12}	0.81675×10^{12}
$S_{\eta i}^2$	0.02371×10^{12}	0.27520×10^{12}
S_Ξ^2	3.34188×10^{12}	
$S_{\Xi H}$	0.66922×10^{12}	
S_H^2	0.29891×10^{12}	
$S_\Xi^2 S_H^2 - S_{\Xi H}^2$	0.55107×10^{24}	
Σ_ξ^2	0.54242×10^{-12}	
$\Sigma_{\xi \eta}$	-1.21440×10^{-12}	
Σ_η^2	6.06434×10^{-12}	

ここから,

$$\sigma_i^2 = \Sigma_\eta^2 = 6.0643 \times 10^{-12},$$

$$\sigma_\Omega^2 = \frac{\Sigma_\xi^2}{u^2 + v^2} = 5.3774 \times 10^{-12},$$

$$\sigma_\omega^2 = \sigma_\theta^2 + \sigma_\Omega^2 \cos^2 i$$

$$= 0.111001 \times 10^{-7} + 5.3774 \times 10^{-12} \times (0.948224)^2$$

$$= 1.111049 \times 10^{-8},$$

が得られる. 角度はすべてラジアンで表現されていることを忘れてはならない.

以上の結果をまとめると, 軌道要素それぞれの分散と標準偏差は, 表 7.7 に示したようになる.

表 7.7 軌道要素の分散と標準偏差

軌道要素	分散	標準偏差
t_0	$4.23 \times 10^{-6}(\text{day})^2$	$0.00206(\text{day})$
a	$8.07 \times 10^{-7}(\text{AU})^2$	$0.000898(\text{AU})$
q	$2.58 \times 10^{-9}(\text{AU})^2$	$0.000051(\text{AU})$
e	8.48×10^{-9}	0.000092
i	6.06×10^{-12}	$2.46 \times 10^{-6} = 0°.00014$
Ω	5.38×10^{-12}	$2.32 \times 10^{-6} = 0°.00013$
ω	2.02×10^{-8}	$1.42 \times 10^{-4} = 0°.00814$

さらに，軌道周期 P についての計算もしておこう．$P = 2\pi/n = 2796.05(\text{day})$ であることを使って，P の分散 σ_P^2 は，

$$\sigma_P^2 = \frac{9P^2}{4a^2}\sigma_a^2 = 0.9407(\text{day})^2,$$

になる．したがって，周期 P の標準偏差は，

$$\sigma_P = 0.970(\text{day}),$$

になる．これらの標準偏差を考慮すると，それぞれの軌道要素は，

$$t_0 = 2001 \text{ 年 } 3 \text{ 月 } 23.329 \text{ 日} \pm 0.002 \text{ 日},$$

$$a = 3.8842 \pm 0.0009(\text{AU}),$$

$$q = 1.76136 \pm 0.00005(\text{AU}),$$

$$e = 0.54653 \pm 0.00009,$$

$$i = 18°.5180 \pm 0°.0001,$$

$$\Omega = 272°.5481 \pm 0°.0001,$$

$$\omega = 245°.510 \pm 0°.008,$$

と書くのが適当と思われる．

8 円軌道の決定

観測した時間帯域が短く，二次曲線の軌道を決めても十分な精度が得られないようなとき，とりあえず円軌道を決めることがある．円軌道を決めるとは，その天体の軌道をはじめから円と決めて軌道決定することを意味する．

天体の軌道は一般的にいってほとんどの場合円ではない．そこへ円軌道を当てはめるのは本質的に無理がある．したがって，たとえ円軌道を決めたとしても，その軌道は真実の軌道とは一致せず，しだいにずれが生じる．だから，円軌道は，あくまでも一時的に採用する仮の軌道である．それでも，短い観測期間で一応の軌道を決められること，その直後の短期間なら天体の位置推算に利用できることなどのため，実用上，円軌道決定はなかなか有用な方法である．遠距離で発見されるカイパーベルト天体は，当初，観測される弧の部分が軌道全体に対してきわめて小さいため，発見直後にはしばしば円軌道決定がおこなわれる．二次曲線の軌道を決めるためには少なくとも 3 回の観測が必要であるのに対し，円軌道決定の最大の特徴は，2 回の観測があればよいことである．

8 章では，2 回の観測から円軌道を決定する方法を述べる．

8.1 円軌道決定の原理

円軌道の半径を a と仮定すると，その天体の軌道は，太陽を中心とした半径 a の球面上にある．観測した時刻 $t_i, (i = 1, 2)$ に対する観測点 Q_i の位置 (X_i, Y_i, Z_i) は既知と考えてよいから，t_i における観測方向の赤経，赤緯 (α_i, δ_i) が得られれば，目標天体の位置 P_i は，観測点から見た観測方向と，太陽を中心とする半径 a の球面との交点として決まってしまう．時刻 t_1, t_2 の観測に対して天体の位置 P_1, P_2 が決まれば，太陽 O から P_1, P_2 を見た中心角 $\theta = \angle P_1 O P_2$ も決まる．

一方,半径 a の円軌道では,一般軌道の平均運動にあたる $n = \sqrt{\mu/a^3}$ がそのまま天体の角速度になる.μ は日心引力定数である.したがって,天体が P_1 から P_2 まで移動する時間は $\tau = \theta/n$ で与えられる.こうして求めた計算上の移動時間 τ が現実の観測時刻差 $t_2 - t_1$ に等しければ,仮定した円軌道の半径 a が正しいことを意味する.また,等しくないときには適当に a を加減して,

$$\tau = \frac{\theta}{n} = t_2 - t_1, \tag{8.1}$$

が成り立つような軌道半径 a を求める.これが円軌道決定の原理である.a を求めることができれば,その他の軌道要素は,定まった手順にしたがって容易に求めることができる.円軌道に対して求める軌道要素は,軌道半径 a,軌道傾斜角 i,昇交点黄経 Ω,昇交点通過時刻 t_Ω の 4 個だけである.円軌道は離心率がゼロであり,近日点が存在しないから,近日点通過時刻を決めることができない.それに代わって,たとえば本書のように,昇交点通過時刻 t_Ω を決めればよい.

8.2 軌道半径 a に対する移動時間 τ

観測時刻 $t_i, (i = 1, 2)$ に対し,目標天体の観測方向である赤経,赤緯を (α_i, δ_i) とする.このとき,観測方向の方向余弦 (L_i, M_i, N_i) は,

$$\begin{aligned} L_i &= \cos\delta_i \cos\alpha_i, \\ M_i &= \cos\delta_i \sin\alpha_i, \quad (i = 1, 2) \\ N_i &= \sin\delta_i, \end{aligned} \tag{8.2}$$

である.t_i における観測点 Q_i の日心赤道直交座標系の位置を (X_i, Y_i, Z_i) とし,目標天体までの距離を Δ_i とすると,目標天体の日心赤道直交座標系の位置 (x_i, y_i, z_i) は,

$$\begin{aligned} x_i &= X_i + L_i \Delta_i, \\ y_i &= Y_i + M_i \Delta_i, \quad (i = 1, 2) \\ z_i &= Z_i + N_i \Delta_i, \end{aligned} \tag{8.3}$$

と書き表わすことができる.ただし,Δ_i はまだ決定されていない量である.

8.2 軌道半径 a に対する移動時間 τ

円軌道の半径 a を仮定すると，$P_i(x_i, y_i, z_i)$ の点は太陽 O を中心とする半径 a の球面上にあるはずだから，

$$x_i^2 + y_i^2 + z_i^2 = a^2, \quad (i = 1, 2)$$

であり，ここに (8.3) 式を代入することで，

$$\Delta_i^2 + 2(L_i X_i + M_i Y_i + N_i Z_i)\Delta_i + X_i^2 + Y_i^2 + Z_i^2 = a^2, (i = 1, 2) \quad (8.4)$$

の関係が成立する．この中の未知量は Δ_i だけであるから，この二次方程式を解いて Δ_i を求めることができる．すなわち，

$$\begin{aligned} b_i &= L_i X_i + M_i Y_i + N_i Z_i, \\ c_i &= X_i^2 + Y_i^2 + Z_i^2 - a^2, \quad (i = 1, 2) \end{aligned} \quad (8.5)$$

と置けば，

$$\Delta_i = -b_i \pm \sqrt{b_i^2 - c_i}, \quad (i = 1, 2) \quad (8.6)$$

となる．Δ_i には一般に 2 個の解がある．$a^2 > X_i^2 + Y_i^2 + Z_i^2$ であれば，解のひとつはプラス，もうひとつはマイナスで，プラスの方が正しい解である．このときは複号のプラスの方をとればよい．しかし，$a^2 < X_i^2 + Y_i^2 + Z_i^2$ のときは，プラスの解が二つ得られる場合がある．このとき，符号だけでは正しい解を判定できない．その場合はどちらの解もあり得るものとして，暫定的に採用しておく．

Δ_i が決まれば，(8.3) 式によって，目標天体の位置 $P_i(x_i, y_i, z_i), (i = 1, 2)$ を計算することができる．さらに，日心赤道直交座標系による P_1, P_2 の方向余弦 (ℓ_i, m_i, n_i) を，

$$\begin{aligned} \ell_i &= \frac{x_i}{a}, \\ m_i &= \frac{y_i}{a}, \quad (i = 1, 2) \\ n_i &= \frac{z_i}{a}. \end{aligned} \quad (8.7)$$

として計算できる．そして太陽 O から見た P_1, P_2 のはさむ角 $\theta = \angle P_1 O P_2$ は，

$$\sin\theta = \sqrt{(m_1 n_2 - n_1 m_2)^2 + (n_1 \ell_2 - \ell_1 n_2)^2 + (\ell_1 m_2 - m_1 \ell_2)^2}, \quad (8.8)$$

として求めることができる．この角 θ を，

$$\cos\theta = \ell_1\ell_2 + m_1m_2 + n_1n_2, \tag{8.9}$$

の関係から計算することもできるが，角度 θ が小さいときは (8.8) 式を使う方が精度がよい．一方，円運動の角速度 n は，

$$n = \sqrt{\frac{\mu}{a^3}}, \tag{8.10}$$

で求めることができる．天文単位，日の単位で計算するときは，日心引力定数として，

$$\mu = 2.95912208 \times 10^{-4} (\mathrm{AU})^3 (\mathrm{day})^{-2},$$

をとればよい．すると，仮定した円軌道の半径 a に対し天体が P_1 から P_2 まで移動するのに要する時間 τ は，

$$\tau = \frac{\theta}{n}, \tag{8.11}$$

によって計算できる．Δ_i が暫定的に二つ求まっている場合には，両方に対して計算をおこない，その中から，より適当と思われる方の解を拾い出せばよい．

8.3　仮定軌道半径 a に対する補正

前節で示したように，適宜に仮定した円軌道の半径 a によって天体が P_1 から P_2 まで移動する時間 τ を計算しても，一般にそれは現実の観測時刻差 $t_2 - t_1$ とは一致しない．そこで，a を補正して，

$$\tau = t_2 - t_1, \tag{8.12}$$

となる新たな軌道半径 a を求めることを考えよう．

τ と $t_2 - t_1$ が大きく異なるときは，まったく新たな a の仮定によって計算をやり直す必要がある．いろいろな a で計算をして，

$$\Delta t = t_2 - t_1 - \tau, \tag{8.13}$$

の値が，ある仮定値 a_1 でプラス，別の仮定値 a_2 でマイナスになったとする．このとき，正しい a は a_1 と a_2 の間にある．このような a_1 と a_2 を見出すことができ

8.3 仮定軌道半径 a に対する補正

れば,補間によってより真値に近い a を求めることができる.たとえば,a_1 に対し (8.13) 式の時間差として Δt_1 が得られ,a_2 に対して同じく Δt_2 が得られて,Δt_1 と Δt_2 の符号が異なるときには,

$$a = \frac{a_1 \Delta t_2 - a_2 \Delta t_1}{\Delta t_2 - \Delta t_1}, \tag{8.14}$$

の関係で,よりよい近似の a が計算できる.

現実の観測時刻差 $t_2 - t_1$ に対してこの Δt がかなり小さくなったら,a に対する補正値 Δa を,

$$\Delta a = \frac{\Delta t}{d\tau/da}, \tag{8.15}$$

の形で計算するとよい.$\tau = \theta/n$ の関係をもとに多少の演算をすると,$d\tau/da$ は,

$$\frac{d\tau}{da} = \frac{3\theta}{2na} + \frac{1}{na\sin\theta}\Big(2\cos\theta - \frac{L_1 x_2 + M_1 y_2 + N_1 z_2}{\Delta_1 + b_1} - \frac{L_2 x_1 + M_2 y_1 + N_2 z_1}{\Delta_2 + b_2}\Big), \tag{8.16}$$

の形になる.この式に現われる $\theta, n, \Delta_1, \Delta_2$ などの量は,すべて τ の計算過程で求められる.$b_i, (i=1,2)$ は (8.5) 式で与えたものである.この計算では,角度を度の単位で表わすか,それともラジアン単位にするかに注意を払う必要がある.どちらの単位でもよいが,一方の表示に揃えて計算をしなければならない.(8.10) 式からは,角速度 n が (ラジアン/day) の単位で計算されるから,全部をラジアン単位に揃える方が便利のように思われる.(8.16) 式の計算では,右辺の括弧内がゼロに近くなり,2桁程度しか有効桁数が得られないこともあるが,あまり気にしないで計算を進めてよい.

(8.15),(8.16) の両式によって Δa が得られたら,$a + \Delta a$ を新たな a にとり直して補正計算をやり直す.計算が正しく進んでいるときは,繰り返しのたびに,Δt の絶対値がどんどん小さくなる.Δt の絶対値が順調に小さくならず,不規則に変動するようなときは,どこかで誤りを犯している可能性が大きい.それまでの計算をチェックする必要があろう.Δt が必要精度でゼロに近づいたら,計算を打ち切ってよい.具体的には,$|\Delta t| < 1 \times 10^{-5}$ day になれば十分であろう.特に $d\tau/da$ を計算せず,(8.14) 式の補間を繰り返すことでも a を求めることができる.

この円軌道決定の手順は，図 8.1 の流れ図のようになる．

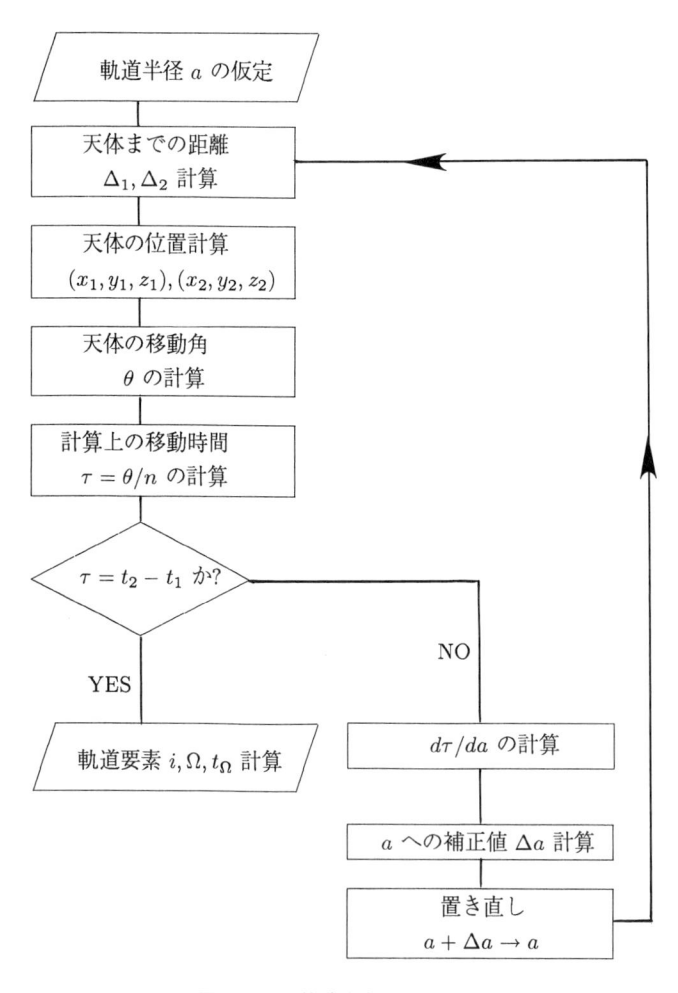

```
    ┌─────────────────┐
    │ 軌道半径 a の仮定 │
    └────────┬────────┘
             ↓
    ┌─────────────────┐
    │ 天体までの距離    │←──────────┐
    │ Δ₁, Δ₂ 計算      │           │
    └────────┬────────┘           │
             ↓                    │
    ┌─────────────────┐           │
    │ 天体の位置計算    │           │
    │ (x₁,y₁,z₁),(x₂,y₂,z₂) │       │
    └────────┬────────┘           │
             ↓                    │
    ┌─────────────────┐           │
    │ 天体の移動角      │           │
    │ θ の計算         │           │
    └────────┬────────┘           │
             ↓                    │
    ┌─────────────────┐           │
    │ 計算上の移動時間  │           │
    │ τ = θ/n の計算   │           │
    └────────┬────────┘           │
             ↓                    │
         ╱ τ = t₂ - t₁ ╲  NO      │
         ╲    か？     ╱──────┐   │
             YES              ↓   │
             ↓         ┌──────────┐│
    ┌─────────────────┐│ dτ/da の計算││
    │ 軌道要素 i,Ω,tΩ 計算│└────┬─────┘│
    └─────────────────┘     ↓      │
                      ┌──────────────┐│
                      │ a への補正値 Δa 計算││
                      └────┬─────────┘│
                           ↓          │
                      ┌──────────┐    │
                      │ 置き直し  │────┘
                      │ a+Δa → a │
                      └──────────┘
```

図 **8.1** 円軌道決定の流れ図

8.4　円軌道の半径 a を求める計算手順

ここで，これまでの説明から a を求めるまでの手順をまとめておく．計算に必要な数値は，観測量として $(\alpha_i, \delta_i), t_i, (i=1,2)$ であり，また，観測点 Q_i の日心赤道

8.4 円軌道の半径 a を求める計算手順

直交座標値 (X_i, Y_i, Z_i) および日心引力定数 μ である.

(a) 観測方向の方向余弦 (L_i, M_i, N_i)

$$L_i = \cos\delta_i \cos\alpha_i,$$
$$M_i = \cos\delta_i \sin\alpha_i, \quad (i=1,2)$$
$$N_i = \sin\delta_i,$$

(b) 円軌道の半径 a を仮定

ただし,a の単位は天文単位とする.

(c) 目標天体までの距離 Δ_i

$$b_i = L_i X_i + M_i Y_i + N_i Z_i,$$
$$c_i = X_i^2 + Y_i^2 + Z_i^2 - a^2, \quad (i=1,2)$$

として,

$$\Delta_i = -b_i \pm \sqrt{b_i^2 - c_i}, \quad (i=1,2)$$

である.$c_i < 0$ のとき,複号はプラスの方だけをとればよい.

(d) 天体の日心赤道直交座標 (x_i, y_i, z_i)

$$x_i = X_i + L_i \Delta_i,$$
$$y_i = Y_i + M_i \Delta_i, \quad (i=1,2)$$
$$z_i = Z_i + N_i \Delta_i,$$

(e) 天体の日心赤道座標による方向余弦 (ℓ_i, m_i, n_i)

$$\ell_i = \frac{x_i}{a},$$
$$m_i = \frac{y_i}{a}, \quad (i=1,2)$$
$$n_i = \frac{z_i}{a},$$

(f) 太陽から見た天体の移動角 θ

$$\sin\theta = \sqrt{(m_1 n_2 - n_1 m_2)^2 + (n_1 \ell_2 - \ell_1 n_2)^2 + (\ell_1 m_2 - m_1 \ell_2)^2},$$

から θ を求める. θ はラジアン単位で表わしておく.

(g) 天体の角速度 n

$$\mu = 2.95912208 \times 10^{-4} (\mathrm{AU})^3 (\mathrm{day})^{-2},$$
$$n = \sqrt{\frac{\mu}{a^3}},$$

である. a を天文単位で表わすと, 得られる n は (ラジアン/day) の単位になる.

(h) P_1 から P_2 までの計算上の移動時間 τ

$$\tau = \frac{\theta}{n},$$

(i) 観測時刻差と計算上の移動時間の違い Δt

$$\Delta t = t_2 - t_1 - \tau,$$

(j) a の変化に対する τ の変化 $\partial \tau / \partial a$

$$v_1 = L_1 x_2 + M_1 y_2 + N_1 z_2,$$
$$v_2 = L_2 x_1 + M_2 y_1 + N_2 z_1,$$

として,

$$w_i = \frac{v_i}{\Delta_i + b_i}, \quad (i = 1, 2)$$

を計算すれば,

$$\frac{d\tau}{da} = \frac{3\theta}{2na} + \frac{2\cos\theta - w_1 - w_2}{na \sin\theta},$$

である.

(k) a の補正値 Δa

$$\Delta a = \frac{\Delta t}{d\tau/da},$$

(l) $a + \Delta a$ を新しく a にとり直してここまでの計算を繰り返す. (i) の Δt が必要精度でゼロに近づいたら ($|\Delta t| < 1 \times 10^{-5}$ day), 計算を打ち切る. そのときの a が求める円軌道の半径である.

計算例 13

つぎに示す表は, 2001XU$_{254}$ の符号で表わされているカイパーベルト天体の観測データを MPEC 2002-A76 から拾い出したものである.

8.4 円軌道の半径 a を求める計算手順

表 8.1 2001 XU_{254} の観測データ

観測日時	赤経	赤緯
2001 年 12 月 9.38513 日	$7^{\mathrm{h}}11^{\mathrm{m}}55^{\mathrm{s}}.57$	$+21°23'47''.7$
2002 年 1 月 9.55405 日	$7^{\mathrm{h}}09^{\mathrm{m}}20^{\mathrm{s}}.67$	$+21°28'45''.8$

この観測はハワイ,マウナケア観測所でおこなわれたものである.このデータを使って,2001 XU_{254} に円軌道を当てはめた場合の軌道半径を求めよ.

解答

2 回の観測時刻を早い方から順に t_1, t_2 とする.観測した赤経 α_i,赤緯 δ_i を度とその小数による表示に直し,観測時刻に対する観測点の日心赤道直交座標とともにまとめたものが,表 8.2 である.

表 8.2 2001 XU_{254} の円軌道決定の基礎データ

i	1	2
t_i	12 月 9.38513 日	1 月 9.55405 日
α_i	$107°.9815417$	$107°.3362083$
δ_i	$21°.3965833$	$21°.4793889$
X_i(AU)	0.2158309	-0.3215481
Y_i(AU)	0.8817132	0.8526131
Z_i(AU)	0.3822598	0.3696955

なお,観測時刻における観測点の日心赤道直交座標の求め方は 10 章で説明する.

表 8.3 計算例 13 の計算表

i	1	2
$L_i = \cos\delta_i \cos\alpha_i$	-0.2874335	-0.2772834
$M_i = \cos\delta_i \sin\alpha_i$	0.8856000	0.8882770
$N_i = \sin\delta_i$	0.3648213	0.3661665
$b_i = L_i X_i + M_i Y_i + N_i Z_i$	0.8582647	0.9818867
$a = 40$AU を仮定		
$c_i = X_i^2 + Y_i^2 + Z_i^2 - a^2$	-1599.029876	-1599.032983
$\Delta_i = -b_i + \sqrt{b_i^2 - c_i}$	39.1388164	39.0180769
$x_i = X_i + L_i \Delta_i$	-11.0339762	-11.1406132
$y_i = Y_i + M_i \Delta_i$	35.5430504	35.5114729
$z_i = Z_i + N_i \Delta_i$	14.6609322	14.6568082
$\ell_i = x_i / a$	-0.2758494	-0.2785153
$m_i = y_i / a$	0.8885763	0.8877868
$n_i = z_i / a$	0.3665233	0.3664202
$\sin\theta$	\multicolumn{2}{c}{0.002782261}
θ	\multicolumn{2}{c}{2.782265×10^{-3}(rad)}
$n = \sqrt{\mu/a^3}$	\multicolumn{2}{c}{6.799727×10^{-5} (rad/day)}
$\tau = \theta/n$	\multicolumn{2}{c}{40.91725(day)}
$t_2 - t_1$	\multicolumn{2}{c}{31.16892(day)}
$\Delta t = t_2 - t_1 - \tau$	\multicolumn{2}{c}{-9.74833(day)}

本節の手順にしたがい，軌道半径 a に対する逐次近似をおこなった1回目の計算過程を表8.3 に示した．ただし，この表に示してあるのは，現実の観測時刻差 $t_2 - t_1$ と計算上の天体の移動時間 τ の違いを求めるところまでである．取り扱っているのがカイパーベルト天体であるから，円軌道の半径として最初に40AU を仮定している．一般的な小惑星を対象とする場合には4AU をとるなど，はじめの仮定値は場合によって適当に変えることが望ましい．

ここまでの計算から，軌道半径を $a = 40\text{AU}$ としたのでは移動時間 τ が大き過ぎることがわかる．これを小さくするためには，a をもう少し大きくしなければならない．そこで，a への補正値 Δa を求めるため $d\tau/da$ を計算する．この過程を表 8.4 に示した．

表 8.4　$d\tau/da$ の計算

i	1	2
$v_i = L_i x_j + M_i y_j + M_i z_j$	39.9982626	39.9999545
$b_i + \Delta_i$	39.9970811	39.9999636
$w_i = v_i/(b_i + \Delta_i)$	1.0000295	0.9999998
$2\cos\theta$	1.9999923	
$2\cos\theta - w_1 - w_2$	-3.70545×10^{-5}	
$na\sin\theta$	7.567353×10^{-6}	
$3\theta/2na$	1.5343989	
dt/da	-3.362171	
$\Delta a = \tau/(dt/da)$	2.899416	

表 8.5　繰り返し近似と最終的な天体位置

繰り返し回数	$a(\text{AU})$	Δt (day)	$\Delta a(\text{AU})$
1	40.000000	-9.748331	2.899416
2	42.899416	0.405776	-0.111582
3	42.787834	0.000552	-0.000152
4	42.787682	0.000000	0.000000
i	1	2	
$\Delta_i(\text{AU})$	41.926688	41.805761	
$x_i(\text{AU})$	-11.835304	-11.913592	
$y_i(\text{AU})$	38.011990	37.987709	
$z_i(\text{AU})$	15.678007	15.677565	
ℓ_i	-0.2766054	-0.2784351	
m_i	0.8883863	0.8878188	
n_i	0.3664140	0.3664037	

こうして，a に対する補正値 $\Delta a = 2.899416$ AU が計算できた．計算過程を詳しく考慮すると Δa にこれだけの精度はない場合もあるが，さらに補正を加えるのであるからそのことはあまり気にせずに，この補正を加えた $a = 42.899416$ AU を新

たな仮定値にとり，表 8.3 の c_i のところから計算を繰り返せばよい．ここでは繰り返しの計算過程を省略し，そのたびに採用した仮定値 a，それに対する Δt と補正値 Δa を表 8.5 に示し，また最終的に得られた天体までの距離 Δ_i および天体位置 (x_i, y_i, z_i) とその方向余弦 (ℓ_i, m_i, n_i) を示すだけとした．この計算では 4 回の逐次近似で $|\Delta t| < 1 \times 10^{-5}$ day に達し，$a = 42.787682\text{AU}$ が求められた．

8.5 軌道要素の計算

円軌道の半径 a が得られて，軌道要素のひとつは求まった．残り三つの軌道要素は 5 章とほとんど同様に計算を進めることができる．ただし，5 章では P_1, P_3 の 2 点を利用して計算したのに対し，ここで使うのは P_1, P_2 の 2 点である．したがって，5 章の計算の添字の 3 は 2 に置き換えなければならない．ここで求める軌道要素は，軌道傾斜角 i，昇交点黄経 Ω，昇交点通過時刻 t_Ω であり，昇交点通過時刻の計算だけが，一般の二次曲線軌道の場合と異なっている．ここでは，以下に計算手順を示すだけとする．計算に必要な数値は，日心赤道直交座標系による天体の方向余弦 (ℓ_i, m_i, n_i) および黄道傾斜角 ε である．

(a) 日心黄道直交座標系における方向余弦 (u_i, v_i, w_i)

$$\begin{aligned} u_i &= \ell_i, \\ v_i &= m_i \cos\varepsilon + n_i \sin\varepsilon, \quad (i = 1, 2) \\ w_i &= -m_i \sin\varepsilon + n_i \cos\varepsilon, \end{aligned} \qquad (8.17)$$

ただし，

$$\begin{aligned} \varepsilon &= 23°26'21''.448 \\ &= 23°.4392911, \end{aligned} \qquad (8.18)$$

である．

(b) 軌道面法線の方向余弦 (A_0, B_0, C_0)

$$\begin{aligned} P_{12} &= v_1 w_2 - w_1 v_2, \\ Q_{12} &= w_1 u_2 - u_1 w_2, \end{aligned}$$

$$R_{12} = u_1 v_2 - v_1 u_2,$$
$$\Gamma_{12} = \sqrt{P_{12}^2 + Q_{12}^2 + R_{12}^2}, \tag{8.19}$$
$$A_0 = \frac{P_{12}}{\Gamma_{12}},$$
$$B_0 = \frac{Q_{12}}{\Gamma_{12}},$$
$$C_0 = \frac{R_{12}}{\Gamma_{12}},$$

(c) 軌道傾斜角 i

$$\cos i = C_0, \quad (0° \leq i \leq 180°) \tag{8.20}$$

(d) 昇交点方向の方向余弦 $(u_\Omega, v_\Omega, w_\Omega)$

$$u_\Omega = \frac{-B_0}{\sqrt{A_0^2 + B_0^2}},$$
$$v_\Omega = \frac{A_0}{\sqrt{A_0^2 + B_0^2}}, \tag{8.21}$$
$$w_\Omega = 0,$$

(e) 昇交点黄経 Ω

$$\tan \Omega = -\frac{A_0}{B_0}, \tag{8.22}$$

$\quad\quad B_0 < 0$ のとき $\quad -90° < \Omega < 90°$

$\quad\quad B_0 > 0$ のとき $\quad 90° < \Omega < 270°$

$\quad\quad B_0 = 0$ のとき

$\quad\quad\quad A_0 > 0$ なら $\quad \Omega = 90°$

$\quad\quad\quad A_0 < 0$ なら $\quad \Omega = 270°$

$\quad\quad\quad A_0 = 0$ なら昇交点なし

(f) 昇交点から P_1 までの角 s

$$\cos s = u_1 u_\Omega + v_1 v_\Omega, \tag{8.23}$$

$\quad\quad w_1 > 0$ なら $\quad 0 < s < 180°$

$\quad\quad w_1 < 0$ なら $\quad -180° < s < 0$

8.5 軌道要素の計算

(g) 昇交点通過時刻 t_Ω

$$t_\Omega = t_1 - \frac{s}{n}, \tag{8.24}$$

計算例 14

前節で位置を求めたカイパーベルト天体 2001XU$_{254}$ の円軌道の軌道要素を求めよ．

解答

前節で求めた天体位置の方向余弦 $(\ell_i, m_i, n_i), (i=1,2)$ をもとに，ここでも手順にしたがった計算を表 8.6 に示すだけとする．

表 8.6 2001 XU$_{254}$ の円軌道の軌道要素

i	1	2	
ℓ_i	-0.2766054	-0.2784351	
m_i	0.8883863	0.8878188	
n_i	0.3664140	0.3664037	
u_i	-0.2766054	-0.2784351	
v_i	0.9608296	0.9603049	
w_i	-0.0172015	-0.0169852	
P_{12}, Q_{12}, R_{12}	0.0001987492	0.0000912881	0.0019031633
Γ_{12}		0.0019156892	
A_0, B_0, C_0	0.1037482	0.0476529	0.9934614
$u_\Omega, v_\Omega, w_\Omega$	-0.4173903	0.9087273	0.0000000
$\cos i, i$	0.9934614	$6°.55568$	
$\tan\Omega, \Omega$	-2.1771647	$114°.66993$	
$\cos s, s$	0.9885845	$-0°.15124$	
$s/n, t_\Omega = t_1 - s/n$	-2460.77759(day)	3169.16272 (day)	

この表で示した t_Ω は，2000 年 1 月 1 日 0 時 (力学時) からの経過日数である．この結果をまとめて，求めた円軌道の軌道要素，軌道半径 a，軌道傾斜角 i，昇交点黄経 Ω，昇交点通過時刻 t_Ω は，それぞれ，

$a = 42.787682(\text{AU})$,

$i = 6°.55568$,

$\Omega = 114°.66993$,

$t_\Omega = 2008$ 年 9 月 4.16272 日，

となる．

なお，この 2001 XU$_{254}$ に対しては，その後の観測も加えてより精度の高い楕円軌道が求められている．参考までにその結果を示すと，

$a = 43.826824 (\text{AU})$,

$e = 0.088172$,

$i = 6°.4981$,

$\Omega = 114°.7470$,

$\omega = 69°.2842$,

である．一見して，円軌道の計算とあまり大きい差のないことがわかるであろう．また，昇交点を通過する時刻を計算してみると，

$t_\Omega = 2006$ 年 6 月 16.6 日,

となる．この日付は円軌道の計算とかなり違っているようであるが，その差を角度に直してみると 2 度余りに過ぎない．この程度の誤差は止むを得ないところであろう．こうして，円軌道の仮定でも，しばらくは実用上役に立つ軌道の得られることがわかる．

9 放物線軌道の決定

彗星の軌道は一般に非常に長く伸びた形のものが多い．新発見の彗星が放物線に近い軌道をもっていることは，しばしば認められる事実である．新発見でなくても，放物線に近い軌道をもつ彗星は多い．太陽系の小天体なら，その軌道の形が放物線に近いかどうかを見るだけで，その天体が彗星であるか，小惑星であるかをほぼ推定できるほどである．

したがって，新彗星が発見されて，観測数がまだ十分には得られない期間などには，その彗星が放物線軌道をもつと仮定して，暫定的な軌道を決めることがよくある．これが放物線軌道の決定である．こうして決めた放物線軌道は，一般に，その後しばらくの間の位置推算に十分利用できる．放物線軌道を定めることは，太陽系天体の軌道を決める上で，ひとつの重要な技法である．

たくさんの観測データが得られれば，当然，より高い精度の軌道が計算できるから，当初の暫定放物線軌道は捨てられる．最終的に楕円軌道が得られることもあるが，放物線のまま最終軌道が決められることもある．ときには，離心率が1をわずかに超えた双曲線軌道が決定される場合もある．

9章では，3回の観測データを使って，暫定的に放物線軌道を求める方法を述べる．

9.1 放物線軌道決定の原理

すでにご存じのように，楕円軌道の軌道要素には，近日点通過時刻 t_0，長半径 a，離心率 e，軌道傾斜角 i，昇交点黄経 Ω，近日点引数 ω と，全部で6個の量がある．一方，その軌道を決めようとしている天体に対しては，1回の観測で赤経 α，赤緯 δ の二つの量が得られ，3回の観測で6量になる．したがって，6個の観測量を使って六つの軌道要素を決めることになり，ちょうど数が対応する．この対応は円軌道決定の場合にも成り立つ．円軌道の軌道要素は，軌道半径 a，軌道傾斜角 i，昇交点

黄経 Ω ，昇交点通過時刻 t_Ω の 4 量であり，これが 2 回の観測で得られる赤経，赤緯各 2 量の，合計 4 量と対応する．

観測量と軌道要素の数の対応を放物線軌道で考えよう．放物線軌道は，離心率 $e = 1$ をあらかじめ定めているので，決めるべき軌道要素は，近日点通過時刻 t_0，近日点距離 q，軌道傾斜角 i，昇交点黄経 Ω，近日点引数 ω の 5 量である．これを決めるのに，2 回の観測で得られる 4 量では不足であるが，3 回の観測で得られる 6 量ではひとつ多すぎる．この事実は，3 回の観測データのすべてを満たす形の放物線軌道が一般的には存在しないことを意味する．換言すれば，3 回の観測データから放物線軌道を決めるときには，観測データのひとつを何らかの形で捨てなければならない．データを捨てるには，たとえば，観測値から，赤緯のひとつだけを無視して計算するといったこともできるし，そのほかの方法もある．データをどのような形で捨てるか，その考え方によって，実用上は問題ないにしても，得られる結果は原理上厳密に同じものにはならない．

本書で採用するデータの捨て方を説明する前に，一般的なことを少し述べておこう．

まず第一に，焦点の位置が決まっているときは，軌道上の 2 点を決めればその 2 点を通る放物線が一応定まるという事実を考えよう．これは，平面上の放物線の方程式に定数パラメータが二つ含まれることに対応している．たとえば，極座標による放物線の方程式は，変数 (r, θ) によって，

$$r = \frac{\ell}{1 + \cos(\theta - \theta_0)}, \tag{9.1}$$

の形に書ける．この式の中の半直弦 ℓ と，近日点方向 θ_0 の二つが定数パラメータである．したがって，この放物線が $P_1(r_1, \theta_1)$ と $P_2(r_2, \theta_2)$ の 2 点を通る条件から，二つのパラメータ ℓ と θ_0 が求められ，放物線を定めることができる．ただし注意しなければならないのは，ひとつの放物線だけが決まるのではないという事実である．2 点 P_1, P_2 を通る条件からパラメータを計算すると，条件を満たす放物線が二つ出てくる．上記の文章で，「一応」定まるという書き方をしているのはこのためである．

例を挙げよう．平面上で，原点 O を焦点とし，$P_1(2, 90°)$ および $P_2(5, \theta_2)$ (ただし $\cos\theta_2 = -3/5, \sin\theta_2 = 4/5$) の 2 点を通る放物線としては，

$$r = \frac{2}{1 + \cos\theta},$$

9.1 放物線軌道決定の原理

および,

$$r = \frac{2/13}{1+\cos(\theta-\theta_0)},$$

の二つが定まる. ただし, この第二の式では,

$$\cos\theta_0 = \frac{5}{13}, \quad \sin\theta_0 = -\frac{12}{13},$$

である (図 9.1). このどちらも与えられた条件を満たすことは, 容易に確かめられる.

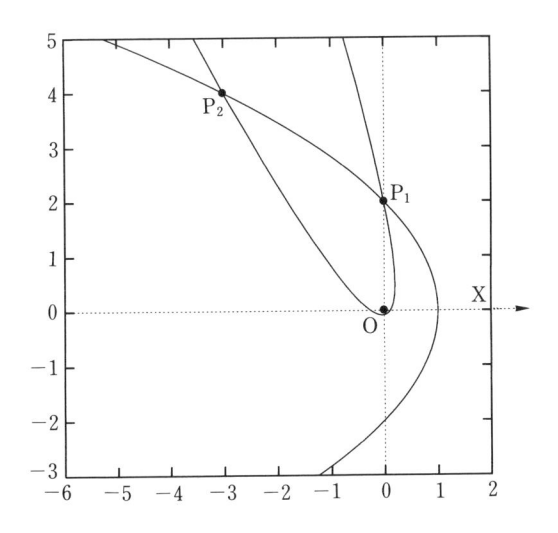

図 **9.1** 定められた 2 点を通る二つの放物線

いま述べたように, 与えられた 2 点を通る放物線は二つあるが, 一般にそれは全然異なる放物線であり, 軌道決定をする場合, どちらが考慮している軌道に対応するのかを判別するのはそれ程困難ではない. そのような理由から, 以下のところで, **「2 点を通る条件から放物線軌道が定まる」**という言い方をする. この前提を頭に入れてから, 本書の放物線軌道決定の考え方, つまりどのような形でデータを捨てるかを述べることにしよう.

これまで述べてきた本書の軌道決定法は, まず目標天体までの距離を推定し, その推定に基づいて, それぞれの観測の時刻間隔を計算する方法であった. そして, 計

算によるその時刻間隔が現実の観測の時刻間隔に一致したとき,はじめの推定距離が正しかったと考え,また一致しないときは推定距離を修正して,時刻間隔が一致する距離を求めるというのが大筋の考え方であった.それに準ずる方法として,本書では,つぎの形で放物線軌道を決めることにする.

まず,一般的な軌道を求めるときと同じ方法で,3回の観測時刻に対し,観測点から目標天体までの推定距離 $\Delta_1, \Delta_2, \Delta_3$ を求める.この手順は 3.2 節および 3.3 節に述べたものと同じでよい.これらの推定距離が得られたら,Δ_2 は無視し,Δ_1, Δ_3 の二つだけを使って放物線軌道を決める.さきに述べたように,2 点で放物線は決まるから,この計算は可能である.具体的には,つぎのような形になる.

観測時刻に対する観測点 Q_i の日心赤道直交座標 $(X_i, Y_i, Z_i), (i=1,3)$ が既知であり,そのときの観測方向の方向余弦 $(L_i, M_i, N_i), (i=1,3)$ がわかっているから,Δ_1, Δ_3 を使って,目標天体の日心赤道直交座標 (x_i, y_i, z_i) は,

$$x_i = X_i + L_i \Delta_i,$$
$$y_i = Y_i + M_i \Delta_i, \quad (i=1,3)$$
$$z_i = Z_i + N_i \Delta_i,$$

の関係で求めることができる.この 2 点の座標 $P_i(x_i, y_i, z_i), (i=1,3)$ から放物線軌道を決め,また,天体がその近日点を通過してから P_1, P_3 それぞれの点に達するまでの時間 τ_1, τ_3 を計算する.ここから,その計算上の時刻差 $\tau_3 - \tau_1$ を求めることができる.

こうして求めた時刻差 $\tau_3 - \tau_1$ は,現実の観測時刻差 $t_3 - t_1$ と一般には一致しない.そこで,その一致がより良くなるように推定距離 Δ_1, Δ_3 を修正する.このとき Δ_1, Δ_3 に加えるべき補正量をそれぞれ d_1, d_3 とすると,その補正の関係式は,4 章に述べたものに準じて,

$$\left(\frac{\partial \tau_3}{\partial \Delta_1} - \frac{\partial \tau_1}{\partial \Delta_1}\right) d_1 + \left(\frac{\partial \tau_3}{\partial \Delta_3} - \frac{\partial \tau_1}{\partial \Delta_3}\right) d_3 = (t_3 - t_1) - (\tau_3 - \tau_1), \tag{9.2}$$

の形に書くことができる.

しかし,求めるべき補正量が d_1, d_3 の二つであるのに対し,この補正方程式はひとつしかない.これだけでは,ただ 1 組の d_1, d_3 を決めることはできない.いろいろの d_1, d_3 の解があるといってもよい.言い方を換えれば,これは任意に Δ_1 をとっ

ても，それに対して，計算と観測のそれぞれの時刻差の条件，

$$\tau_3 - \tau_1 = t_3 - t_1,$$

の関係を満たす Δ_3 があり得る，つまりこの条件を満たす Δ_1, Δ_3 の組が無数に存在することを意味する．

そこで補正量 d_1, d_3 をただ 1 組に決めるために，2 回目の観測を利用する．それはつぎの考え方による．いま，計算上の時刻差 $\tau_3 - \tau_1$ と，観測をおこなった現実の観測時刻差 $t_3 - t_1$ とが一致するあるひとつの放物線軌道が決まったとする．このとき，その軌道上で，2 回目の観測時刻 t_2 に対応する点 $P_2(x_2, y_2, z_2)$ の位置を求めることができる．観測点 Q_2 の位置 (X_2, Y_2, Z_2) が既知であるから，この時刻に対して，観測点から見た P_2 の方向を計算することができる．その計算上の方向余弦を (L_2', M_2', N_2') とすると，これらは，

$$L_2' = \frac{x_2 - X_2}{\Delta_2'},$$
$$M_2' = \frac{y_2 - Y_2}{\Delta_2'},$$
$$N_2' = \frac{z_2 - Z_2}{\Delta_2'},$$

の関係式で与えられるはずである．ただし，

$$\Delta_2'^2 = (x_2 - X_2)^2 + (y_2 - Y_2)^2 + (z_2 - Z_2)^2,$$

である．これらの方向余弦が時刻 t_2 に対する計算上の観測方向になる．この方向余弦を t_2 の時刻の観測による現実の方向余弦 (L_2, M_2, N_2) と比較してみよう．その二つの方向の差を角度 w で表わすことにすると，この w は，

$$\sin^2 w = (M_2 N_2' - N_2 M_2')^2 + (N_2 L_2' - L_2 N_2')^2 + (L_2 M_2' - M_2 L_2')^2,$$

の関係式で計算できる．

さきに述べたように，計算上の観測時刻差 $\tau_3 - \tau_1$ と現実の観測時刻差 $t_3 - t_1$ が一致する放物線軌道はたくさんある．そして，そのそれぞれに対し，この $\sin w$ が計算できる．その中には，この方向差 w がもっとも小さいものがあるはずである．その軌道が観測条件にもっとも近いと考えることができる．本書では，それを求め

る放物線軌道としようというのである.正確に一致するものでなく,もっとも近づく条件を課するところが,ひとつのデータを捨てることに対応している.

この方向差の角 w がもっとも小さくなるとき,w は極小値をとる.Δ_1 の微小変化 d_1 に対する w の変化は $(\partial w/\partial \Delta_1)d_1$,$\Delta_3$ の微小変化 d_3 に対する w の変化は $(\partial w/\partial \Delta_3)d_3$ であるから,w が極値をとる条件は,

$$\frac{\partial w}{\partial \Delta_1}d_1 + \frac{\partial w}{\partial \Delta_3}d_3 = 0, \tag{9.3}$$

である.この式をすでに述べた (9.2) 式と連立させて解くことで,Δ_1, Δ_3 に対する補正値 d_1, d_3 を計算することが可能になる.現実の計算では,w の代わりに $\sin w$ を使うことにして,(9.3) 式の代わりに,

$$\frac{\partial \sin w}{\partial \Delta_1}d_1 + \frac{\partial \sin w}{\partial \Delta_3}d_3 = 0, \tag{9.4}$$

を使う.ただし,(9.2),(9.4) 式は高次項を省略したものであるから,d_1, d_3 を 1 回計算しただけでは不十分である.そこで $\Delta_1 + d_1$ を新たに Δ_1 に置き直し,$\Delta_3 + d_3$ を新たに Δ_3 に置き直して逐次近似をおこない,補正値 d_1, d_3 が必要精度でゼロになるまで(d_1, d_3 の絶対値が 10^{-8} AU 以下になるまで)繰り返し計算をしなくてはならない.これによって,考えている放物線軌道に対する Δ_1, Δ_3 を求めることができる.

9.2 時刻 t_2 に対する計算上の観測方向

観測時刻 t_1, t_3 に対する推定距離 Δ_1, Δ_3 を与えたとき,時刻 t_2 に対する観測方向の計算上の方向余弦 (L'_2, M'_2, N'_2) は以下の方法で計算できる.多少の説明を加えながら,ここでその手順を述べる.

観測量として $(\alpha_i, \delta_i), t_i, (i = 1, 2, 3)$ が与えられ,また,それぞれの時刻に対する観測点 Q_i の日心赤道直交座標 $(X_i, Y_i, Z_i), (i = 1, 2, 3)$ がわかっているものとする.このとき,最初の推定距離 $\Delta_1, \Delta_2, \Delta_3$ を求めるまでの手順は,3.2 節,3.3 節に述べたものとまったく同じでよい.この計算に,楕円であるか放物線であるかといった軌道の形に関する考慮は何も含まれていないからである.3 章とすべて同じ記号を使うことにして,そこまでの説明を省略し,距離の推定値として $\Delta_1, \Delta_2, \Delta_3$ が求められたものとする.ここではそこから Δ_1, Δ_3 だけを取り出して,以下の計

算をおこなう.

(a) 軌道上の点 $P_1(x_1, y_1, z_1), P_3(x_3, y_3, z_3)$

$$
\begin{aligned}
x_i &= X_i + L_i \Delta_i, \\
y_i &= Y_i + M_i \Delta_i, \quad (i = 1, 3) \\
z_i &= Z_i + N_i \Delta_i,
\end{aligned}
\tag{9.5}
$$

(b) 原点 O から見た P_1, P_3 の方向余弦 $(\ell_1, m_1, n_1), (\ell_3, m_3, n_3)$

$$
\begin{aligned}
\ell_i &= \frac{x_i}{r_i}, \\
m_i &= \frac{y_i}{r_i}, \quad (i = 1, 3) \\
n_i &= \frac{z_i}{r_i},
\end{aligned}
\tag{9.6}
$$

ただし,

$$
r_i^2 = x_i^2 + y_i^2 + z_i^2, \quad (i = 1, 3)
\tag{9.7}
$$

である.

(c) 原点 O から P_1, P_3 を見たときのはさみ角 θ_{31}

$$
\begin{aligned}
\sin^2 \theta_{31} &= (m_1 n_3 - n_1 m_3)^2 + (n_1 \ell_3 - \ell_1 n_3)^2 + (\ell_1 m_3 - m_1 \ell_3)^2, \\
\cos \theta_{31} &= \ell_1 \ell_3 + m_1 m_3 + n_1 n_3,
\end{aligned}
\tag{9.8}
$$

である。ここでは $\theta_3 - \theta_1 = \theta_{31}$ と書いている.

ここまでの計算に，それほど説明の必要はあるまい．ここから P_1, P_3 を通る放物線軌道を決める．原点 O および P_1, P_3 を含む平面上で極座標系を考え，ここでは原点 O から P_1 の向きに始線をとり，P_1, P_3 の 2 点を通る放物線の方程式を，この平面極座標系で,

$$
r = \frac{\ell}{1 + \cos(\theta - \theta_0)},
\tag{9.9}
$$

と書くことにする．放物線を決めるには，この半直弦 ℓ と，近日点偏角 θ_0 の値を求めればよい．

(d) 放物線の半直弦 ℓ と近日点偏角 θ_0

$$
\begin{aligned}
R_c &= r_3 \cos \theta_{31} - r_1, \\
R_s &= r_3 \sin \theta_{31},
\end{aligned}
\tag{9.10}
$$

と書き表わすことにすると，放物線の二つのパラメータ ℓ, θ_0 はつぎのように書くことができる．

$$\ell = \frac{r_1 r_3 \{(r_1 + r_3)(1 - \cos\theta_{31}) \pm \sin\theta_{31}\sqrt{2r_1 r_3 (1 - \cos\theta_{31})}\}}{R_c^2 + R_s^2},$$

$$\cos\theta_0 = \frac{(r_1 - r_3)R_c \pm R_s\sqrt{2r_1 r_3 (1 - \cos\theta_{31})}}{R_c^2 + R_s^2}, \quad (9.11)$$

$$\sin\theta_0 = \frac{(r_1 - r_3)R_s \mp R_c\sqrt{2r_1 r_3 (1 - \cos\theta_{31})}}{R_c^2 + R_s^2},$$

ただし複号同順である．これらの関係式の導出法は付録 A.3 に示した．ここに複号があるのは，さきに述べたように，2 点を通る放物線が二つある事実に対応したものであり，どちらかひとつを正しいものとして選ぶ必要がある．この選定は，天文学的常識からすぐにわかることもあるが，ときには ℓ, θ_0 の値だけからではどちらかに決めにくい場合もある．そのときは，この先の (f) 項まで計算を進め，その軌道から求めた計算上の時刻差 $\tau_3 - \tau_1$ を現実の観測時刻差 $t_3 - t_1$ と比較して決定する．一方は，$t_3 - t_1$ と大きくかけ離れた値になるから，これを捨てればよい．これらのパラメータを決めて放物線を定めると，以下の計算ができる．

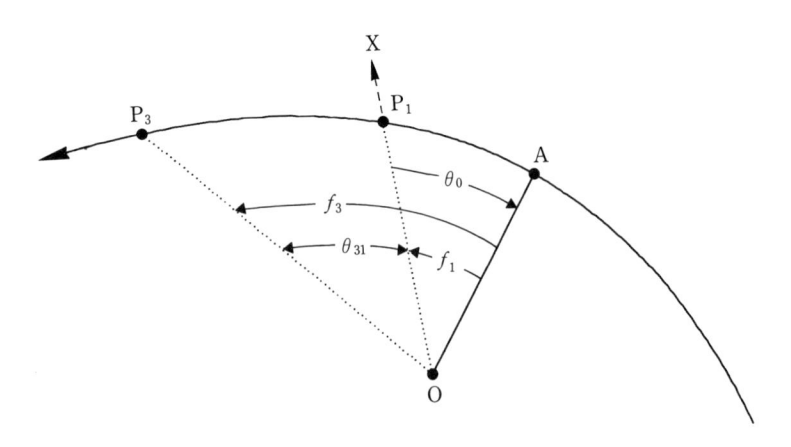

図 **9.2** $f_1, f_3, \theta_{31}, \theta_0$ の関係

(e) P_1, P_3 の真近点角 f_1, f_3

$$\cos f_1 = \cos\theta_0,$$

9.2 時刻 t_2 に対する計算上の観測方向

$$\sin f_1 = -\sin\theta_0, \tag{9.12}$$

$$\tan\frac{f_1}{2} = \frac{\sin f_1}{1+\cos f_1},$$

$$\cos f_3 = \cos\theta_{31}\cos\theta_0 + \sin\theta_{31}\sin\theta_0,$$

$$\sin f_3 = \sin\theta_{31}\cos\theta_0 - \cos\theta_{31}\sin\theta_0, \tag{9.13}$$

$$\tan\frac{f_3}{2} = \frac{\sin f_3}{1+\cos f_3},$$

図 9.2 と照らし合わせれば，この関係は明瞭であろう．

(f) 近日点通過後の経過時間 τ_1, τ_3

$$\tau_i = \frac{1}{n}\left(\tan\frac{f_i}{2} + \frac{1}{3}\tan^3\frac{f_i}{2}\right), \quad (i=1,3) \tag{9.14}$$

ただし，

$$n = \sqrt{\frac{4\mu}{\ell^3}}, \tag{9.15}$$

$$\mu = 2.95912208 \times 10^{-4}(\mathrm{AU})^3/(\mathrm{day})^{-2},$$

である．ここまでの計算を順に実行すれば，推定距離 Δ_1, Δ_3 で定まるこの放物線軌道に対し，天体が近日点を通過してからの経過時間 τ_1, τ_3 を求めることができる．

(g) τ_2 のとり方

つぎに，時刻 t_2 に対応するものとして，この軌道で天体が P_1 を通過した瞬間から，さらに現実の観測時刻差 $t_2 - t_1$ だけ経過した時刻をとることにする．つまり，

$$\tau_2 = \tau_1 + t_2 - t_1, \tag{9.16}$$

にとる．現在考えている軌道は，$\tau_3 - \tau_1$ が現実の観測時刻差 $t_3 - t_1$ に一致しているわけではないから，ここでとった τ_2 では，後半の時刻差 $\tau_3 - \tau_2$ が $t_3 - t_2$ に一致しない．でも，これは気にしなくてよい．今後 $\tau_3 - \tau_1$ を $t_3 - t_1$ に一致するように Δ_3, Δ_1 を修正するにつれて，$\tau_3 - \tau_2$ はひとりでに $t_3 - t_2$ に一致するようになる．

このようにとった τ_2 に対応する天体位置 $\mathrm{P}_2(x_2, y_2, z_2)$ は，ここまでの計算を逆にたどる形で，以下のように計算できる．

(h) P_2 に対する真近点角 f_2

$$n\tau_2 = \tan\frac{f_2}{2} + \frac{1}{3}\tan^3\frac{f_2}{2}, \tag{9.17}$$

ここから $\tan(f_2/2)$ を求める．それには $x = \tan(f_2/2)$ と置いて，$c = x + (1/3)x^3$ の形の三次方程式を解く必要がある．ただし $c = n\tau_2$ である．この方程式の解 x の近似値を x_0 とすると，x_0 に対する補正値 Δx は，

$$\Delta x = \frac{c - x_0 - (1/3)x_0^3}{1 + x_0^2}, \tag{9.18}$$

で計算できる．この補正を加えた $x + \Delta x$ を新たに x_0 にとり直し，補正値が十分小さくなるまで繰り返し近似をおこなえば，$x = \tan(f_2/2)$ を求めることができる．この $\tan(f_2/2)$ から，

$$\begin{aligned}\cos f_2 &= \frac{1 - \tan^2(f_2/2)}{1 + \tan^2(f_2/2)}, \\ \sin f_2 &= \frac{2\tan(f_2/2)}{1 + \tan^2(f_2/2)},\end{aligned} \tag{9.19}$$

の関係で $\cos f_2, \sin f_2$ を計算できる．

(i) 真近点角の差 θ_{32}, θ_{21}

$$\begin{aligned}\theta_{32} &= f_3 - f_2, \\ \theta_{21} &= f_2 - f_1,\end{aligned} \tag{9.20}$$

であるから，

$$\begin{aligned}\cos\theta_{32} &= \cos f_3 \cos f_2 + \sin f_3 \sin f_2, \\ \sin\theta_{32} &= \sin f_3 \cos f_2 - \cos f_3 \sin f_2, \\ \cos\theta_{21} &= \cos f_2 \cos f_1 + \sin f_2 \sin f_1, \\ \sin\theta_{21} &= \sin f_2 \cos f_1 - \cos f_2 \sin f_1,\end{aligned} \tag{9.21}$$

になる．

(j) 原点 O から見た点 P_2 の方向余弦 (ℓ_2, m_2, n_2)

P_2 は原点 O から見た天球上で P_1 と P_3 を結ぶ大円上にあり，P_1 から θ_{21}，P_3 から θ_{32} の距離にある．したがって，その方向余弦 (ℓ_2, m_2, n_2) は，付録 C の (C.15) 式により，

$$\ell_2 = \frac{1}{\sin\theta_{31}}(\ell_3 \sin\theta_{21} + \ell_1 \sin\theta_{32}),$$

9.2 時刻 t_2 に対する計算上の観測方向

$$m_2 = \frac{1}{\sin\theta_{31}}(m_3 \sin\theta_{21} + m_1 \sin\theta_{32}), \quad (9.22)$$
$$n_2 = \frac{1}{\sin\theta_{31}}(n_3 \sin\theta_{21} + n_1 \sin\theta_{32}),$$

で求めることができる．

(k) 原点 O から P_2 までの距離 r_2 と P_2 の直交座標値 (x_2, y_2, z_2)

放物線の方程式から，

$$r_2 = \frac{\ell}{1+\cos f_2}, \quad (9.23)$$

の関係で r_2 を求めることができる．したがって，

$$\begin{aligned} x_2 &= \ell_2 r_2, \\ y_2 &= m_2 r_2, \\ z_2 &= n_2 r_2, \end{aligned} \quad (9.24)$$

の関係から，点 P_2 の日心赤道直交座標 (x_2, y_2, z_2) が得られる．

(l) 観測点から見た目標天体の計算上の方向余弦 (L'_2, M'_2, N'_2)

観測点 (X_2, Y_2, Z_2) から $P_2(x_2, y_2, z_2)$ までの距離 Δ'_2 は，

$$\Delta'^2_2 = (x_2 - X_2)^2 + (y_2 - Y_2)^2 + (z_2 - Z_2)^2, \quad (9.25)$$

であり，そこから，

$$\begin{aligned} L'_2 &= \frac{x_2 - X_2}{\Delta'_2}, \\ M'_2 &= \frac{y_2 - Y_2}{\Delta'_2}, \\ N'_2 &= \frac{z_2 - Z_2}{\Delta'_2}, \end{aligned} \quad (9.26)$$

の関係が得られる．こうして (L'_2, M'_2, N'_2) の計算ができる．

(m) 目標天体の計算上の方向と観測方向とにはさまれる角 w

これは，

$$\sin^2 w = (M_2 N'_2 - N_2 M'_2)^2 + (N_2 L'_2 - L_2 N'_2)^2 + (L_2 M'_2 - M_2 L'_2)^2, \quad (9.27)$$

で計算できる．

この手順によって，ある Δ_1, Δ_3 が与えられたときに決まる点 P_2 の計算上の方向と，時刻 t_2 における現実の観測方向との角度差 w を求めることができる．

9.3 放物線軌道の計算実例

上記の手順を,実例で計算してみよう.

放物線軌道の計算例として,池谷 - 張彗星の初期の観測データを取り上げよう.この彗星は,明るい肉眼彗星にはならなかったが,2002 年 5 月にかなりの明るさになり,日本でも長期間観測された.この彗星はまた,1661 年に目撃された彗星が回帰したものである可能性が高いと話題にもなった.

つぎの表 9.1 は,2002 年 2 月 2 日に発表された MPEC 2002 C-19 から,池谷 - 張彗星の観測データ 3 個を拾い出したものである.

表 9.1 池谷 - 張彗星の観測データ

観測日時	赤経	赤緯	観測所番号
2002 年 2 月 2.72113 日	$0^\mathrm{h}11^\mathrm{m}07^\mathrm{s}.14$	$-17°00'13''.6$	118
3.44034 日	$0^\mathrm{h}12^\mathrm{m}18^\mathrm{s}.98$	$-16°38'40''.9$	367
4.72300 日	$0^\mathrm{h}14^\mathrm{m}29^\mathrm{s}.14$	$-15°59'41''.5$	046

また,つぎの表 9.2 は,上記観測の観測所に関するデータである.太陽系天体の位置観測をする主要な観測所にはすべて番号が与えられ,地球上の経度 λ,地心距離 ρ,地心緯度 ϕ' に関するリストができている.表 9.2 はそのリストから,関係する観測所のデータを抜き書きしたものである.なお表の $\rho\cos\phi', \rho\sin\phi'$ の数値は,地球の赤道半径を単位として表わしたものである.

表 9.2 観測所データ

観測所番号	λ	$\rho\cos\phi'$	$\rho\sin\phi'$	
118	$17°.2740$	0.66558	+0.74394	スロバキア,モドラー天文台
367	$133°.1670$	0.81504	+0.57747	島根県八束観測所
046	$14°.2881$	0.65922	+0.74965	チェコ,クラット観測所

上記の二つの表から,計算を進める基本データとして,つぎの表 9.3 が得られる.この表の時刻 t_i は,2000 年 1 月 1 日 0 時 TT(力学時) からの経過日数である.

表 9.3 池谷 - 張彗星の放物線軌道決定の基礎データ

i	1	2	3
t_i	763.72113day	764.44034day	765.72300day
α_i	$2°.7797500$	$3°.0790833$	$3°.6214167$
δ_i	$-17°.0037778$	$-16°.6446944$	$-15°.9948611$
X_i (AU)	-0.6804768	-0.6895798	-0.7055314
Y_i (AU)	0.6541329	0.6462142	0.6318073
Z_i (AU)	0.2836163	0.2801720	0.2739383

9.3 放物線軌道の計算実例

計算例 15

表 9.3 の基礎データを使って, 観測点から池谷 - 張彗星までの近似距離 Δ_1, Δ_3 を推定せよ. またそれに基づいて, 時刻 t_2 に対し, 計算上の観測方向と現実の観測方向との差 w を計算せよ.

解答

まず, 3.3 節の方法で推定距離 Δ_1, Δ_2 を計算しよう. これまでの計算と同様にその過程を表 9.4 として計算表で示す.

表 9.4 池谷 - 張彗星の推定距離の計算表

i	1	2	3
$L_i = \cos\delta_i \cos\alpha_i$	0.9551603	0.9567163	0.9593669
$M_i = \cos\delta_i \sin\alpha_i$	0.0463767	0.0514636	0.0607183
$N_i = \sin\delta_i$	-0.2924348	-0.2864358	-0.2755511
$R_2^2 = X_2^2 + Y_2^2 + Z_2^2$		0.9716094	
$2(L_2 X_2 + M_2 Y_2 + N_2 Z_2)$		-1.4134540	
Γ_i	0.00497697	-0.01735673	0.01350337
J_i	-23800.905	-23701.370	-23512.696
	$t_3 - t_2$	$t_1 - t_3$	$t_2 - t_1$
$t_j - t_k$ (day)	1.28266	-2.00187	0.71921
c_i/c_2	-0.6407959		-0.3593229
$\mathcal{A}$		4.0097825	
$\mathcal{B}$		-3.2307570	

ここまでの計算から, r_2 と Δ_2 に関する二つの方程式として,

$$r_2^2 = \Delta_2^2 - 1.4134540\Delta_2 + 0.9716094, \tag{9.28}$$

$$\Delta_2 = 4.0097825 - \frac{3.2307570}{r_2^3}, \tag{9.29}$$

が得られる. これを解けば Δ_2 の推定値が求められるはずである. ところがこれを解くところで問題が生ずる.

この連立方程式を解くのに, たとえば Δ_2 に 1AU などの初期値をとり, 3.2 節に述べた方法で機械的に逐次近似をおこなって計算をしてみよう. このとき, ほとんどの場合,

$$\Delta_2 = 3.9186080 (\text{AU}),$$

$$r_2 = 3.2845588 (\text{AU}),$$

の解に収束する. この解はもちろん (9.28), (9.29) の両式を満足する. しかし, その先の計算を続けると, 補正方程式の繰り返し近似が収束せず, 天体までの距離が確

定できない. したがって軌道要素を求めることもできない. どうしてであろうか. これは, 上記の解に問題があるからである.

この状況を詳しく調べるため, (9.28),(9.29) の二つの式の r_2 と Δ_2 の関係をグラフに表示してみよう. これが 図 9.3 である.

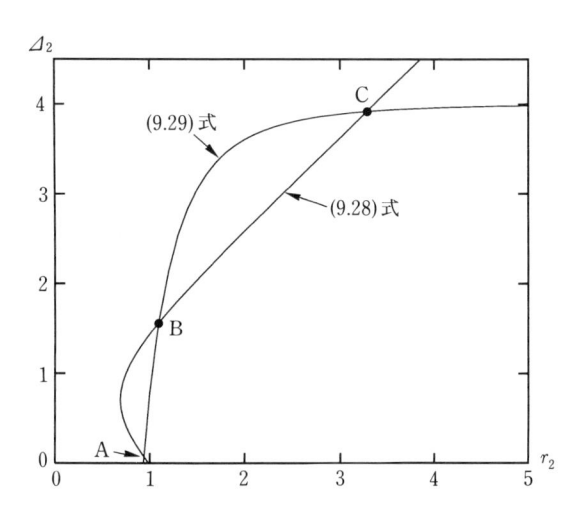

図 9.3 (9.28) 式,(9.29) 式のグラフ

この図 9.3 を見ると, 両式のグラフは 3 点で交わっている. つまり, (9.28),(9.29) の連立方程式を満たす Δ_2, r_2 の解は 3 組存在する. 正しい解はそのうちのどれかひとつである. さきに求めたのは, このうち C 点に対する解である. A 点, B 点付近では (9.29) 式の傾きが非常に大きいため, r_2 の近似値のわずかな差によって Δ_2 の計算値が大きく変化し, 逐次近似がうまくいかない. そして, ほとんどの場合 C 点の解に収束するのである.

A 点や B 点に対応する解を求めるにはどうすればよいか. それには, r_2 から Δ_2 を計算することをやめて, Δ_2 から r_2 を計算するようにすればよい. 具体的には, (3.3),(3.32) 式を r_2 について解いた形に変形し,

$$r_a = \sqrt{\Delta_2^2 + P\Delta_2 + R_2^2},$$
$$r_b = \left(\frac{\mathcal{B}}{\Delta_2 - \mathcal{A}}\right)^{1/3}, \tag{9.30}$$

9.3 放物線軌道の計算実例

の形にする. ここでは, r_2 をそれぞれの式で r_a, r_b と置いている. また,

$$P = 2(L_2 X_2 + M_2 Y_2 + N_2 Z_2), \tag{9.31}$$

と書き表わしている.

二つの式をこのように書き直してから, A 点または B 点に近い Δ_2 の値をとり, それぞれの式で r_a, r_b を計算してみる. このとき, 一般に $r_a \neq r_b$ になる ($r_a = r_b$ なら, そのときの Δ_2 は正しい解である). このとき, Δ_2 に対する補正値を d_2 を,

$$d_2 = \frac{r_b - r_a}{\dfrac{2\Delta_2 + P}{2r_a} + \dfrac{\mathcal{B}}{3r_b^2(\Delta_2 - \mathcal{A})^2}}, \tag{9.32}$$

で計算する. すると, $\Delta_2 + d_2$ はより精度の高い近似解になるはずである. この $\Delta_2 + d_2$ を新たに Δ_2 にとり直して, 2 度目の補正値 d_2 を計算し直す. この過程を繰り返して, r_a と r_b が必要精度で一致したら (具体的には, $|r_a - r_b| < 10^{-8}$ AU くらいになったら) 計算を打ち切る. そのときの Δ_2 が求める解になる.

この計算を実行してみよう. つまり,

$$r_a = \sqrt{\Delta_2^2 - 1.4134540\Delta_2 + 0.9716094},$$
$$r_b = \left(\frac{-3.2307570}{\Delta_2 - 4.0097825}\right)^{1/3},$$

を解くのである. $\Delta_2 = 1.5$(AU) から逐次近似を始めると, 計算過程として, つぎの表 9.5 が得られる.

表 **9.5** Δ_2, r_2 の逐次近似

Δ_2	r_a	r_b	d_2
1.5	1.0494896	1.0878176	0.06269
1.56269	1.0976425	1.0970287	-0.0009738
1.5617162	1.0968833	1.0968832	-0.0000002
1.5617160	1.0968831	1.0968831	

ここでは, 4 回の繰り返しで必要な解が得られている. その結果, B 点に対応する解は,

$$\Delta_2 = 1.5617160 \text{(AU)},$$
$$r_2 = 1.0968831 \text{(AU)},$$

になる. $\Delta_2 = 0$(AU) から近似を始めると,ほとんど同様に,A 点に対応する解として,

$$\Delta_2 = 0.0710316\text{(AU)},$$
$$r_2 = 0.9360849\text{(AU)},$$

も計算できる.

この場合は,こうして3組の解が得られた. そこで起こる問題は,このうちのどれが必要な正しい解であるかを判定することである. それぞれの場合についての計算を,前記の手順で (f) 項に当たる近日点通過以後の経過時間 τ_1, τ_3 の計算まで進めることで,この判定が可能になる. 計算上の観測時刻差 $\tau_3 - \tau_1$ を,現実の観測時刻差 $t_3 - t_1$ と比べて,その一致がもっともよいものを正しい解にすればよい. 上記の3組の解につきそれぞれ計算をしてみると,

$$A \text{点の解} \quad \tau_3 - \tau_1 = 1.34071\text{(day)},$$
$$B \text{点の解} \quad \tau_3 - \tau_1 = 2.06936\text{(day)},$$
$$C \text{点の解} \quad \tau_3 - \tau_1 = 7.09326\text{(day)},$$

となる. ここで現実の観測時刻差は $t_3 - t_1 = 2.00187$(day) であるから, それにもっとも近いものとして, B 点に対応する解の $\Delta_2 = 1.5617160$(AU) を近似距離の推定値としてとればよい.

これまでの計算結果を使って, この Δ_2 の値に対し, 3.3 節の手順 (i) 項の式により, Δ_1, Δ_3 を求める方程式を作る. これは,

$$-0.6120628\Delta_1 - 0.3447225\Delta_3 = -1.4940996,$$
$$-0.02971803\Delta_1 - 0.02181747\Delta_3 = -0.08039724,$$

となる. これを解き, 最初の推定距離として,

$$\Delta_1 = 1.5704217\text{(AU)},$$
$$\Delta_3 = 1.5458898\text{(AU)},$$

を求めることができる.

9.3 放物線軌道の計算実例

P_2 の点に対する計算上の方向と,現実に観測した方向との差 w を求めることもここの目標のひとつである.このため,まず Δ_1, Δ_3 によって定められる点 P_1, P_3 に関して,近日点通過以後の経過時間 τ_1, τ_3 を求める. 9.2 節 (f) 項までの手順によるその計算過程を,表 9.6 に示した.

表 9.6 τ_1, τ_3 までの計算

i	1	3
Δ_i	1.5704217	1.5458898
$x_i = X_i + L_i\Delta_i$	0.8195275	0.7775441
$y_i = Y_i + M_i\Delta_i$	0.7269639	0.7256711
$z_i = Z_i + N_i\Delta_i$	−0.1756296	−0.1520334
$r_i = \sqrt{x_i^2 + y_i^2 + z_i^2}$	1.1094808	1.0743777
$\ell_i = x_i/r_i$	0.7386586	0.7237158
$m_i = y_i/r_i$	0.6552289	0.6754338
$n_i = z_i/r_i$	−0.1582989	−0.1415083
$\cos\theta_{31}$	0.9995433	
$\sin\theta_{31}$	0.0302199	
$R_c = r_3\cos\theta_{31} - r_1$	−0.03559380	
$R_s = r_3\sin\theta_{31}$	0.03246754	
$\cos\theta_0$	−0.0767352	
$\sin\theta_0$	0.9970515	
ℓ	1.0243446	
n	0.03318504	
$\cos f_i$	−0.0767352	−0.0465694
$\sin f_i$	−0.9970515	−0.9989151
$\tan(f_i/2)$	−1.0799193	−1.0477061
τ_i	−45.19294	−43.12358

ここから,さきに述べた $\tau_3 - \tau_1 = 2.06936(\text{day})$ が得られる.なお,この表 9.6 の計算は,表に与えられている 2 点 $P_1(x_1, y_1, z_1), P_3(x_3, y_3, z_3)$ に対し, (9.11) 式の複号の上側,つまり $\ell, \cos\theta_0$ に対してプラス,$\sin\theta_0$ に対してはマイナスをとったものである.仮に複号の下側をとったとすると,そこからは,

$\ell = 0.0001246(\text{AU})$,

$f_1 = -179°.14109$,

$f_3 = 179°.12717$,

などが計算される.この解を調べると,近日点が太陽の内部にあること,P_1, P_3 は近日点通過をはさんだ 2 点であることなど,現実の彗星軌道としてはとれそうもないものであることがわかる.しかも,$t_3 - t_1 = 2.00187(\text{day})$ であるのに対し,

$\tau_3 - \tau_1 = 62.54798(\text{day})$,

になり,ここから,この解が正しくないことが決定的にわかる.

さて,P_2, P_1 の 2 点に対する現実の観測時刻差は $t_2 - t_1 = 0.71921$(day) であるから,この時間を τ_1 に加えたものを τ_2 として,

$$\tau_2 = -45.19294 + 0.71921 = -44.47373 \text{(day)},$$

である.ここで,この時刻に対するこの放物線軌道上の点 P_2 の位置を計算する.これは,いままでの計算を逆にたどる形になる.

この計算は,まず,点 P_2 の真近点角 f_2 を求めることから始めなければならない.それには (9.17) 式の,

$$n\tau_2 = \tan\frac{f_2}{2} + \frac{1}{3}\tan^3\frac{f_2}{2},$$

の方程式を $\tan(f_2/2)$ について解く必要がある.$x = \tan(f_2/2)$ と置けば,$n\tau_2 = -1.4758264$ であるから,解くべき方程式は,

$$-1.4758264 = x + \frac{1}{3}x^3,$$

である.これを逐次近似法で解くことにすれば,近似解に対する補正値は (9.18) 式で与えられる.$\tan(f_2/2)$ は $\tan(f_1/2)$ と $\tan(f_3/2)$ の中間の値であろうから,最初の近似値を,

$$x_0 = \frac{1}{2}\left(\tan\frac{f_1}{2} + \tan\frac{f_3}{2}\right) = -1.0638127,$$

とすれば,この逐次近似の計算は表 9.7 の計算表で示され,3 回の繰り返しで,

$$x = \tan\frac{f_2}{2} = -1.0688406,$$

の解を求めることができる.

表 **9.7** $\tan(f_2/2)$ の逐次近似

回数	x_0	$x_0 + (1/3)x_0^3$	$c - (x_0 + (1/3)x_0^3)$	Δx
1	-1.0638127	-1.4651176	-0.0107448	-0.0050405
2	-1.0688533	-1.4758895	0.0000271	0.0000127
3	-1.0688406	-1.4758623	-0.0000001	0.0000000

ここからの計算は,ひたすら手順にしたがっていけばよい.表 9.8 がその計算表である.表 9.8 の最終行の (L_2, M_2, N_2) は時刻 t_2 の現実の観測方向で,表 9.4 か

らとったものである．この方向余弦と，計算で得られた (L'_2, M'_2, N'_2) から，(m) 項の (9.27) 式によって，

$$\sin w = 0.0000881,$$

が得られる．長々と計算してきたが，ここから，計算上の方向と現実の観測方向との差は，わずかに $w = 18''.2$ であることがわかる．

表 **9.8**　計算と観測の方向差 q の計算

$\cos f_2$	-0.0664763	$\sin f_2$	-0.9977880		
$\cos \theta_{32}$	0.9998012	$\sin \theta_{32}$	0.0199378		
$\cos \theta_{21}$	0.9999471	$\sin \theta_{21}$	0.0102852		
ℓ_2	0.7336486	m_2	0.6621728	n_2	-0.1526005
		r_2	1.0972883		
x_2	0.8050240	y_2	0.7265944	z_2	-0.1674468
$x_2 - X_2$	1.4946038	$y_2 - Y_2$	0.0803802	$z_2 - Z_2$	-0.4476188
		Δ'_2	1.5622625		
L'_2	0.9566919	M'_2	0.0514511	N'_2	-0.2865196
L_2	0.9567163	M_2	0.0514636	N_2	-0.2864358

9.4　補正方程式作成に必要な微分関係式

観測点から目標天体までの距離の最初の推定値 Δ_1, Δ_3 を補正して正しい距離に近づけるためには，補正方程式を作らなければならない．放物線軌道に関する補正方程式の係数を求めるには，近日点通過以後の経過時間 τ_1, τ_3 を Δ_1, Δ_3 で微分した $(\partial \tau_1/\partial \Delta_1), (\partial \tau_3/\partial \Delta_1), (\partial \tau_1/\partial \Delta_3), (\partial \tau_3/\partial \Delta_3)$ や，時刻 t_2 に対する計算と観測との方向差 w に対する $(\partial w/\partial \Delta_1), (\partial w/\partial \Delta_3)$ の値を知らなければならない．

これらの計算は，原理的に困難なものではないが，かなり長い手順が必要で，なかなか面倒である．しかも，逐次近似を繰り返すたびにすべての計算のやり直しをする必要が生じる．いったん計算プログラムを作ればコンピュータ計算には何の支障もないが，放物線軌道決定を手計算で進めようとすると，ここがもっともうんざりさせられる部分になる．本書で述べる軌道決定法の最大の弱点となる部分がここかもしれない．それはともかく，この節では，補正方程式を作るための微分関係式を，若干の説明を加えながら順次に述べる．計算式の提示に先立ち，まず，

$$G_1 = \ell_1 L_1 + m_1 M_1 + n_1 N_1,$$
$$G_3 = \ell_3 L_3 + m_3 M_3 + n_3 N_3,$$

$$G_{31} = \ell_3 L_1 + m_3 M_1 + n_3 N_1, \tag{9.33}$$
$$G_{13} = \ell_1 L_3 + m_1 M_3 + n_1 N_3,$$

の四つの関係を定義しておく．いくつかの複雑な式を別にすれば，以下の微分式の多くは，関係式を単に微分演算するだけで比較的簡単に求められる．

(a) 天体の日心赤道直交座標 (x_i, y_i, z_i) および r_i の微分

$$\begin{aligned}\frac{\partial x_i}{\partial \Delta_i} &= L_i, \\ \frac{\partial y_i}{\partial \Delta_i} &= M_i, \quad (i=1,3) \\ \frac{\partial z_i}{\partial \Delta_i} &= N_i,\end{aligned} \tag{9.34}$$

および，

$$\frac{\partial r_i}{\partial \Delta_i} = G_i, \quad (i=1,3) \tag{9.35}$$

(b) 方向余弦 (ℓ_i, m_i, n_i) の微分

$$\begin{aligned}\frac{\partial \ell_i}{\partial \Delta_i} &= \frac{1}{r_i}(L_i - \ell_i G_i), \\ \frac{\partial m_i}{\partial \Delta_i} &= \frac{1}{r_i}(M_i - m_i G_i), \\ \frac{\partial n_i}{\partial \Delta_i} &= \frac{1}{r_i}(N_i - n_i G_i),\end{aligned} \tag{9.36}$$

(c) P_1, P_3 のはさみ角 $\theta_{31} (= f_3 - f_1)$ の微分

$$\begin{aligned}\frac{\partial \theta_{31}}{\partial \Delta_1} &= \frac{1}{r_1 \sin\theta_{31}}(\cos\theta_{31} G_1 - G_{31}), \\ \frac{\partial \theta_{31}}{\partial \Delta_3} &= \frac{1}{r_3 \sin\theta_{31}}(\cos\theta_{31} G_3 - G_{13}),\end{aligned} \tag{9.37}$$

(d) 近日点の偏角 θ_0 の微分

これから述べるこの θ_0 の微分と，つぎの半直弦 ℓ の微分とがかなり複雑な形になる．表示が複雑になるのを避けるため，まず $\cos\theta_{31}$ の関数として，

$$h_1 = 1 + \cos\theta_{31} + 2\cos^2\theta_{31}, \tag{9.38}$$
$$h_2 = 1 + 3\cos\theta_{31}, \tag{9.39}$$

を定義しておこう. さらに,

$$\frac{\partial \theta_0}{\partial \Delta_i} = \frac{A \pm B + C}{\sin \theta_0 (R_c^2 + R_s^2)}, \tag{9.40}$$

の形に書くことにすると, Δ_1 による微分 $(\partial \theta_0/\partial \Delta_1)$ は,

$$\begin{aligned} A &= -\frac{1}{r_1}\{(-2r_1^2 + r_1 r_3 + r_3^2 \cos \theta_{31})G_1 + r_3(r_1 - r_3)G_{31}\}, \\ B &= -\frac{r_3(h_1 G_1 - h_2 G_{31})\sqrt{2r_1 r_3(1 - \cos \theta_{31})}}{2r_1 \sin \theta_{31}}, \\ C &= 2(r_1 G_1 - r_3 G_{31})\cos \theta_0, \end{aligned} \tag{9.41}$$

また, Δ_3 による微分 $(\partial \theta_0/\partial \Delta_3)$ は,

$$\begin{aligned} A &= -(r_1 - r_3 \cos \theta_{31})G_3 - (r_1 - r_3)G_{13}, \\ B &= -\frac{\{(3 + \cos \theta_{31})G_3 - h_2 G_{13}\}\sqrt{2r_1 r_3(1 - \cos \theta_{31})}}{2 \sin \theta_{31}}, \\ C &= 2(r_3 G_3 - r_1 G_{13})\cos \theta_0, \end{aligned} \tag{9.42}$$

になる.

(e) 半直弦 ℓ の微分

これを,

$$\frac{\partial \ell}{\partial \Delta_i} = \frac{A \pm B}{R_c^2 + R_s^2} + C\ell, \tag{9.43}$$

の形に書くことにすると, Δ_1 による微分 $(\partial \ell/\partial \Delta_1)$ は,

$$\begin{aligned} A &= r_3\{(r_1 + r_3 \cos \theta_{31})G_1 - (r_1 + r_3)G_{31}\}, \\ B &= \frac{r_3(h_1 G_1 - h_2 G_{31})\sqrt{2r_1 r_3(1 - \cos \theta_{31})}}{2 \sin \theta_{31}}, \\ C &= \frac{G_1}{r_1} - \frac{2(r_1 G_1 - r_3 G_{31})}{R_c^2 + R_s^2}, \end{aligned} \tag{9.44}$$

である. また, Δ_3 による微分 $(\partial \ell/\partial \Delta_3)$ は,

$$\begin{aligned} A &= r_1\{(r_3 + r_1 \cos \theta_{31})G_3 - (r_1 + r_3)G_{13}\}, \\ B &= \frac{r_1(h_1 G_3 - h_2 G_{13})\sqrt{2r_1 r_3(1 - \cos \theta_{31})}}{2 \sin \theta_{31}}, \\ C &= \frac{G_3}{r_3} - \frac{2(r_3 G_3 - r_1 G_{13})}{R_c^2 + R_s^2}, \end{aligned} \tag{9.45}$$

になる．

(f) n の微分

$$\frac{\partial n}{\partial \Delta_i} = -\frac{3n}{2\ell}\frac{\partial \ell}{\partial \Delta_i}, \quad (i=1,3) \tag{9.46}$$

(g) 真近点角 f_1, f_3 の微分

$$\begin{aligned}\frac{\partial f_1}{\partial \Delta_i} &= -\frac{\partial \theta_0}{\partial \Delta_i}, \\ \frac{\partial f_3}{\partial \Delta_i} &= \frac{\partial \theta_{31}}{\partial \Delta_i} - \frac{\partial \theta_0}{\partial \Delta_i}, \quad (i=1,3)\end{aligned} \tag{9.47}$$

(h) 近日点通過後の経過時間 τ_1, τ_3 の微分

$$\begin{aligned}\frac{\partial \tau_1}{\partial \Delta_1} &= \frac{1}{n}\left\{\frac{2}{(1+\cos f_1)^2}\frac{\partial f_1}{\partial \Delta_1} - \tau_1\frac{\partial n}{\partial \Delta_1}\right\}, \\ \frac{\partial \tau_3}{\partial \Delta_1} &= \frac{1}{n}\left\{\frac{2}{(1+\cos f_3)^2}\frac{\partial f_3}{\partial \Delta_1} - \tau_3\frac{\partial n}{\partial \Delta_1}\right\}, \\ \frac{\partial \tau_1}{\partial \Delta_3} &= \frac{1}{n}\left\{\frac{2}{(1+\cos f_1)^2}\frac{\partial f_1}{\partial \Delta_3} - \tau_1\frac{\partial n}{\partial \Delta_3}\right\}, \\ \frac{\partial \tau_3}{\partial \Delta_3} &= \frac{1}{n}\left\{\frac{2}{(1+\cos f_3)^2}\frac{\partial f_3}{\partial \Delta_3} - \tau_3\frac{\partial n}{\partial \Delta_3}\right\},\end{aligned} \tag{9.48}$$

この四つの式は，補正方程式の第一式を作るのに直接に使われる．

(i) τ_2 の微分

τ_2 は (9.16) 式で定められているから，

$$\frac{\partial \tau_2}{\partial \Delta_i} = \frac{\partial \tau_1}{\partial \Delta_i}, \quad (i=1,3) \tag{9.49}$$

である．

(j) 真近点角 f_2 の微分

$$\frac{\partial f_2}{\partial \Delta_i} = \frac{(1+\cos f_2)^2}{2}\left(\frac{\partial n}{\partial \Delta_i}\tau_2 + n\frac{\partial \tau_1}{\partial \Delta_i}\right), \quad (i=1,3) \tag{9.50}$$

(k) 真近点角の差 $\theta_{21}(=f_2-f_1), \theta_{32}(=f_3-f_2)$ の微分

$$\begin{aligned}\frac{\partial \theta_{21}}{\partial \Delta_i} &= \frac{\partial f_2}{\partial \Delta_i} - \frac{\partial f_1}{\partial \Delta_i}, \\ \frac{\partial \theta_{32}}{\partial \Delta_i} &= \frac{\partial f_3}{\partial \Delta_i} - \frac{\partial f_2}{\partial \Delta_i}, \quad (i=1,3)\end{aligned} \tag{9.51}$$

9.4 補正方程式作成に必要な微分関係式

(l) 方向余弦 (ℓ_2, m_2, n_2) の微分

$$\frac{\partial \ell_2}{\partial \Delta_1} = \frac{1}{\sin \theta_{31}} \left(\ell_1 \cos \theta_{32} \frac{\partial \theta_{32}}{\partial \Delta_1} - \ell_2 \cos \theta_{31} \frac{\partial \theta_{31}}{\partial \Delta_1} + \ell_3 \cos \theta_{21} \frac{\partial \theta_{21}}{\partial \Delta_1} \right.$$
$$\left. + \sin \theta_{32} \frac{\partial \ell_1}{\partial \Delta_1} \right),$$

$$\frac{\partial m_2}{\partial \Delta_1} = \frac{1}{\sin \theta_{31}} \left(m_1 \cos \theta_{32} \frac{\partial \theta_{32}}{\partial \Delta_1} - m_2 \cos \theta_{31} \frac{\partial \theta_{31}}{\partial \Delta_1} + m_3 \cos \theta_{21} \frac{\partial \theta_{21}}{\partial \Delta_1} \right.$$
$$\left. + \sin \theta_{32} \frac{\partial m_1}{\partial \Delta_1} \right), \tag{9.52}$$

$$\frac{\partial n_2}{\partial \Delta_1} = \frac{1}{\sin \theta_{31}} \left(n_1 \cos \theta_{32} \frac{\partial \theta_{32}}{\partial \Delta_1} - n_2 \cos \theta_{31} \frac{\partial \theta_{31}}{\partial \Delta_1} + n_3 \cos \theta_{21} \frac{\partial \theta_{21}}{\partial \Delta_1} \right.$$
$$\left. + \sin \theta_{32} \frac{\partial n_1}{\partial \Delta_1} \right),$$

$$\frac{\partial \ell_2}{\partial \Delta_3} = \frac{1}{\sin \theta_{31}} \left(\ell_1 \cos \theta_{32} \frac{\partial \theta_{32}}{\partial \Delta_3} - \ell_2 \cos \theta_{31} \frac{\partial \theta_{31}}{\partial \Delta_3} + \ell_3 \cos \theta_{21} \frac{\partial \theta_{21}}{\partial \Delta_3} \right.$$
$$\left. + \sin \theta_{21} \frac{\partial \ell_3}{\partial \Delta_3} \right),$$

$$\frac{\partial m_2}{\partial \Delta_3} = \frac{1}{\sin \theta_{31}} \left(m_1 \cos \theta_{32} \frac{\partial \theta_{32}}{\partial \Delta_3} - m_2 \cos \theta_{31} \frac{\partial \theta_{31}}{\partial \Delta_3} + m_3 \cos \theta_{21} \frac{\partial \theta_{21}}{\partial \Delta_3} \right.$$
$$\left. + \sin \theta_{21} \frac{\partial m_3}{\partial \Delta_3} \right), \tag{9.53}$$

$$\frac{\partial n_2}{\partial \Delta_3} = \frac{1}{\sin \theta_{31}} \left(n_1 \cos \theta_{32} \frac{\partial \theta_{32}}{\partial \Delta_3} - n_2 \cos \theta_{31} \frac{\partial \theta_{31}}{\partial \Delta_3} + n_3 \cos \theta_{21} \frac{\partial \theta_{21}}{\partial \Delta_3} \right.$$
$$\left. + \sin \theta_{21} \frac{\partial n_3}{\partial \Delta_3} \right),$$

(m) r_2 および Δ_2' の微分

まず,

$$\frac{\partial r_2}{\partial \Delta_i} = \frac{r_2}{\ell} \left(\frac{\partial \ell}{\partial \Delta_i} + r_2 \sin f_2 \frac{\partial f_2}{\partial \Delta_i} \right), \quad (i = 1, 3) \tag{9.54}$$

である. ここで,

$$G_2 = \ell_2 L_2' + m_2 M_2' + n_2 N_2', \tag{9.55}$$

と定義して,

$$\frac{\partial \Delta_2'}{\partial \Delta_i} = r_2 \left(L_2' \frac{\partial \ell_2}{\partial \Delta_i} + M_2' \frac{\partial m_2}{\partial \Delta_i} + N_2' \frac{\partial n_2}{\partial \Delta_i} \right) + G_2 \frac{\partial r_2}{\partial \Delta_i}, \quad (i = 1, 3) \tag{9.56}$$

となる.

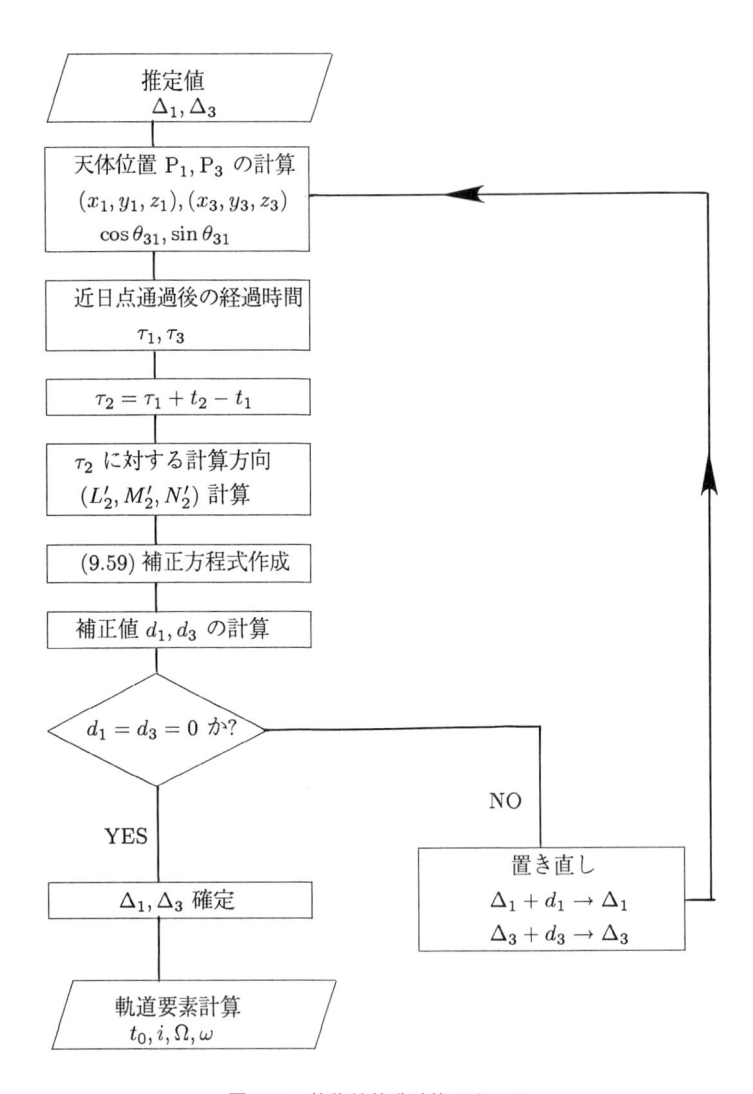

```
           ┌─────────────┐
           │   推定値    │
           │ Δ₁, Δ₃     │
           └──────┬──────┘
                  ↓
        ┌──────────────────┐
        │ 天体位置 P₁, P₃ の計算 │←──────────┐
        │ (x₁,y₁,z₁),(x₃,y₃,z₃) │           │
        │ cos θ₃₁, sin θ₃₁     │           │
        └──────┬───────────┘              │
               ↓                          │
        ┌──────────────────┐              │
        │ 近日点通過後の経過時間 │              │
        │ τ₁, τ₃            │              │
        └──────┬───────────┘              │
               ↓                          │
        ┌──────────────────┐              │
        │ τ₂ = τ₁ + t₂ − t₁ │              │
        └──────┬───────────┘              │
               ↓                          │
        ┌──────────────────┐              │
        │ τ₂ に対する計算方向    │              │
        │ (L'₂, M'₂, N'₂) 計算 │              │
        └──────┬───────────┘              │
               ↓                          │
        ┌──────────────────┐              │
        │ (9.59) 補正方程式作成  │              │
        └──────┬───────────┘              │
               ↓                          │
        ┌──────────────────┐              │
        │ 補正値 d₁, d₃ の計算  │              │
        └──────┬───────────┘              │
               ↓                          │
            ◇ d₁=d₃=0 か？ ◇── NO ──┐    │
               │                     ↓    │
              YES              ┌─────────┐│
               ↓               │ 置き直し ││
        ┌──────────────┐       │Δ₁+d₁→Δ₁ │┘
        │ Δ₁, Δ₃ 確定   │       │Δ₃+d₃→Δ₃ │
        └──────┬───────┘       └─────────┘
               ↓
        ┌──────────────┐
        │ 軌道要素計算    │
        │ t₀,i,Ω,ω     │
        └──────────────┘
```

図 **9.4** 放物線軌道計算の流れ図

(n) 観測点から見た計算上の方向余弦 (L'_2, M'_2, N'_2) の微分

$$\frac{\partial L'_2}{\partial \Delta_i} = \frac{1}{\Delta'_2}\left(r_2\frac{\partial \ell_2}{\partial \Delta_i} - \ell_2\frac{\partial r_2}{\partial \Delta_i} - L'_2\frac{\partial \Delta'_2}{\partial \Delta_i}\right),$$

$$\frac{\partial M_2'}{\partial \Delta_i} = \frac{1}{\Delta_2'} \left(r_2 \frac{\partial m_2}{\partial \Delta_i} - m_2 \frac{\partial r_2}{\partial \Delta_i} - M_2' \frac{\partial \Delta_2'}{\partial \Delta_i} \right), \quad (i = 1, 3) \tag{9.57}$$

$$\frac{\partial N_2'}{\partial \Delta_i} = \frac{1}{\Delta_2'} \left(r_2 \frac{\partial n_2}{\partial \Delta_i} - n_2 \frac{\partial r_2}{\partial \Delta_i} - N_2' \frac{\partial \Delta_2'}{\partial \Delta_i} \right),$$

(o) $\sin w$ の微分

$$\frac{\partial \sin w}{\partial \Delta_i} = \frac{1}{\sin w} \left\{ (L_2' - L_2 \cos w)\frac{\partial L_2'}{\partial \Delta_i} + (M_2' - M_2 \cos w)\frac{\partial M_2'}{\partial \Delta_i} \right.$$
$$\left. + (N_2' - N_2 \cos w)\frac{\partial N_2'}{\partial \Delta_i} \right\}, \quad (i = 1, 3) \tag{9.58}$$

ここの (L_2, M_2, N_2) は，t_2 の時刻に現実に天体を観測した方向の方向余弦である．以上に述べた事項から，補正方程式を作るのに必要なすべての計算ができる．Δ_1, Δ_3 に対する補正量を d_1, d_3 とすると，(h) および (o) 項の計算結果から，補正方程式は，

$$\left(\frac{\partial \tau_3}{\partial \Delta_1} - \frac{\partial \tau_1}{\partial \Delta_1} \right)d_1 + \left(\frac{\partial \tau_3}{\partial \Delta_3} - \frac{\partial \tau_1}{\partial \Delta_3} \right)d_3 = (t_3 - t_1) - (\tau_3 - \tau_1),$$
$$\frac{\partial \sin w}{\partial \Delta_1}d_1 + \frac{\partial \sin w}{\partial \Delta_3}d_3 = 0, \tag{9.59}$$

の形に書くことができる．

ここまでの考え方をまとめ，時刻 t_2 における計算上の方向と現実の観測方向との差が極値となる条件を入れ，逐次近似を繰り返して目標天体までの距離を確定する方針を考えると，放物線軌道決定の手順は，図 9.4 の流れ図のようになる．

9.5　放物線軌道の計算実例 (つづき)

池谷‐張彗星の放物線軌道を求める計算を続けよう．

計算例 16

9.3 節で，計算上の観測方向と現実の観測方向の差 w を求めた池谷‐張彗星に対し，推定距離 Δ_1, Δ_3 を補正するための 1 回目の補正方程式を作り，補正値 d_1, d_3 を求めよ．

解答

ここでは，前節の手順に沿って計算したそれぞれの微分式を，計算表で示すことにする．まず，$(\partial \tau_1/\partial \Delta_1)$ など，近日点通過後の経過時間 τ_1, τ_3 の微分式までを表 9.9 に示した．これらの表で一般に単位は省略されているが，長さは天文単位，時間は日 (day) を使っている．ここまでの計算で，補正方程式の第一式の係数を求めることができる．第二式のために，さらに表 9.10 の計算をする．

表 9.9 補正方程式を作るための微分式の値 (1)

i	1	3
$\partial x_i/\partial \Delta_i$	0.9551603	0.9593669
$\partial y_i/\partial \Delta_i$	0.0463767	0.0607183
$\partial z_i/\partial \Delta_i$	-0.2924348	-0.2755511
$\partial r_i/\partial \Delta_i = G_i$	0.7822168	0.7743129
G_{ji}	$G_{31} = 0.7639709$	$G_{13} = 0.7920484$
$\partial \ell_i/\partial \Delta_i$	0.3401312	0.3713633
$\partial m_i/\partial \Delta_i$	-0.4201554	-0.4302759
$\partial n_i/\partial \Delta_i$	-0.1519726	-0.1544889
A	0.0423977	-0.0434075
B	0.0423759	-0.0433850
C	-39.8464531	41.0970663
$\partial \ell/\partial \Delta_i$	-4.2928307	4.7040573
$\partial n/\partial \Delta_i$	0.2086081	-0.2285915
$\partial \theta_{31}/\partial \Delta_i$	0.5335372	-0.5571452
A	0.05590839	-0.05536410
B	-0.03819434	0.03833179
C	-0.00722250	0.00719131
$\partial \theta_0/\partial \Delta_i$	4.5335208	-4.2524107
$\partial f_1/\partial \Delta_i$	-4.5335208	4.2524107
$\partial f_3/\partial \Delta_i$	-3.9999836	3.6952656
$\partial \tau_1/\partial \Delta_i$	-36.43920	-10.65029
$\partial \tau_3/\partial \Delta_i$	5.88745	-52.05823

以上の結果から，

$$(t_3 - t_1) - (\tau_3 - \tau_1) = 2.00187 - 2.06936 = -0.06749 (\text{day}),$$

$$\partial \tau_3/\partial \Delta_1 - \partial \tau_1/\partial \Delta_1 = 42.32665 (\text{day/AU}),$$

$$\partial \tau_3/\partial \Delta_3 - \partial \tau_1/\partial \Delta_3 = -41.40794 (\text{day/AU}),$$

が計算され，補正方程式は，

$$42.32665 d_1 - 41.40794 d_3 = -0.06749,$$

$$-0.1986570 d_1 - 0.0449310 d_3 = 0,$$

となる．

この連立方程式を解き，補正値 d_1, d_3 として，

$d_1 = 0.0004795 (\mathrm{AU})$,

$d_3 = 0.0021199 (\mathrm{AU})$,

が得られる．この補正をほどこして，改良された推定距離 Δ_1, Δ_3 は，

$\Delta_1 = 1.5704217 + 0.0004795 = 1.5709012 (\mathrm{AU})$,

$\Delta_3 = 1.5458898 + 0.0021199 = 1.5480097 (\mathrm{AU})$,

となる．これで，1回目の補正が終わる．

表 9.10　補正方程式を作るための微分式の値 (2)

i	1	3
$\partial \tau_2 / \partial \Delta_i$	-36.43920	-10.65029
$\partial f_2 / \partial \Delta_i$	-4.5694550	4.2758006
$\partial \theta_{21} / \partial \Delta_i$	-0.0359342	0.0233899
$\partial \theta_{32} / \partial \Delta_i$	0.5694715	-0.5805351
$\partial \ell_2 / \partial \Delta_i$	0.3338188	0.0190738
$\partial m_2 / \partial \Delta_i$	-0.4208933	-0.0058860
$\partial n_2 / \partial \Delta_i$	-0.2214824	0.0661594
$\partial r_2 / \partial \Delta_i$	0.7606531	0.0242625
G_2	\multicolumn{2}{c}{0.7796683}
$\partial \Delta_2' / \partial \Delta_i$	0.9893596	0.0178073
$\partial L_2' / \partial \Delta_i$	-0.7286028	-0.0089017
$\partial M_2' / \partial \Delta_i$	-0.6506132	-0.0150044
$\partial N_2' / \partial \Delta_i$	0.1001860	0.0521043
$\partial \sin w / \partial \Delta_i$	0.1986570	-0.0449310

9.6　逐次近似と軌道要素の計算

池谷-張彗星の推定距離 Δ_1, Δ_3 に対し，前節の計算で得られた補正値 d_1, d_3 は，最終的なものではない．なぜかというと，上記の補正方程式は補正値の二次以上の項を無視して作られているので，補正値が大きいときは高次項の影響を受けるからである．

したがって，補正をおこなった Δ_1, Δ_3 をもとにまた補正方程式を作り直し，それらに対する新たな補正値を計算する必要がある．この補正を何度もおこない，必要精度で補正値がゼロになるまで (場合によって異なるが，一般的に補正値の絶対値

が 10^{-8} AU 以下になるまで) 繰り返す必要がある．これによって最終的な Δ_1, Δ_3 が得られ，そこから点 P_1, P_3 に対する池谷 - 張彗星の位置 $(x_1, y_1, z_1), (x_3, y_3, z_3)$ を (9.5) 式によって求めることができる．逐次近似が成功するときは，補正を繰り返すごとに補正値の絶対値が小さくなる．その過程で計算される各種の数値は，一般に，対応する前回の数値と大きく異なることはない．前回の数値と比較しながら計算を進めれば，大きな誤りはすぐに検出できる．これは池谷 - 張彗星に限らず，また放物線軌道に限らず，逐次近似をする場合に共通のことである．

最終的な $P_1(x_1, y_1, z_1), P_3(x_3, y_3, z_3)$ が得られれば，目標天体の放物線軌道要素を計算する手順は，5 章に示したものとほぼ同じである．放物線軌道の場合は，離心率 $e = 1$ があらかじめ定められていること，長半径 a の決定が不要であり，それに代わって近日点距離 $q = \ell/2$ を求めておくことだけが楕円軌道と異なる．そこに特に問題があるとは思われないので，ここでは軌道要素計算に関する説明を省略する．計算例を参照してほしい．

計算例 17

前節で推定距離 Δ_1, Δ_3 に 1 回目の補正をおこなった池谷 - 張彗星に対し，逐次近似を完成させ，さらにその軌道要素を求めよ．

解答

ここでは，計算途中の数値はすべて省略し，近似を繰り返すたびの補正値の変化，$\tau_3 - \tau_1$ の値，また $\sin w$ の値を表 9.11 に示すだけとする．ここでは，3 回の繰り返しで d_1, d_3 が必要精度のゼロに収束している．最終的に得られた距離は，

$\Delta_1 = 1.5709012 \text{(AU)},$

$\Delta_3 = 1.5480107 \text{(AU)},$

になる．

表 **9.11** 推定距離 Δ_1, Δ_3 の逐次近似

近似回数	d_1	d_3	$\tau_3 - \tau_1$	$\sin w$
1	0.0004795	0.0021199	2.00191	0.0000051
2	0.0000001	0.0000010	2.00187	0.0000050
3	0.0000000	0.0000000	2.00187	0.0000050

ここから軌道要素を求める計算過程を，つぎの表 9.12 および表 9.13 によって示す．

9.6 逐次近似と軌道要素の計算

表 **9.12** 池谷‐張彗星の軌道要素計算 (1)

i	1	3
x_i	0.8199856	0.7795788
y_i	0.7269862	0.7257998
z_i	-0.1757698	-0.1526178
r_i	1.1098560	1.0760208
ℓ_i	0.7388216	0.7245016
m_i	0.6550275	0.6745221
n_i	-0.1583717	-0.1418354
u_i	0.7388216	0.7245016
v_i	0.5379793	0.5624431
w_i	-0.4058582	-0.3984409

表 **9.13** 池谷‐張彗星の軌道要素計算 (2)

$P_{13} = 0.01391917$	$Q_{13} = 0.00033182$	$R_{13} = 0.02577821$
	$\Gamma_{13} = 0.02929794$	
$A_0 = 0.4750903$	$B_0 = 0.0113259$	$C_0 = 0.8798641$
$\cos i = 0.8798641$	$i = 28°.37402$	
$\tan \Omega = -41.9473609$	$\Omega = 91°.36564$	
$u_0 = -0.5281942$	$v_0 = 0.8034065$	$w_0 = 0.2748614$
$\cos \omega = 0.8157666$	$\omega = 35°.33677$	
$q = \ell/2 = 0.5163161$		
$\tau_1 = -45.23303$	$t_0 = 808.95416$	

この計算結果をまとめ，2000 年 1 月 1 日 0 時 TT (力学時) からの経過日数 808.95416 日を通常の表示に直すと，得られた軌道要素はつぎのようになる．

$t_0 = 2002$ 年 3 月 19.95416 日 (TT),

$q = 0.5163161$(AU),

$e = 1$(定義),

$i = 28°.37402$,

$\Omega = 91°.36564$,

$\omega = 35°.33677$,

なお，さきに示した r_2, Δ_2 のグラフの A 点の $\tau_3 - \tau_1 = 1.34071$ 日 に対する解をもとに計算を進めても，一応収束する結果に到達することを注意しておこう．このときは，

$\Delta_1 = 0.0710096$(AU),

$\Delta_3 = 0.0710577(\text{AU})$,

になり，そこから計算を進めると，

$t_0 = 2002$ 年 1 月 15.12510 日,

$q = 0.8677066(\text{AU})$,

$i = 8°.22122$,

$\Omega = 140°.04539$,

$\omega = 319°.95462$,

の軌道が得られる．この解は，$w = 4'.610$ と w が多少大きいにしても，3 点の観測に関する限り一応条件に適し，正しい軌道である可能性も残る．それが正しい軌道であるかどうかを最終的に判断するには，その軌道による予測位置と今後の観測とを比較しなければならない．ただし，池谷‐張彗星に対しては，その後の観測も含めて，グラフ B 点から求めた表 9.13 に近い精密軌道が求められていて，A 点に対応する軌道が誤りであることは明らかになっている．

171

10 観測点の位置

ここまでの章で，3回(あるいは2回)の観測から，太陽系天体の軌道要素を求める原理を述べ，いくつかの計算例を示した．その計算例では，観測時刻に対応する観測点 Q_i の日心赤道直交座標 (X_i, Y_i, Z_i) はすべて天下り式に与え，その求め方については何も述べなかった．観測点の座標を求めることは，軌道決定の原理に直接関係するものではないが，現実の軌道決定ではどうしても必要なことである．そこで，この最後の10章で，観測時刻に対応する観測点の座標の求め方を説明し，あわせて座標系について必要な知識をいくつか追加することにしよう．

10.1 日心赤道直交座標系

日心赤道直交座標系についてはすでに1.3節で一応の説明を与えた．そこで述べたように，まず太陽中心を原点Oにとる．その原点Oを通り地球の赤道面に平行な平面を xy 面とし，その面上で春分点の方向に x 軸の正の向きをとる．こうして定めた右手系の直交座標系が日心赤道直交座標系である．

これでわかったような気になるかもしれないが，これだけの説明では軌道決定のためには不十分である． x 軸正の向きを定める春分点は，地球の軌道面である黄道面と上記の xy 面の交線のひとつの方向である．しかし，地球自転軸の歳差などのため，地球の赤道面は空間に固定されているのではなく，いつも少しずつ方向が変化している．そのため，春分点も一定方向にあるのではなく，少しずつ向きを変える．したがって，厳密にいうと，わずかな変化ではあるにしても，日心赤道直交座標系は時々刻々座標軸の向きが変わる座標系である．

時間の経過によって座標系の向きが変わると，太陽系天体の軌道決定に対してさまざまな不便が生じる．できることなら，軌道決定のためには空間に固定した座標系を使いたい．そこで，ある決められた一時点の日心赤道直交座標を使うのが普

通である．具体的にいうと，通常，J2000.0 つまり 2000 年 1 月 1 日正午 (力学時) の瞬間の平均赤道，平均春分点によって定義される日心赤道直交座標系が使用される．この座標系は通常 J2000.0 あるいは単に 2000.0 と注記される．平均赤道，平均春分点などというと，なにやらむずかしく思えるかもしれないが，これは地球自転軸の歳差だけを考慮し，章動を考えに入れずに定めたそれぞれの位置である．

実をいうと，このへんの理屈を知らなくても，軌道決定自体には一向に差し支えない．ただ，J2000.0 に対する固定した座標系を使っていることだけを頭に入れておけばいい．この座標系を使うのは，現在が 2000 年に比較的近いという単純な理由からである．私が天文学の勉強を始めた頃に使われていたのは，ほとんどが B1950.0 と呼ばれる座標系であった．同じ軌道要素でも，B1950.0 で表わしたときと，J2000.0 で表わしたときとでは，見かけの数値が多少異なる．そこで，軌道要素を表示するときには，2000.0 というように，必ずその基準としている座標系を注記しておかなければならない．今後年月が経過すれば，いずれ J2050.0 を使う時代もくるであろう．しかし，ここ当分は J2000.0 の座標系が使われるであろうから，座標系の表示についてはこれ以上触れない．

10.2 地球重心の位置

観測時刻 t に対する観測点 Q の日心赤道直交座標 (X, Y, Z) は，図 10.1 に示すように，一般に太陽に対する地球重心 E の座標 (X_s, Y_s, Z_s) と，地球重心に対する観測点の座標 $Q(X_e, Y_e, Z_e)$ の和として表わすことができる．この関係は，

$$\begin{aligned} X &= X_s + X_e, \\ Y &= Y_s + Y_e, \\ Z &= Z_s + Z_e, \end{aligned} \tag{10.1}$$

である．この節では，地球重心の日心赤道直交座標 (X_s, Y_s, Z_s) について述べる．

地球重心の日心赤道直交座標値 (X_s, Y_s, Z_s) は，観測時刻を与えさえすれば，計算によって算出することが可能である．しかし，たとえば有効精度 7 桁でその計算をするのは簡単ではなく，その説明は軌道決定の原理を解説しようとする本書の範囲を超えている．ここでは，既存の表から算出するか，あるいは流通しているプロ

グラムを利用して，その値を求めることを考えよう．

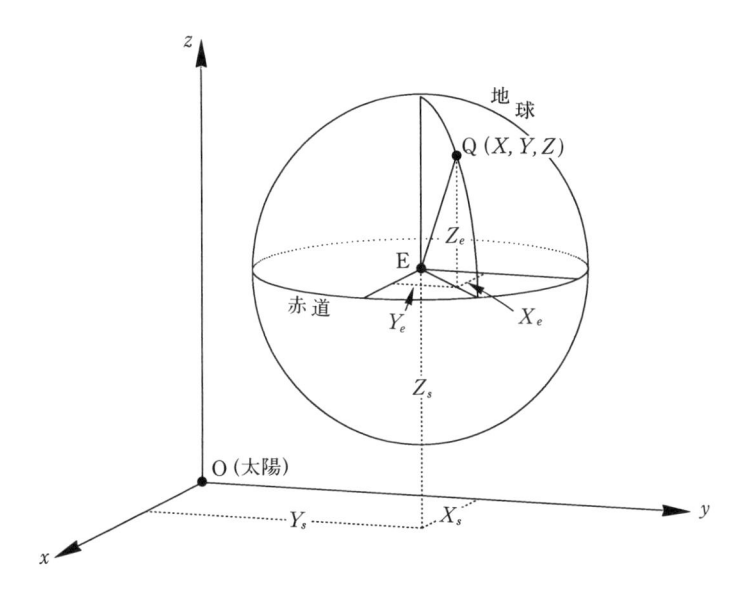

図 10.1 観測点の日心赤道直交座標

(1)『天体位置表』の利用

海上保安庁海洋情報部(旧水路部)が発行している天体暦『天体位置表』には，毎日力学時0時に対する太陽の直交座標値の表が掲載されている．示されている数値は天文単位である．太陽の直交座標値はその符号を逆にすればそのまま地球の直交座標値になるから，この表から地球重心の日心赤道直交座標を求めることができる．ただし，毎日0時の値しか示されていないから，観測時刻に対する座標値は適当な方法で補間をする必要がある．

『天体位置表』には，太陽について二種の直交座標値が掲載されている．ひとつはその年の年央に対する直角座標値であり，もう一方がJ2000.0に対する直角座標値である．軌道決定に必要なのはJ2000.0の方である．間違えないようにしよう．なお，表の値は力学時0時に対するものである．力学時 (TT) は世界時 (UT) と ΔT の差があり，

$$\Delta T = TT - UT, \tag{10.2}$$

である.平たくいえば,世界時は力学時に対し ΔT だけ遅れている.この ΔT は徐々に変化するのでその値は年によって異なる.『天体位置表』は,2000年には+64秒,2002年には+65秒を使ってその計算がなされている.ごくおおざっぱにいって,ΔT は1年に1秒くらいずつ増加している.観測が世界時,または日本時でおこなわれたときは,補間の際にこの補正を入れなければならない.

具体例として,2000年9月27.44500日 (TT) の地球重心の日心赤道直交座標を J2000.0 で求めてみよう.この時刻は計算例7で扱った $2000WT_{168}$ の観測時刻 t_1 である.

2000年の『天体位置表』から必要な日付のところを抜き出すと,つぎの表10.1になる.

表 10.1 太陽位置の『天体位置表』からの抜き出し

日付	X_{2000}	Y_{2000}	Z_{2000}
9月26日	-1.0010170	-0.0514404	-0.0222994
27日	-0.9996292	-0.0671402	-0.0291050
28日	-0.9979458	-0.0828200	-0.0359031
29日	-0.9959671	-0.0984751	-0.0426903

ここで,27.44500日に対する補間をする.補間にはいろいろの方式があるが,ここでは等間隔の引数をもつ4個のデータを使って,三次式で補間をする方法だけを述べておく.26日,27日,28日,29日のデータをそれぞれ x_{-1}, x_0, x_1, x_2 とする.このとき,x_0 から x_1 までの1日に対応する区間を $0 \leq d < 1$ で表わして,その区間のdに対する x の値を x の三次式,

$$x = Ad^3 + Bd^2 + Cd + D, \tag{10.3}$$

と書き表わすことにする.このとき係数 A, B, C, D は,

$$\begin{aligned}
A &= \frac{1}{6}(-x_{-1} + 3x_0 - 3x_1 + x_2), \\
B &= \frac{1}{2}(x_{-1} - 2x_0 + x_1), \\
C &= \frac{1}{6}(-2x_{-1} - 3x_0 + 6x_1 - x_2), \\
D &= x_0,
\end{aligned} \tag{10.4}$$

として求めることができる.そこで,まず A, B, C, D を計算し,つぎに d に対する

10.2 地球重心の位置

三次式を計算して補間値を求めればいい．まず x 座標の補間を考えると，ここでは，

$$x_{-1} = -1.0010170,$$
$$x_0 = -0.9996292,$$
$$x_1 = -0.9979458,$$
$$x_2 = -0.9959671,$$

であるから，(10.4) 式により，

$$A = -0.00000005,$$
$$B = 0.0001478,$$
$$C = 0.00153565,$$
$$D = -0.9996292,$$

になる．したがって (10.3) 式は，

$$-0.00000005x^3 + 0.0001478x^2 + 0.00153565x - 0.9996292,$$

になる．ここで $d = 0.44500$ と置いて，

$$x = -0.9989166,$$

が計算できる．つまり 27.44500 日に対して補間をした太陽の x 座標は -0.9989166 である．この時刻の地球重心の座標 X_s は，その符号を逆にして 0.9989166(AU) である．

y, z 座標に対しても同様に三次式の係数を計算して補間をおこない，符号を反転すればよい．こうして，9 月 27.44500 日に対する地球の日心赤道直交座標は，

$$Y_s = 0.0741204(\text{AU}),$$
$$Z_s = 0.0321315(\text{AU}),$$

となる．この値に一致するか，各自計算してみるとよい．

『天体位置表』は信頼できる高精度の天体暦で，年ごとに発行されている．これから使用するものなら所定の販売店なら必ず購入できる．年によって価格は異なるが，2004 年用は税別で 4600 円である．

その他，外国の天体暦を利用することもできる．しかし，暦によっては J2000.0 の地球または太陽の直交座標値が直接掲載されていないものもある．場合によっては多少の計算が必要になる．これらの各国暦は入手がやや面倒であるから，ここでは説明を省略する．

(2) 各種のソフトウエア

天体の位置を計算する各種のソフトウエアが市販されているから，それらを利用しても地球の日心赤道直交座標値を知ることができる．暦そのものの CD-ROM もある．天体位置の計算法を説明した書籍もある．ただし，これらを使って地球の位置を求めるときは，それが J2000.0 の座標系のものであるか注意する必要がある．

長期間に対応し，精度も高いものに，JPL(ジェット推進研究所) の CD-ROM がある．ただし，これは必要なデータを取り出すのに Fortran のコンパイラが必要で，一般の方にはちょっと使いにくい．私は USNO(海軍天文台) の MICA15 というソフトを愛用している．これは，Willmann-Bell.Inc から CD-ROM で販売している便利なソフトであるが，現在のところ 2005 年までしか対応していない．

10.3 地球重心に対する観測点の位置

つぎに，地球重心 E に対する観測点の座標 $Q(X_e, Y_e, Z_e)$ の求め方を考えよう．これは地球重心を原点とした地心赤道直交座標で表わさなくてはならない．しかし，地球上に固定した観測点は，地球の自転にともなって，時々刻々その位置を変えていく．この場合に，観測時刻に対応する赤道直交座標値を求めるにはどうすればよいであろうか．

まず，地球に固定した形で観測点 Q の位置を考えよう．地球重心 E を原点とし，赤道面を AB 面に，赤道上経度 0 度の方向を A 軸正の向きに，赤道上東経 90 度の方向を B 軸正の向きに，北極方向を C 軸正の向きにとった直交座標系 (A, B, C) を考える．観測点 Q の地心距離を ρ，経度を λ，地心緯度を ϕ' とすると，その観測点 Q の地球に固定した直交座標値 (a, b, c) は，

$$a = \rho \cos\phi' \cos\lambda,$$
$$b = \rho \cos\phi' \sin\lambda, \qquad (10.5)$$

10.3 地球重心に対する観測点の位置

$$c = \rho \sin \phi',$$

と書くことができる．ここで地球の自転を考えに入れる．自転によってグリニジ恒星時が Θ_G になることは，図 10.2 に示すように，地球に固定した座標系の AB 面が，赤道直交座標系の xy 面と，北極方向から見下ろして反時計回りに Θ_G の角だけ進んだことを意味する．したがって，観測点の地心赤道直交座標 $Q(X_e, Y_e, Z_e)$ は，

$$\begin{aligned}
X_e &= \rho \cos \phi' \cos(\lambda + \Theta_G), \\
Y_e &= \rho \cos \phi' \sin(\lambda + \Theta_G), \\
Z_e &= \rho \sin \phi',
\end{aligned} \quad (10.6)$$

と書き表わすことができる．

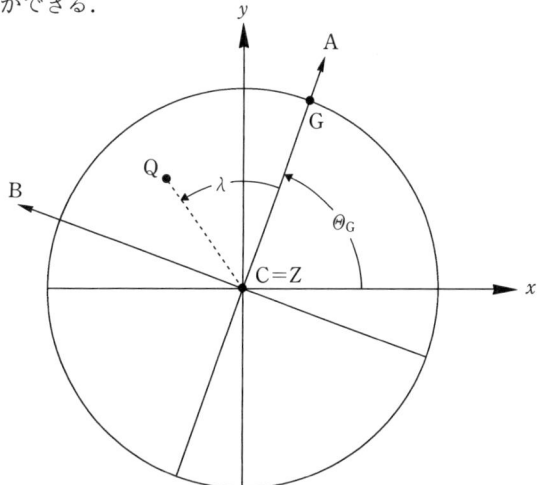

図 **10.2** 地球自転とグリニジ恒星時の関係

この (10.6) 式は，$\lambda, \rho \cos \phi', \rho \sin \phi'$ を知っていれば，観測時刻のグリニジ恒星時 Θ_G を知るだけで，観測点 Q の地心赤道直交座標の計算ができることを示している．そこで 9.3 節，表 9.2 のように，主要観測所に対してはその $\lambda, \rho \cos \phi', \rho \sin \phi'$ を与えた表が作られている．この表は地球の赤道半径を長さの単位にとっていて，インターネットのつぎの URL で見ることができる．

http://cfa-www.harvard.edu/iau/lists/ObsCodes.html

観測点がこの表に含まれていない場合には，通常の地図に示されている経度 λ，緯度 ϕ および標高 h を使って，

$$\begin{aligned} X_e &= (N+h)\cos\phi\cos(\lambda+\Theta_G), \\ Y_e &= (N+h)\cos\phi\sin(\lambda+\Theta_G), \\ Z_e &= \{N(1-e^2)+h\}\sin\phi, \end{aligned} \quad (10.7)$$

の関係で地心赤道直交座標の計算をすればよい．N は地球楕円体の東西線曲率半径である．a_e を地球楕円体の赤道半径，e をその楕円体の離心率とすると，N は，

$$N = \frac{a_e}{\sqrt{1-e^2\sin^2\phi}}, \quad (10.8)$$

で与えられる．観測点の日心赤道直交座標 (X,Y,Z) を求めるためには，こうして計算した観測点の地心赤道直交座標 (X_e, Y_e, Z_e) を地球の日心赤道直交座標 (X_s, Y_s, Z_s) に加えなければならない．加える際には，長さの数値を天文単位に換算しておかなければならない．換算に必要な 1 天文単位の長さは，

$$1\mathrm{AU} = 1.49597870 \times 10^8 \mathrm{km}, \quad (10.9)$$

であり，また地球楕円体の赤道半径 a_e には，

$$a_e = 6378.137 \text{ km}, \quad (10.10)$$

をとるとよい．

ここでちょっと横道にそれて，地球楕円体と経緯度の話をしておこう．

日本の地図を作るのに際して，その基準にする地球楕円体には明治以降ずっとベッセル楕円体が採用され，それに基づいて日本測地系が構成されていた．しかし，測量が世界的な規模で連結されるにしたがって，世界測地系に対して日本測地系の位置がずれていること，またその内部に歪みの存在することなどが明らかになり，その対策が急がれていた．2001 年に測量法が改正され，測地基準系 1980 に基づく地球楕円体として新たに，

$$a_e = 6378.137\mathrm{km},$$
$$e^2 = 0.006694380023(末尾は 4 捨 5 入),$$

が採用されることとなった．その中心は地球の重心と一致させてある．この改正によって，同一の地点に対し，ベッセル楕円体に基づいて以前に採用されていた経緯度と，今回の改正で新しく採用された楕円体による経緯度との間にずれが生じることとなった．

以前の経緯度をこの新しい経緯度に換算するのにはかなり厄介な計算が必要である．それについてここでは述べないが，ごくおおざっぱにいって，緯度が約12秒増加，経度が約12秒減少する程度のものである．この数値は場所によって少しずつ差がある．

あとでも触れるが，実をいうと，観測点の地球上の位置にはそれ程の精度を考える必要はなく，ここにあまり気を使う必要はない．それでも，太陽系天体の軌道決定に際して日本の観測点の位置を求めるときには，なるべく新しい経緯度を使うことが望ましい．

10.4　グリニジ恒星時

観測点の地心赤道直交座標 (X_e, Y_e, Z_e) を求めるためには，前節で述べたように，観測時刻のグリニジ恒星時が必要である．グリニジ恒星時は地球の自転を直接に示す量であるが，厳密に計算するのは簡単ではない．ここでは，近似的な値の求め方だけを示す．近似的といっても，軌道決定のためには十分の精度がある．もっとも簡単にグリニジ恒星時を計算するには，毎日の世界時0時のグリニジ恒星時を示した表を利用するとよい．

『理科年表』という冊子があるのをご存じだろうか．国立天文台の編集で毎年発行されているデータブックで，その年の暦も掲載されている．毎年11月末に翌年用が発行され，入手も容易である．2003年用のものは1200円，大型の机上版が2400円(いずれも税別)である．CD-ROM版もある．この冊子の暦部に，左右見開き2ページで，世界時0時のグリニジ恒星時の毎日の値が掲載されている．この値を利用し，その日の世界時0時以降の経過時間を恒星時に換算して加えれば，実用上十分の精度でグリニジ恒星時が得られる．

たとえば，2002年6月14日16時35分(日本時)のグリニジ恒星時を知りたいとしよう．2002年の『理科年表』を見ると，6月14日世界時0時のグリニジ恒星時は

$17^{\rm h}28^{\rm m}28^{\rm s}.3$ と記載されている．一方，日本時の 16 時 35 分は，9 時間を差し引くことで世界時の 7 時 35 分であることがわかる．つまりこの瞬間は，世界時 0 時から 7 時間 35 分=455 分 経過している．通常の時間を恒星時間隔に換算するには，これを 1.00273791 倍すればよく，

$$455 \text{ 分} \times 1.00273791 = 456.24575 \text{ 分} = 7 \text{ 時間 } 36 \text{ 分 } 14.7 \text{ 秒},$$

である．これを 0 時のグリニジ恒星時に加えて，

$$17^{\rm h}28^{\rm m}28^{\rm s}.3 + 7^{\rm h}36^{\rm m}14^{\rm s}.7 = 25^{\rm h}4^{\rm m}43^{\rm s}.0$$
$$= 1^{\rm h}4^{\rm m}43^{\rm s}.0,$$

であり，求めるグリニジ恒星時は 1 時 4 分 43.0 秒となる．24 時を超えたときは 24 時を差し引いてかまわない．これを通常の角度表示にするには，

$$1^{\rm h} = 15°,$$
$$1^{\rm m} = 15' = 0.25°, \tag{10.11}$$
$$1^{\rm s} = 15'' = (1/240)° = 0°.004166666\cdots,$$

の関係を使えばよい．これによって，1 時 4 分 43.0 秒は $16°.1791667$ となる．

これとは別に，世界時 0 時のグリニジ恒星時を近似的に計算する式を挙げておこう．これを使えば，『理科年表』がなくても計算を進めることができる．

まず，2000 年 1 月 1 日正午 (力学時) から，計算しようとする日の世界時 0 時までの経過日数をユリウス年単位で表わし，これを T とする．1 ユリウス年とは 365.25 日のことである．このとき，世界時 0 時のグリニジ恒星時 Θ_G は，角度の表示で，

$$\Theta_G = 100°.4606 + 360°.007700536T + 3.879 \times 10^{-8}T^2, \tag{10.12}$$

として与えられる．

この式で，2002 年 6 月 14 日世界時 0 時のグリニジ恒星時を計算してみよう．これは直前の説明で『理科年表』にあった恒星時である．2000 年 1 月 1 日正午から 2002 年 6 月 14 日 0 時までの経過日数は 894.5 日である．より正確には，力学時と世界時との差である $\Delta T = 65$ 秒 $= 0.0007523$ 日 を加えて，894.5007523 日である．これをユリウス年単位で表わすと，

$$T = 894.5007523/365.25 = 2.44900959(\text{ユリウス年}),$$

になる．これを (10.12) 式に代入すれば，

$$\Theta_G = 100°.4606 + 881°.6623$$
$$= 982°.1229 = 262°.1229,$$

となる．この結果を (10.11) 式で時分秒単位に換算すると 17 時 28 分 29.5 秒となる．これは『理科年表』の表値とは 1.2 秒の差がある．この差は，観測時刻でおよそ 1.2 秒の差があったことに相当する．現実問題としてこの程度の差が軌道決定の結果に影響を与えることはない．(10.12) 式を使って世界時 0 時のグリニジ恒星時を計算すれば，近似計算であるとはいえ，軌道決定に関する限り何の問題も起こらない．なお，(10.12) 式は世界時 0 時以外の時刻に対しては成り立たないから，注意してほしい．

10.5 観測点位置の計算実例

ここでは，10.2 節で地球重心の日心赤道直交座標を求めた 2000 年 9 月 27.44500 日 (TT) に小惑星 2000WT$_{168}$ を観測した，マサチューセッツ工科大学，リンカーン研究所のニューメキシコ観測所について計算しよう．この観測所の観測所番号は 704 で，以下のデータが与えられている．

$$\lambda = 253°.3409,$$
$$\rho \cos \phi' = 0.83186,$$
$$\rho \sin \phi' = 0.55354,$$

ただし，$\rho \cos \phi', \rho \sin \phi'$ の数値は，地球の赤道半径単位である．

計算例 18

リンカーン研究所ニューメキシコ観測所の，2000 年 9 月 27.44500 日 (TT) の日心赤道直交座標 (X, Y, Z) を求めよ．ただしこの時刻の地球重心 E の日心赤道直交座標は (0.9989166, 0.0741204, 0.0321315) (単位は AU) である．

解答

まず，この時刻のグリニジ恒星時を求める．9 月 27 日世界時 0 時のグリニジ恒星時は，『理科年表』によると $0^h 24^m 21^s.2$ である．また，この日の世界時 0 時から力

学時での 0.44500 日までの経過時間は，$\Delta T = 64$ 秒 $= 0.00074$ 日 を差し引かなければならないことを考慮して，0.44426 日になる．この時間間隔を恒星時に直すためには，1.00273791 を掛ければよい．その結果，

$$24^{\rm h} \times 0.44426 \times 1.00273791 = 10^{\rm h}41^{\rm m}29^{\rm s}.2,$$

になる．これを世界時 0 時の恒星時に加えて，

$$0^{\rm h}24^{\rm m}21^{\rm s}.2 + 10^{\rm h}41^{\rm m}29^{\rm s}.2 = 11^{\rm h}5^{\rm m}50^{\rm s}.4$$
$$= 166°.4600,$$

になる．つまり，求める恒星時は，角度表示で $\Theta_G = 166°.4600$ である．

これによって，$\lambda + \Theta_G = 419°.8009 = 59°.8009$ になる．ここから，

$$X_e = 0.83186 \times \cos(59°.8009) = 0.41843 ({\rm AU}),$$
$$Y_e = 0.83186 \times \sin(59°.8009) = 0.71896 ({\rm AU}),$$
$$Z_e = 0.55354 ({\rm AU}),$$

になる．地球赤道半径による単位を天文単位に換算するには，

$$6378.137/1.49597870 \times 10^8 = 4.26352 \times 10^{-5},$$

を掛ければよい．その結果，

$$X_e = 0.0000178 ({\rm AU}),$$
$$Y_e = 0.0000307 ({\rm AU}),$$
$$Z_e = 0.0000236 ({\rm AU}),$$

になる．これらを地球重心の日心赤道直交座標に加えることで，

$$X = 0.9989166 + 0.0000178 = 0.9989344 ({\rm AU}),$$
$$Y = 0.0741204 + 0.0000307 = 0.0741511 ({\rm AU}),$$
$$Z = 0.0321315 + 0.0000236 = 0.0321551 ({\rm AU}),$$

となる．これが求めようとしていた観測点の日心赤道直交座標であり，計算例 7 で時刻 t_1 に対し天下り式に与えた座標である．なお，この状況から見ると，観測点の

10.6 計算試行用データ　　　　　　　　　183

日心赤道直交座標を天文単位で小数点以下7桁まで出すために，地球重心に対する観測点の位置は3桁の精度があればよいことがわかる．

地球の日心赤道直交座標がわかれば，その他の時刻に対してもリンカーン研究所ニューメキシコ観測所の日心赤道直交座標は同様に計算できる．

以上で，太陽系天体の軌道決定のために必要な考え方に対し，すべての説明を一応終わったつもりである．

10.6　計算試行用データ

自分で軌道決定をしてみたいがデータがすぐに手に入らないという人のため，最後に，彗星などの3回の観測データを二，三組挙げておく．ここから計算を始めるといいであろう．また，これらの天体に対して求められた軌道要素も併せて示しておく．ただしこの軌道要素は，もっと多くの観測を総合して求めた結果であるから，ここの3回のデータだけから計算した結果とピッタリ一致するわけではない．似た数値になれば，計算はだいたい成功したと考えてよい．

なお，彗星，小惑星などの最近の観測データは，インターネットのつぎのURLで見ることができる．参考にされるとよい．

　　　http://cfa-www.harvard.edu/mpec/RecentMPECs.html

なお，ついでに述べておくと，

　　　http://cfa-www.harvard.edu/iau/mpc.html

が，スミソニアン天体物理研究所，小惑星センターのURLで，ここからたどると，彗星，小惑星など，太陽系小天体に関するさまざまな情報にアクセスすることができる．ただし，英語の記述である．

1. スコッテイ彗星　P/2000 Y3(Scotti)

観測データ

観測日時 (TT)	赤経 (2000.0)	赤緯 (2000.0)	観測所番号
2001年1月 6.48194 日	$5^h51^m52^s.80$	$+26°20'00''.5$	341
1月21.57876 日	$5^h44^m12^s.21$	$+26°11'26''.3$	360
2月22.83059 日	$5^h40^m35^s.03$	$+25°49'56''.0$	170

184   10 観測点の位置

地球座標 (単位は AU)

日時 (TT)	X_{2000}	Y_{2000}	Z_{2000}
1月 6.48194 日	−0.2745930	0.8662680	0.3755728
1月 21.57876 日	−0.5155515	0.7691631	0.3334699
2月 22.83059 日	−0.8912307	0.3943116	0.1709563

世界時 0 時のグリニジ恒星時

日付	グリニジ恒星時	
2001 年 1 月 6 日	$7^{\mathrm{h}}02^{\mathrm{m}}33^{\mathrm{s}}.3$	
1 月 21 日	$8^{\mathrm{h}}01^{\mathrm{m}}41^{\mathrm{s}}.7$	$\Delta T = 65^{\mathrm{s}}$
2 月 22 日	$10^{\mathrm{h}}07^{\mathrm{m}}51^{\mathrm{s}}.5$	

観測所データ

観測所番号	λ	$\rho\cos\phi'$	$\rho\sin\phi'$	観測所
341	$137°.9486$	0.80669	+0.58923	明科
360	$132°.9442$	0.83314	+0.55138	九万高原
170	$1°.9206$	0.75217	+0.65711	ベグエス天文台

参照軌道要素

$t_0 = 2000$ 年 11 月 2.0323 日 (TT),
$a = 5.063468(\mathrm{AU})$,
$q = 4.047492(\mathrm{AU})$,
$e = 0.200648$,
$i = 2°.2472$,
$\Omega = 355°.2300$,   (2000.0)
$\omega = 88°.5875$,

2. 小惑星 2002UQ$_3$

観測データ

観測日時 (TT)	赤経 (2000.0)	赤緯 (2000.0)	観測所番号
2002 年 10 月 5.33513 日	$3^{\mathrm{h}}33^{\mathrm{m}}22^{\mathrm{s}}.79$	$+34°48'50''.8$	704
10 月 12.38540 日	$3^{\mathrm{h}}37^{\mathrm{m}}32^{\mathrm{s}}.54$	$+32°57'42''.5$	704
10 月 30.37887 日	$3^{\mathrm{h}}38^{\mathrm{m}}39^{\mathrm{s}}.64$	$+21°20'49''.0$	333

10.6 計算試行用データ

地球座標 (単位は AU)

日時 (TT)	X_{2000}	Y_{2000}	Z_{2000}
10 月 5.33513 日	0.9786372	0.1889387	0.0819107
10 月 12.38540 日	0.9445197	0.2957957	0.1282422
10 月 30.37887 日	0.7958371	0.5449633	0.2362631

世界時 0 時のグリニジ恒星時

日付	グリニジ恒星時	
2002 年 10 月 5 日	$0^{\rm h}53^{\rm m}59^{\rm s}.1$	
10 月 12 日	$1^{\rm h}21^{\rm m}34^{\rm s}.9$	$\Delta T = 65^{\rm s}$
10 月 30 日	$2^{\rm h}32^{\rm m}32^{\rm s}.9$	

観測所データ

観測所番号	λ	$\rho \cos \phi'$	$\rho \sin \phi'$	観測所
704	$253°.3409$	0.83186	+0.55354	リンカーン観測所
333	$249°.5236$	0.84936	+0.52642	イーグル砂漠天文台

参照軌道要素

$t_0 = 2003$ 年 1 月 22.3336 日,

$a = 1.7202402 ({\rm AU})$,

$e = 0.5621726$,

$i = 28°.82458$,

$\Omega = 222°.98430$,　　(2000.0)

$\omega = 280°.76373$,

3. ロネオス彗星　C/2002 R3(LONEOS)　(放物線軌道決定用)

観測データ

観測日時 (TT)	赤経 (2000.0)	赤緯 (2000.0)	観測所番号
2002 年 10 月 10.33040 日	$3^{\rm h}47^{\rm m}33^{\rm s}.56$	$+21°31'05''.0$	704
10 月 14.62100 日	$3^{\rm h}40^{\rm m}42^{\rm s}.83$	$+21°25'40''.8$	360
10 月 19.91983 日	$3^{\rm h}31^{\rm m}36^{\rm s}.83$	$+21°15'54''.4$	213

地球座標 (単位は AU)

日時 (TT)	X_{2000}	Y_{2000}	Z_{2000}
10 月 10.33040 日	0.9559330	0.2650372	0.1149056
10 月 14.62100 日	0.9307568	0.3288268	0.1425639
10 月 19.91983 日	0.8926535	0.4050528	0.1756113

10 観測点の位置

世界時 0 時のグリニジ恒星時

日付	グリニジ恒星時	
2002 年 10 月 10 日	$1^h13^m41^s.8$	
10 月 14 日	$1^h29^m28^s.0$	$\Delta T = 65^s$
10 月 19 日	$1^h49^m10^s.8$	

観測所データ

観測所番号	λ	$\rho \cos \phi'$	$\rho \sin \phi'$	観測所
704	$253°.3409$	0.83186	+0.55354	リンカーン観測所
360	$132°.9442$	0.83314	+0.55138	九万高原
213	$2°.3850$	0.74986	+0.65941	モントカブル天文台

参照軌道要素

$t_0 = 2003$ 年 6 月 13.6053 日 (TT),

$q = 3.869791 (\mathrm{AU})$,

$e = 1$(定義),

$i = 161°.0903$,

$\Omega = 54°.2915$, (2000.0)

$\omega = 45°.0616$,

… (省略) …

付録 A　軌道パラメータ導出の詳細

A.1　ℓ, e, θ_0 の計算手順

ここでは，(2.2) に与えられた3式,

$$\begin{aligned}
r_1 &= \frac{\ell}{1 + e\cos(\theta_1 - \theta_0)}, \\
r_2 &= \frac{\ell}{1 + e\cos(\theta_2 - \theta_0)}, \\
r_3 &= \frac{\ell}{1 + e\cos(\theta_3 - \theta_0)},
\end{aligned} \tag{A.1}$$

から，半直弦 ℓ，離心率 e，近日点偏角 θ_0 を未知量として解く手順を考える．

まず，この3式から ℓ を消去すると，

$$r_1 + r_1 e\cos(\theta_1 - \theta_0) = r_2 + r_2 e\cos(\theta_2 - \theta_0),$$

$$r_2 + r_2 e\cos(\theta_2 - \theta_0) = r_3 + r_3 e\cos(\theta_3 - \theta_0),$$

の2式が得られる．この両式からそれぞれ $1/e$ を計算すると，

$$\begin{aligned}
\frac{1}{e} &= \frac{r_1\cos(\theta_1 - \theta_0) - r_2\cos(\theta_2 - \theta_0)}{r_2 - r_1}, \\
\frac{1}{e} &= \frac{r_2\cos(\theta_2 - \theta_0) - r_3\cos(\theta_3 - \theta_0)}{r_3 - r_2},
\end{aligned} \tag{A.2}$$

となる．ここから $1/e$ を消去すれば，

$$(r_3 - r_2)\{r_1\cos(\theta_1 - \theta_0) - r_2\cos(\theta_2 - \theta_0)\}$$
$$= (r_2 - r_1)\{r_2\cos(\theta_2 - \theta_0) - r_3\cos(\theta_3 - \theta_0)\},$$

となる．この式を展開すると，

$$(r_3 - r_2)\{r_1(\cos\theta_1\cos\theta_0 + \sin\theta_1\sin\theta_0)$$

$$-r_2(\cos\theta_2\cos\theta_0 + \sin\theta_2\sin\theta_0)\}$$
$$= (r_2 - r_1)\{r_2(\cos\theta_2\cos\theta_0 + \sin\theta_2\sin\theta_0)$$
$$-r_3(\cos\theta_3\cos\theta_0 + \sin\theta_3\sin\theta_0)\},$$

となる．$\sin\theta_0$ を含む項を左辺に，$\cos\theta_0$ を含む項を右辺に集めれば，

$$\{(r_3-r_2)r_1\sin\theta_1 - (r_3-r_2)r_2\sin\theta_2 - (r_2-r_1)r_2\sin\theta_2$$
$$+(r_2-r_1)r_3\sin\theta_3\}\sin\theta_0$$
$$= \{-(r_3-r_2)r_1\cos\theta_1 + (r_3-r_2)r_2\cos\theta_2 + (r_2-r_1)r_2\cos\theta_2$$
$$-(r_2-r_1)r_3\cos\theta_3\}\cos\theta_0,$$

の形になる．これを整理すれば，

$$\{r_1(r_3-r_2)\sin\theta_1 + r_2(r_1-r_3)\sin\theta_2 + r_3(r_2-r_1)\sin\theta_3\}\sin\theta_0$$
$$= -\{r_1(r_3-r_2)\cos\theta_1 + r_2(r_1-r_3)\cos\theta_2$$
$$+r_3(r_2-r_1)\cos\theta_3\}\cos\theta_0,$$

になる．ここで，

$$C \equiv r_1(r_3-r_2)\cos\theta_1 + r_2(r_1-r_3)\cos\theta_2 + r_3(r_2-r_1)\cos\theta_3,$$
$$S \equiv r_1(r_3-r_2)\sin\theta_1 + r_2(r_1-r_3)\sin\theta_2 + r_3(r_2-r_1)\sin\theta_3, \quad (A.3)$$

と置くことにすると，

$$S\sin\theta_0 = -C\cos\theta_0,$$

であり，

$$\tan\theta_0 = -\frac{C}{S}, \quad (A.4)$$

が得られ，$\tan\theta_0$ の値が計算できる．ただし，ここから得られる θ_0 には 180° の不定性がある．これはあとから決定する．このあと使用するので，さらに $\cos\theta_0$ および $\sin\theta_0$ も計算しておく．まず，

$$\cos\theta_0 = \pm\frac{1}{\sqrt{1+\tan^2\theta_0}},$$
$$= \pm\frac{1}{\sqrt{1+(C/S)^2}} = \pm\frac{S}{\sqrt{C^2+S^2}}$$

である. ここで,

$$Q \equiv \sqrt{C^2 + S^2}, \tag{A.5}$$

と定義すれば,

$$\cos\theta_0 = \pm\frac{S}{Q}, \tag{A.6}$$

と書くことができる. また,

$$\sin\theta_0 = \cos\theta_0 \tan\theta_0 = \pm\frac{S}{Q}\left(-\frac{C}{S}\right) = \mp\frac{C}{Q}, \tag{A.7}$$

になる (複号同順). この時点では, 複号は上下のいずれをとればよいか, まだわかっていない.

つぎに (A.2) の第 1 式から e を決めるため, $\cos(\theta_1 - \theta_0)$, および $\cos(\theta_2 - \theta_0)$ を計算する. これは,

$$\begin{aligned}
&\cos(\theta_1 - \theta_0)\\
&= \cos\theta_1 \cos\theta_0 + \sin\theta_1 \sin\theta_0\\
&= \pm\left(\cos\theta_1 \frac{S}{Q} - \sin\theta_1 \frac{C}{Q}\right)\\
&= \pm\frac{1}{Q}\{r_1(r_3 - r_2)\sin\theta_1 \cos\theta_1 + r_2(r_1 - r_3)\sin\theta_2 \cos\theta_1\\
&\qquad + r_3(r_2 - r_1)\sin\theta_3 \cos\theta_1\\
&\qquad - r_1(r_3 - r_2)\cos\theta_1 \sin\theta_1 - r_2(r_1 - r_3)\cos\theta_2 \sin\theta_1\\
&\qquad - r_3(r_2 - r_1)\cos\theta_3 \sin\theta_1\}\\
&= \pm\frac{1}{Q}\{r_2(r_1 - r_3)\sin(\theta_2 - \theta_1) - r_3(r_2 - r_1)\sin(\theta_1 - \theta_3)\}, \tag{A.8}\\
&\cos(\theta_2 - \theta_0)\\
&= \cos\theta_2 \cos\theta_0 + \sin\theta_2 \sin\theta_0\\
&= \pm\left(\cos\theta_2 \frac{S}{Q} - \sin\theta_2 \frac{C}{Q}\right)\\
&= \pm\frac{1}{Q}\{r_1(r_3 - r_2)\sin\theta_1 \cos\theta_2 + r_2(r_1 - r_3)\sin\theta_2 \cos\theta_2\\
&\qquad + r_3(r_2 - r_1)\sin\theta_3 \cos\theta_2\\
&\qquad - r_1(r_3 - r_2)\cos\theta_1 \sin\theta_2 - r_2(r_1 - r_3)\cos\theta_2 \sin\theta_2
\end{aligned}$$

$$-r_3(r_2-r_1)\cos\theta_3\sin\theta_2\}$$
$$=\pm\frac{1}{Q}\{-r_1(r_3-r_2)\sin(\theta_2-\theta_1)+r_3(r_2-r_1)\sin(\theta_3-\theta_2)\},$$

である．これを使うと，(A.2) の第 1 式の $1/e$ は，

$$\begin{aligned}\frac{1}{e}&=\frac{r_1\cos(\theta_1-\theta_0)-r_2\cos(\theta_2-\theta_0)}{r_2-r_1}\\&=\pm\frac{1}{Q(r_2-r_1)}\{r_1r_2(r_1-r_3)\sin(\theta_2-\theta_1)\\&\quad-r_1r_3(r_2-r_1)\sin(\theta_1-\theta_3)+r_1r_2(r_3-r_2)\sin(\theta_2-\theta_1)\\&\quad+r_2r_3(r_2-r_1)\sin(\theta_3-\theta_2)\}\\&=\pm\frac{1}{Q(r_2-r_1)}\{r_1r_2(r_1-r_2)\sin(\theta_2-\theta_1)\\&\quad+r_2r_3(r_2-r_1)\sin(\theta_3-\theta_2)-r_1r_3(r_2-r_1)\sin(\theta_1-\theta_3)\}\\&=\mp\frac{1}{Q}\{r_1r_2\sin(\theta_2-\theta_1)+r_2r_3\sin(\theta_3-\theta_2)+r_3r_1\sin(\theta_1-\theta_3)\},\end{aligned}$$

が得られる．ここで，

$$H\equiv r_2r_3\sin(\theta_3-\theta_2)+r_3r_1\sin(\theta_1-\theta_3)+r_1r_2\sin(\theta_2-\theta_1), \tag{A.9}$$

と定義すれば，

$$e=\mp\frac{Q}{H},$$

になる．ところで e は二次曲線の離心率であるから負の値をとることはできない．一方，焦点から見て，曲線は外側に凸であるから，H は正の値である．したがって，この複号は正をとらなければならない．複号同順の要請からここまでの複号はすべて下側をとることになり，以前に求めた $\cos\theta_0, \sin\theta_0$ は，

$$\begin{aligned}\cos\theta_0&=-\frac{S}{Q},\\\sin\theta_0&=\frac{C}{Q},\end{aligned}\tag{A.10}$$

になる．$\cos\theta_0, \sin\theta_0$ が決定されたことで，θ_0 の不定性はなくなった．

最後に，半直弦 ℓ を求めることにしよう．

$$\ell=r_1\{1+e\cos(\theta_1-\theta_0)\},$$

A.1 ℓ, e, θ_0 の計算手順

であるから,まず $\{1 + e\cos(\theta_1 - \theta_0)\}$ を計算する.(A.8) 式の結果を使えば,

$$
\begin{aligned}
&1 + e\cos(\theta_1 - \theta_0) \\
&= 1 - \frac{Q}{H}\left\{\frac{r_2(r_1 - r_3)\sin(\theta_2 - \theta_1) - r_3(r_2 - r_1)\sin(\theta_1 - \theta_3)}{Q}\right\}, \\
&= \frac{1}{H}\{r_2r_3\sin(\theta_3 - \theta_2) + r_3r_1\sin(\theta_1 - \theta_3) + r_1r_2\sin(\theta_2 - \theta_1) \\
&\qquad\qquad -r_2(r_1 - r_3)\sin(\theta_2 - \theta_1) + r_3(r_2 - r_1)\sin(\theta_1 - \theta_3)\} \\
&= \frac{1}{H}\{r_2r_3\sin(\theta_3 - \theta_2) + r_2r_3\sin(\theta_1 - \theta_3) + r_2r_3\sin(\theta_2 - \theta_1)\} \\
&= \frac{1}{H}r_2r_3\{\sin(\theta_3 - \theta_2) + \sin(\theta_1 - \theta_3) + \sin(\theta_2 - \theta_1)\},
\end{aligned}
$$

になる.したがって,

$$
\begin{aligned}
\ell &= r_1\{1 + e\cos(\theta_1 - \theta_0)\} \\
&= \frac{r_1r_2r_3}{H}\{\sin(\theta_3 - \theta_2) + \sin(\theta_1 - \theta_3) + \sin(\theta_2 - \theta_1)\},
\end{aligned}
$$

である.ここで,

$$
L \equiv r_1r_2r_3\{\sin(\theta_3 - \theta_2) + \sin(\theta_1 - \theta_3) + \sin(\theta_2 - \theta_1)\}, \tag{A.11}
$$

と置くことにすると,

$$
\ell = \frac{L}{H}, \tag{A.12}
$$

になる.

以上の結果をすべてまとめよう.まず,

$$
\begin{aligned}
H &= r_2r_3\sin(\theta_3 - \theta_2) + r_3r_1\sin(\theta_1 - \theta_3) + r_1r_2\sin(\theta_2 - \theta_1), \\
C &= r_1(r_3 - r_2)\cos\theta_1 + r_2(r_1 - r_3)\cos\theta_2 + r_3(r_2 - r_1)\cos\theta_3, \\
S &= r_1(r_3 - r_2)\sin\theta_1 + r_2(r_1 - r_3)\sin\theta_2 + r_3(r_2 - r_1)\sin\theta_3, \\
L &= r_1r_2r_3\{\sin(\theta_3 - \theta_2) + \sin(\theta_1 - \theta_3) + \sin(\theta_2 - \theta_1)\}, \\
Q &= \sqrt{C^2 + S^2},
\end{aligned} \tag{A.13}
$$

の関係で H, C, S, L, Q を計算する.ここから,

$$
\ell = \frac{L}{H},
$$

$$e = \frac{Q}{H},$$
$$\cos\theta_0 = -\frac{S}{Q},$$
$$\sin\theta_0 = \frac{C}{Q}, \quad (\text{A.14})$$
$$\tan\theta_0 = -\frac{C}{S},$$

が求められる．これで ℓ, e, θ_0 を解くことができた．

A.2 $c_1/c_2, c_3/c_2$ の計算

一般に，$\mathbf{r}_a(x_a, y_a, z_a)$ と $\mathbf{r}_b(x_b, y_b, z_b)$ のベクトル積 $\mathbf{r}_a \times \mathbf{r}_b$ の各成分は，

x 成分：$y_a z_b - z_a y_b$，

y 成分：$z_a x_b - x_a z_b$，

z 成分：$x_a y_b - y_a x_b$，

であるから，そのベクトルの長さ $|\mathbf{r}_a \times \mathbf{r}_b|$ は，

$$\sqrt{(y_a z_b - z_a y_b)^2 + (z_a x_b - x_a z_b)^2 + (x_a y_b - y_a x_b)^2},$$

で表わすことができる．

ここで，$\mathbf{r}_3(x_3, y_3, z_3)$ の各成分は，(3.19) 式により，

$$x_3 = f_3 x_2 + g_3 \dot{x}_2,$$
$$y_3 = f_3 y_2 + g_3 \dot{y}_2,$$
$$z_3 = f_3 z_2 + g_3 \dot{z}_2,$$

であるから，$\mathbf{r}_2(x_2, y_2, z_2)$ とのベクトル積 $\mathbf{r}_2 \times \mathbf{r}_3$ の各成分は

$$\begin{aligned}
x\,\text{成分}; & y_2(f_3 z_2 + g_3 \dot{z}_2) - z_2(f_3 y_2 + g_3 \dot{y}_2) = g_3(y_2 \dot{z}_2 - z_2 \dot{y}_2), \\
y\,\text{成分}; & z_2(f_3 x_2 + g_3 \dot{x}_2) - x_2(f_3 z_2 + g_3 \dot{z}_2) = g_3(z_2 \dot{x}_2 - x_2 \dot{z}_2), \quad (\text{A.15}) \\
z\,\text{成分}; & x_2(f_3 y_2 + g_3 \dot{y}_2) - y_2(f_3 x_2 + g_3 \dot{x}_2) = g_3(x_2 \dot{y}_2 - y_2 \dot{x}_2),
\end{aligned}$$

であり，

$$|\mathbf{r}_2 \times \mathbf{r}_3| = \sqrt{g_3^2 \{(y_2 \dot{z}_2 - z_2 \dot{y}_2)^2 + (z_2 \dot{x}_2 - x_2 \dot{z}_2)^2 + (x_2 \dot{y}_2 - y_2 \dot{x}_2)^2\}}, \quad (\text{A.16})$$

A.2　$c_1/c_2, c_3/c_2$ の計算

になる．つぎに，(3.21) 式から，

$$x_1 = f_1 x_2 + g_1 \dot{x}_2,$$
$$y_1 = f_1 y_2 + g_1 \dot{y}_2,$$
$$z_1 = f_1 z_2 + g_1 \dot{z}_2,$$

であるから，$\mathbf{r}_3 \times \mathbf{r}_1$ の各成分は，

x 成分；　$(f_3 y_2 + g_3 \dot{y}_2)(f_1 z_2 + g_1 \dot{z}_2) - (f_3 z_2 + g_3 \dot{z}_2)(f_1 y_2 + g_1 \dot{y}_2)$
$= f_3 g_1 y_2 \dot{z}_2 + f_1 g_3 z_2 \dot{y}_2 - f_3 g_1 z_2 \dot{y}_2 - f_1 g_3 y_2 \dot{z}_2$
$= (f_3 g_1 - f_1 g_3)(y_2 \dot{z}_2 - z_2 \dot{y}_2),$

y 成分；　$(f_3 z_2 + g_3 \dot{z}_2)(f_1 x_2 + g_1 \dot{x}_2) - (f_3 x_2 + g_3 \dot{x}_2)(f_1 z_2 + g_1 \dot{z}_2)$
$= (f_3 g_1 - f_1 g_3)(z_2 \dot{x}_2 - x_2 \dot{z}_2),$ 　　　(A.17)

z 成分；　$(f_3 x_2 + g_3 \dot{x}_2)(f_1 y_2 + g_1 \dot{y}_2) - (f_3 y_2 + g_3 \dot{y}_2)(f_1 x_2 + g_1 \dot{x}_2)$
$= (f_3 g_1 - f_1 g_3)(x_2 \dot{y}_2 - y_2 \dot{x}_2),$

になる．したがって，

$$|\mathbf{r}_3 \times \mathbf{r}_1| = \sqrt{(f_3 g_1 - f_1 g_3)^2}$$
$$\times \sqrt{(y_2 \dot{z}_2 - z_2 \dot{y}_2)^2 + (z_2 \dot{x}_2 - x_2 \dot{z}_2)^2 + (x_2 \dot{y}_2 - y_2 \dot{x}_2)^2}, \quad (A.18)$$

になる．(A.16) 式と (A.18) 式の割り算から，$(x_2, y_2, z_2), (\dot{x}_2, \dot{y}_2, \dot{z}_2)$ を含む部分は全部なくなって，

$$\frac{c_1}{c_2} = -\frac{|\mathbf{r}_2 \times \mathbf{r}_3|}{|\mathbf{r}_3 \times \mathbf{r}_1|} = -\left|\frac{g_3}{f_3 g_1 - f_1 g_3}\right|,$$

が得られる．

ほぼ同様にして，$\mathbf{r}_1 \times \mathbf{r}_2$ の各成分は，

x 成分；$(f_1 y_2 + g_1 \dot{y}_2) z_2 - (f_1 z_2 + g_1 \dot{z}_2) y_2 = -g_1(y_2 \dot{z}_2 - z_2 \dot{y}_2),$
y 成分；$(f_1 z_2 + g_1 \dot{z}_2) x_2 - (f_1 x_2 + g_1 \dot{x}_2) z_2 = -g_1(z_2 \dot{x}_2 - x_2 \dot{z}_2),$ 　(A.19)
z 成分；$(f_1 x_2 + g_1 \dot{x}_2) y_2 - (f_1 y_2 + g_1 \dot{y}_2) x_2 = -g_1(x_2 \dot{y}_2 - y_2 \dot{x}_2),$

になり,

$$|\mathbf{r}_1 \times \mathbf{r}_2| = \sqrt{g_1^2\{(y_2\dot{z}_2 - z_2\dot{y}_2)^2 + (z_2\dot{x}_2 - x_2\dot{z}_2)^2 + (x_2\dot{y}_2 - y_2\dot{x}_2)^2\}}, \quad (A.20)$$

になる. $\mathbf{r}_3 \times \mathbf{r}_1$ はすでに計算してあるので,

$$\frac{c_3}{c_2} = -\frac{|\mathbf{r}_1 \times \mathbf{r}_2|}{|\mathbf{r}_3 \times \mathbf{r}_1|} = -\left|\frac{g_1}{f_3 g_1 - f_1 g_3}\right|,$$

となる.

つぎに, この f_1, g_1, f_3, g_3 に時間による近似的表現を代入しよう. 表記を簡単にするために $h = \mu/6r_2^3$ と置くことにすると, (3.24) 式は,

$$\begin{aligned}
f_1 &= 1 - 3ht_{21}{}^2, \\
g_1 &= -t_{21}(1 - ht_{21}{}^2), \\
f_3 &= 1 - 3ht_{32}{}^2, \\
g_3 &= t_{32}(1 - ht_{32}{}^2),
\end{aligned} \quad (A.21)$$

となる. ここから,

$$\begin{aligned}
& f_3 g_1 - f_1 g_3 \\
&= -(1 - 3ht_{32}{}^2)t_{21}(1 - ht_{21}{}^2) - (1 - 3ht_{21}{}^2)t_{32}(1 - ht_{32}{}^2) \\
&= -t_{21}(1 - 3ht_{32}{}^2 - ht_{21}{}^2 + \ldots) - t_{32}(1 - 3ht_{21}{}^2 - ht_{32}{}^2 + \ldots) \\
&= -(t_{32} + t_{21})\{1 - 3ht_{32}t_{21} - h(t_{32}{}^2 - t_{32}t_{21} + t_{21}{}^2) + \ldots\} \\
&= -(t_{32} + t_{21})\{1 - h(t_{32} + t_{21})^2 + \ldots\} \\
&= t_{13}(1 - ht_{13}{}^2 + \ldots), \quad (A.22)
\end{aligned}$$

が得られる. 最後の変形には $t_{13} = -(t_{32} + t_{21})$ の関係が使ってある. 通常の観測条件では $|ht_{ij}| \ll 1$ であるから, その高次項を省略しながら計算すると,

$$\begin{aligned}
\frac{g_3}{f_3 g_1 - f_1 g_3} &= \frac{t_{32}(1 - ht_{32}{}^2)}{t_{13}(1 - ht_{13}{}^2)} \\
&= \frac{t_{32}}{t_{13}}(1 - ht_{32}{}^2)(1 + ht_{13}{}^2)
\end{aligned}$$

$$
\begin{aligned}
&= \frac{t_{32}}{t_{13}}\{1 + h({t_{13}}^2 - {t_{32}}^2) + \ldots\} \\
&= \frac{t_{32}}{t_{13}}\left\{1 + \frac{\mu}{6r_2^3}({t_{13}}^2 - {t_{32}}^2)\right\},
\end{aligned} \tag{A.23}
$$

の形になる．ここで $t_{13} < 0, t_{32} > 0, {t_{13}}^2 > {t_{32}}^2$ の条件を考慮しながら全体の正負を見て，

$$
\frac{c_1}{c_2} = \frac{t_{32}}{t_{13}}\left\{1 + \frac{\mu}{6r_2^3}({t_{13}}^2 - {t_{32}}^2)\right\},
$$

になる．ほとんど同様に，

$$
\begin{aligned}
\frac{g_1}{f_3 g_1 - f_1 g_3} &= -\frac{t_{21}(1 - h{t_{21}}^2)}{t_{13}(1 - h{t_{13}}^2)} \\
&= -\frac{t_{21}}{t_{13}}(1 - h{t_{21}}^2 + h{t_{13}}^2 + \ldots) \\
&= -\frac{t_{21}}{t_{13}}\{1 + h({t_{13}}^2 - {t_{21}}^2) + \ldots\} \\
&= -\frac{t_{21}}{t_{13}}\left\{1 + \frac{\mu}{6r_2^3}({t_{13}}^2 - {t_{21}}^2)\right\},
\end{aligned} \tag{A.24}
$$

となり，そこから，

$$
\frac{c_3}{c_2} = \frac{t_{21}}{t_{13}}\left\{1 + \frac{\mu}{6r_2^3}({t_{13}}^2 - {t_{21}}^2)\right\},
$$

が得られる．

A.3　2点を通る放物線の決定

焦点の位置が定まっているとき，放物線は2点を通る条件から決めることができる．
焦点が原点にある場合，放物線の方程式は，

$$
r = \frac{\ell}{1 + \cos(\theta - \theta_0)}, \tag{A.25}
$$

である．この式の中の ℓ, θ_0 は定数である．放物線を定める立場からいうと，未知量が二つであるから，この放物線が2点 $P_1(r_1, \theta_1), P_3(r_3, \theta_3)$ を通ることがわかれば，ℓ, θ_0 が決定できて，放物線を決めることができる．

実をいうと，与えられた P_1, P_3 の2点を通る放物線はただひとつではなく，異なる二つの放物線が存在する．方程式を解く立場からいうと，異なる2組の解がある．したがって，2点だけでは放物線をひとつに確定することはできない．

ここでは，2点が与えられたとき，ℓ, θ_0 を求める具体的な手順を述べる．
まず，2点 P_1, P_3 を通る条件から，

$$r_1 = \frac{\ell}{1 + \cos(\theta_1 - \theta_0)},$$
$$r_3 = \frac{\ell}{1 + \cos(\theta_3 - \theta_0)}, \tag{A.26}$$

が成立する．この2式から ℓ を消去すると，

$$r_1(1 + \cos\theta_1 \cos\theta_0 + \sin\theta_1 \sin\theta_0)$$
$$= r_3(1 + \cos\theta_3 \cos\theta_0 + \sin\theta_3 \sin\theta_0),$$

になる．これを変形して，

$$(r_3 \cos\theta_3 - r_1 \cos\theta_1)\cos\theta_0 + (r_3 \sin\theta_3 - r_1 \sin\theta_1)\sin\theta_0 = r_1 - r_3, \tag{A.27}$$

となる．ここで，

$$R_c \equiv r_3 \cos\theta_3 - r_1 \cos\theta_1,$$
$$R_s \equiv r_3 \sin\theta_3 - r_1 \sin\theta_1, \tag{A.28}$$

と置けば，

$$R_c \cos\theta_0 + R_s \sin\theta_0 = r_1 - r_3,$$

になり，さらに，

$$\sin\theta_0 = \frac{1}{R_s}(r_1 - r_3 - R_c \cos\theta_0), \tag{A.29}$$

と書くことができる．ここでこれを，

$$\cos^2\theta_0 + \sin^2\theta_0 = 1, \tag{A.30}$$

の一般関係式に代入すると，

$$\cos^2\theta_0 + \frac{(r_1 - r_3)^2 - 2(r_1 - r_3)R_c \cos\theta_0 + R_c^2 \cos^2\theta_0}{R_s^2} = 1,$$

すなわち，

$$(R_c^2 + R_s^2)\cos^2\theta_0 - 2(r_1 - r_3)R_c \cos\theta_0 + (r_1 - r_3)^2 - R_s^2 = 0, \tag{A.31}$$

A.3 2点を通る放物線の決定

である．この二次方程式を $\cos\theta_0$ について解くと，解の根号内は，

$$(r_1 - r_3)^2 R_c^2 - (R_c^2 + R_s^2)\{(r_1 - r_3)^2 - R_s^2\}$$
$$= R_s^2\{R_c^2 + R_s^2 - (r_1 - r_3)^2\}$$
$$= 2R_s^2 r_1 r_3\{1 - \cos(\theta_3 - \theta_1)\}, \tag{A.32}$$

である．したがって，

$$\cos\theta_0 = \frac{(r_1 - r_3)R_c \pm R_s\sqrt{2r_1 r_3\{1 - \cos(\theta_3 - \theta_1)\}}}{R_c^2 + R_s^2}, \tag{A.33}$$

となる．これを (A.29) の $\sin\theta_0$ の式に代入すれば，

$$\sin\theta_0 = \frac{(r_1 - r_3)R_s \mp R_c\sqrt{2r_1 r_3\{1 - \cos(\theta_3 - \theta_1)\}}}{R_c^2 + R_s^2}, \tag{A.34}$$

が得られる (複号同順)．これで θ_0 が得られた．

つぎに ℓ を求める．(A.26) 式から，

$$\ell = r_1\{1 + \cos(\theta_1 - \theta_0)\}, \tag{A.35}$$

である．いま計算した $\cos\theta_0, \sin\theta_0$ を使い，(A.28) 式を適用すると，

$$\cos(\theta_1 - \theta_0) = \cos\theta_1 \cos\theta_0 + \sin\theta_1 \sin\theta_0$$
$$= \frac{1}{R_c^2 + R_s^2}[(r_1 - r_3)(R_c\cos\theta_1 + R_s\sin\theta_1)$$
$$+ (\pm R_s\cos\theta_1 \mp R_c\sin\theta_1)\sqrt{2r_1 r_3\{1 - \cos(\theta_3 - \theta_1)\}}]$$
$$= \frac{1}{R_c^2 + R_s^2}[(r_1 - r_3)\{r_3\cos(\theta_3 - \theta_1) - r_1\}$$
$$\pm r_3\sin(\theta_3 - \theta_1)\sqrt{2r_1 r_3\{1 - \cos(\theta_3 - \theta_1)\}}] \tag{A.36}$$

となる．したがって，

$$1 + \cos(\theta_1 - \theta_0) = \frac{1}{R_c^2 + R_s^2}$$
$$\times [\{r_3^2 - 2r_1 r_3\cos(\theta_3 - \theta_1) - r_3^2\cos(\theta_3 - \theta_1) + r_1 r_3\cos(\theta_3 - \theta_1)$$
$$+ r_1 r_3 \pm r_3\sin(\theta_3 - \theta_1)\sqrt{2r_1 r_3\{1 - \cos(\theta_3 - \theta_1)\}}]$$
$$= \frac{r_3}{R_c^2 + R_s^2}[(r_1 + r_3)\{1 - \cos(\theta_3 - \theta_1)\}$$
$$\pm \sin(\theta_3 - \theta_1)\sqrt{2r_1 r_3\{1 - \cos(\theta_3 - \theta_1)\}}], \tag{A.37}$$

になる．これを (A.35) 式に代入して，

$$\ell = \frac{r_1 r_3}{R_c^2 + R_s^2}[(r_1 + r_3)\{1 - \cos(\theta_3 - \theta_1)\} \\ \pm \sin(\theta_3 - \theta_1)\sqrt{2r_1 r_3\{1 - \cos(\theta_3 - \theta_1)\}}], \tag{A.38}$$

になる．これで ℓ も求めることができた．

以上の結果をまとめて，

$$\cos\theta_0 = \frac{(r_1 - r_3)R_c \pm R_s\sqrt{2r_1 r_3\{1 - \cos(\theta_3 - \theta_1)\}}}{R_c^2 + R_s^2},$$

$$\sin\theta_0 = \frac{(r_1 - r_3)R_s \mp R_c\sqrt{2r_1 r_3\{1 - \cos(\theta_3 - \theta_1)\}}}{R_c^2 + R_s^2},$$

$$\ell = \frac{r_1 r_3}{R_c^2 + R_s^2}[(r_1 + r_3)\{1 - \cos(\theta_3 - \theta_1)\} \\ \pm \sin(\theta_3 - \theta_1)\sqrt{2r_1 r_3\{1 - \cos(\theta_3 - \theta_1)\}}],$$

になる．ただし複号同順であり，これが $P_1(r_1, \theta_1), P_3(r_3, \theta_3)$ の 2 点を通る 2 組の放物線である．

なお，本書の放物線軌道の計算では P_1 の方向に極座標の始線をとることにしているから，$\theta_1 = 0$ である．また，$\theta_3 - \theta_1 = \theta_{31}$ と書くことにすれば，

$$R_c = r_3 \cos\theta_{31} - r_1,$$
$$R_s = r_3 \sin\theta_{31}, \tag{A.39}$$

であり，$\ell, \cos\theta_0, \sin\theta_0$ は，

$$\ell = \frac{r_1 r_3}{R_c^2 + R_s^2}\{(r_1 + r_3)(1 - \cos\theta_{31}) \pm \sin\theta_{31}\sqrt{2r_1 r_3(1 - \cos\theta_{31})}\},$$

$$\cos\theta_0 = \frac{(r_1 - r_3)R_c \pm R_s\sqrt{2r_1 r_3(1 - \cos\theta_{31})}}{R_c^2 + R_s^2}, \tag{A.40}$$

$$\sin\theta_0 = \frac{(r_1 - r_3)R_s \mp R_c\sqrt{2r_1 r_3(1 - \cos\theta_{31})}}{R_c^2 + R_s^2},$$

と書くことができる．

付録 B　補正方程式の係数の計算

B.1　予備計算

あとの計算に必要な関係式のいくつかをさきに求めておく.
$(i = 1, 2, 3)$ に対し,それぞれ,

$$
\begin{aligned}
L_i &= \cos\delta_i \cos\alpha_i, \\
M_i &= \cos\delta_i \sin\alpha_i, \\
N_i &= \sin\delta_i,
\end{aligned}
\tag{B.1}
$$

として (L_i, M_i, N_i) を定めると, $\mathrm{P}_i(x_i, y_i, z_i)$ は,

$$
\begin{aligned}
x_i &= X_i + L_i \Delta_i, \\
y_i &= Y_i + M_i \Delta_i, \\
z_i &= Z_i + N_i \Delta_i,
\end{aligned}
\tag{B.2}
$$

と書くことができる. ここから,

$$
\begin{aligned}
\frac{\partial x_i}{\partial \Delta_i} &= L_i, \\
\frac{\partial y_i}{\partial \Delta_i} &= M_i, \\
\frac{\partial z_i}{\partial \Delta_i} &= N_i,
\end{aligned}
\tag{B.3}
$$

である. つぎに,

$$
r_i^2 = x_i^2 + y_i^2 + z_i^2,
$$

であるから,

$$r_i \frac{\partial r_i}{\partial \Delta_i} = x_i \frac{\partial x_i}{\partial \Delta_i} + y_i \frac{\partial y_i}{\partial \Delta_i} + z_i \frac{\partial z_i}{\partial \Delta_i} \tag{B.4}$$

であり，ここから，

$$\frac{\partial r_i}{\partial \Delta_i} = \ell_i L_i + m_i M_i + n_i N_i \equiv G_i, \tag{B.5}$$

になる．これを上記のように G_i と置くことにする．つぎに，

$$\ell_i = \frac{x_i}{r_i},$$

から，

$$\begin{aligned}
\frac{\partial \ell_i}{\partial \Delta_i} &= -\frac{x_i}{r_i^2} \frac{\partial r_i}{\partial \Delta_i} + \frac{1}{r_i} \frac{\partial x_i}{\partial \Delta_i} \\
&= -\frac{1}{r_i} \ell_i (\ell_i L_i + m_i M_i + n_i N_i) + \frac{1}{r_i} L_i \\
&= \frac{1}{r_i} (L_i - \ell_i G_i),
\end{aligned} \tag{B.6}$$

になる．さらに，

$$m_i = \frac{y_i}{r_i}, \qquad n_i = \frac{z_i}{r_i},$$

からも同様に，

$$\begin{aligned}
\frac{\partial m_i}{\partial \Delta_i} &= \frac{1}{r_i}(M_i - m_i G_i), \\
\frac{\partial n_i}{\partial \Delta_i} &= \frac{1}{r_i}(N_i - n_i G_i),
\end{aligned} \tag{B.7}$$

と書くことができる．

さてつぎに，

$$\cos\theta_{ij} = \ell_i \ell_j + m_i m_j + n_i n_j,$$

の Δ_i による微分を考える．これは，

$$\begin{aligned}
\frac{\partial \cos\theta_{ij}}{\partial \Delta_i} &= \ell_j \frac{\partial \ell_i}{\partial \Delta_i} + m_j \frac{\partial m_i}{\partial \Delta_i} + n_j \frac{\partial n_i}{\partial \Delta_i} \\
&= \frac{1}{r_i}(\ell_j L_i + m_j M_i + n_j N_i) - \frac{G_i}{r_i}(\ell_j \ell_i + m_j m_i + n_j n_i)
\end{aligned}$$

である．ここで，

$$G_{ji} = \ell_j L_i + m_j M_i + n_j N_i, \tag{B.8}$$

と表記することにすると，

$$\frac{\partial \cos\theta_{ij}}{\partial \Delta_i} = \frac{1}{r_i}(G_{ji} - G_i \cos\theta_{ij}) \tag{B.9}$$

となる．簡便のため，

$$\frac{\partial \cos\theta_{ij}}{\partial \Delta_i} = \Lambda_{ji}, \tag{B.10}$$

と書くことにして，

$$\Lambda_{ji} = \frac{1}{r_i}(G_{ji} - G_i \cos\theta_{ij}), \tag{B.11}$$

である．つぎに，

$$\sin^2\theta_{ij} = 1 - \cos^2\theta_{ij},$$

であるから，

$$2\sin\theta_{ij}\frac{\partial \sin\theta_{ij}}{\partial \Delta_i} = -2\cos\theta_{ij}\frac{\partial \cos\theta_{ij}}{\partial \Delta_i},$$

である．したがって，

$$\begin{aligned}\frac{\partial \sin\theta_{ij}}{\partial \Delta_i} &= -\frac{\cos\theta_{ij}}{\sin\theta_{ij}}\frac{\partial \cos\theta_{ij}}{\partial \Delta_i} \\ &= -\frac{\cos\theta_{ij}}{\sin\theta_{ij}}\Lambda_{ji},\end{aligned} \tag{B.12}$$

となる．

B.2　H, L, C, S, Q の微分

ここでは，2章で定義した H, L, C, S, Q の Δ_i による微分を順に考える．まず，

$$H = r_2 r_3 \sin\theta_{32} + r_3 r_1 \sin\theta_{13} + r_1 r_2 \sin\theta_{21},$$

から，

$$\begin{aligned}\frac{\partial H}{\partial \Delta_1} &= r_3 \frac{\partial r_1}{\partial \Delta_1}\sin\theta_{13} + r_3 r_1 \frac{\partial \sin\theta_{13}}{\partial \Delta_1} + \frac{\partial r_1}{\partial \Delta_1}r_2 \sin\theta_{21} + r_1 r_2 \frac{\partial \sin\theta_{21}}{\partial \Delta_1} \\ &= (r_3 \sin\theta_{13} + r_2 \sin\theta_{21})G_1 - r_3 r_1 \frac{\cos\theta_{13}}{\sin\theta_{13}}\Lambda_{31} - r_1 r_2 \frac{\cos\theta_{21}}{\sin\theta_{21}}\Lambda_{21},\end{aligned} \tag{B.13}$$

になる.同様にして,

$$\frac{\partial H}{\partial \Delta_2} = (r_3 \sin\theta_{32} + r_1 \sin\theta_{21})G_2 - r_2 r_3 \frac{\cos\theta_{32}}{\sin\theta_{32}}\Lambda_{32} - r_2 r_1 \frac{\cos\theta_{21}}{\sin\theta_{21}}\Lambda_{12},$$
$$\frac{\partial H}{\partial \Delta_3} = (r_2 \sin\theta_{32} + r_1 \sin\theta_{13})G_3 - r_2 r_3 \frac{\cos\theta_{32}}{\sin\theta_{32}}\Lambda_{23} - r_3 r_1 \frac{\cos\theta_{13}}{\sin\theta_{13}}\Lambda_{13},$$
(B.14)

である.また,

$$L = r_1 r_2 r_3 (\sin\theta_{32} + \sin\theta_{13} + \sin\theta_{21}),$$

から,

$$\begin{aligned}\frac{\partial L}{\partial \Delta_1} &= \frac{\partial r_1}{\partial \Delta_1} r_2 r_3 (\sin\theta_{32} + \sin\theta_{13} + \sin\theta_{21}) \\ &\quad + r_1 r_2 r_3 \left(\frac{\partial \sin\theta_{13}}{\partial \Delta_1} + \frac{\partial \sin\theta_{21}}{\partial \Delta_1}\right) \\ &= \frac{L}{r_1} G_1 - r_1 r_2 r_3 \left(\frac{\cos\theta_{13}}{\sin\theta_{13}}\Lambda_{31} + \frac{\cos\theta_{21}}{\sin\theta_{21}}\Lambda_{21}\right),\end{aligned} \quad \text{(B.15)}$$

になる.同様にして,

$$\frac{\partial L}{\partial \Delta_2} = \frac{L}{r_2} G_2 - r_1 r_2 r_3 \left(\frac{\cos\theta_{32}}{\sin\theta_{32}}\Lambda_{32} + \frac{\cos\theta_{21}}{\sin\theta_{21}}\Lambda_{12}\right),$$
$$\frac{\partial L}{\partial \Delta_3} = \frac{L}{r_3} G_3 - r_1 r_2 r_3 \left(\frac{\cos\theta_{32}}{\sin\theta_{32}}\Lambda_{23} + \frac{\cos\theta_{13}}{\sin\theta_{13}}\Lambda_{13}\right),$$
(B.16)

である.

つぎに,C の Δ_i についての微分は,

$$C = r_1(r_3 - r_2)\cos\theta_{21} + r_2(r_1 - r_3) + r_3(r_2 - r_1)\cos\theta_{32},$$

から,$(i = 1, 2, 3)$ についてそれぞれ,

$$\begin{aligned}\frac{\partial C}{\partial \Delta_1} &= \frac{\partial r_1}{\partial \Delta_1}(r_3 - r_2)\cos\theta_{21} + r_1(r_3 - r_2)\frac{\partial \cos\theta_{21}}{\partial \Delta_1} \\ &\quad + r_2 \frac{\partial r_1}{\partial \Delta_1} - r_3 \frac{\partial r_1}{\partial \Delta_1}\cos\theta_{32} \\ &= \{(r_3 - r_2)\cos\theta_{21} + r_2 - r_3 \cos\theta_{32}\}G_1 + r_1(r_3 - r_2)\Lambda_{21},\end{aligned}$$
$$\begin{aligned}\frac{\partial C}{\partial \Delta_2} &= -r_1 \frac{\partial r_2}{\partial \Delta_2}\cos\theta_{21} + r_1(r_3 - r_2)\frac{\partial \cos\theta_{21}}{\partial \Delta_2} + (r_1 - r_3)\frac{\partial r_2}{\partial \Delta_2} \\ &\quad + r_3 \frac{\partial r_2}{\partial \Delta_2}\cos\theta_{32} + r_3(r_2 - r_1)\frac{\partial \cos\theta_{32}}{\partial \Delta_2}\end{aligned}$$

B.2　H, L, C, S, Q の微分

$$= \{-r_1 \cos\theta_{21} + (r_1 - r_3) + r_3 \cos\theta_{32}\}G_2$$
$$+ r_1(r_3 - r_2)\Lambda_{12} + r_3(r_2 - r_1)\Lambda_{32}, \tag{B.17}$$

$$\frac{\partial C}{\partial \Delta_3} = r_1 \frac{\partial r_3}{\partial \Delta_3} \cos\theta_{21} - r_2 \frac{\partial r_3}{\partial \Delta_3}$$
$$+ \frac{\partial r_3}{\partial \Delta_3}(r_2 - r_1)\cos\theta_{32} + r_3(r_2 - r_1)\frac{\partial \cos\theta_{32}}{\partial \Delta_3},$$
$$= \{r_1 \cos\theta_{21} - r_2 + (r_2 - r_1)\cos\theta_{32}\}G_3 + r_3(r_2 - r_1)\Lambda_{23},$$

になる．似たような形で，S の $\Delta_i, (i = 1, 2, 3)$ による微分は，

$$S = -r_1(r_3 - r_2)\sin\theta_{21} + r_3(r_2 - r_1)\sin\theta_{32},$$

から，

$$\frac{\partial S}{\partial \Delta_1} = -\frac{\partial r_1}{\partial \Delta_1}(r_3 - r_2)\sin\theta_{21} - r_1(r_3 - r_2)\frac{\partial \sin\theta_{21}}{\partial \Delta_1} - r_3 \frac{\partial r_1}{\partial \Delta_1} \sin\theta_{32}$$
$$= \{-(r_3 - r_2)\sin\theta_{21} - r_3 \sin\theta_{32}\}G_1 + r_1(r_3 - r_2)\frac{\cos\theta_{21}}{\sin\theta_{21}}\Lambda_{21},$$

$$\frac{\partial S}{\partial \Delta_2} = r_1 \frac{\partial r_2}{\partial \Delta_2}\sin\theta_{21} - r_1(r_3 - r_2)\frac{\partial \sin\theta_{21}}{\partial \Delta_2}$$
$$+ r_3 \frac{\partial r_2}{\partial \Delta_2}\sin\theta_{32} + r_3(r_2 - r_1)\frac{\partial \sin\theta_{32}}{\partial \Delta_2}$$
$$= (r_1 \sin\theta_{21} + r_3 \sin\theta_{32})G_2 + r_1(r_3 - r_2)\frac{\cos\theta_{21}}{\sin\theta_{21}}\Lambda_{12}$$
$$- r_3(r_2 - r_1)\frac{\cos\theta_{32}}{\sin\theta_{32}}\Lambda_{32}, \tag{B.18}$$

$$\frac{\partial S}{\partial \Delta_3} = -r_1 \frac{\partial r_3}{\partial \Delta_3}\sin\theta_{21} + \frac{\partial r_3}{\partial \Delta_3}(r_2 - r_1)\sin\theta_{32} + r_3(r_2 - r_1)\frac{\partial \sin\theta_{32}}{\partial \Delta_3}$$
$$= \{-r_1 \sin\theta_{21} + (r_2 - r_1)\sin\theta_{32}\}G_3 - r_3(r_2 - r_1)\frac{\cos\theta_{32}}{\sin\theta_{32}}\Lambda_{23},$$

で計算できる．さらに $(i = 1, 2, 3)$ に対して，

$$Q^2 = C^2 + S^2,$$

から，

$$2Q\frac{\partial Q}{\partial \Delta_i} = 2C\frac{\partial C}{\partial \Delta_i} + 2S\frac{\partial S}{\partial \Delta_i},$$
$$\frac{\partial Q}{\partial \Delta_i} = \frac{1}{Q}\left(C\frac{\partial C}{\partial \Delta_i} + S\frac{\partial S}{\partial \Delta_i}\right)$$
$$= \sin\theta_0 \frac{\partial C}{\partial \Delta_i} - \cos\theta_0 \frac{\partial S}{\partial \Delta_i}, \tag{B.19}$$

が求められる．

B.3 $\theta_0, \theta_{ij}, f_i$ の微分

つぎに，近日点偏角 θ_0，角 θ_{ij}，真近点角 f_i の Δ_i による微分を考える．はじめに，

$$\cos\theta_0 = -\frac{S}{Q},$$

の関係を使う．この両辺を Δ_i で微分すると，

$$-\sin\theta_0 \frac{\partial\theta_0}{\partial\Delta_i} = -\frac{1}{Q^2}\left(Q\frac{\partial S}{\partial\Delta_0} - \frac{\partial Q}{\partial\Delta_i}S\right),$$

である．したがって，

$$\begin{aligned}\frac{\partial\theta_0}{\partial\Delta_i} &= \frac{1}{\sin\theta_0}\left(\frac{1}{Q}\frac{\partial S}{\partial\Delta_i} - \frac{S}{Q^2}\frac{\partial Q}{\partial\Delta_i}\right) \\ &= \frac{1}{C}\left(\frac{\partial S}{\partial\Delta_i} - \frac{S}{Q}\frac{\partial Q}{\partial\Delta_i}\right) \\ &= \frac{1}{C}\left\{\frac{\partial S}{\partial\Delta_i} - \frac{S}{Q^2}\left(C\frac{\partial C}{\partial\Delta_i} + S\frac{\partial S}{\partial\Delta_i}\right)\right\} \\ &= \frac{1}{C}\left(1 - \frac{S^2}{Q^2}\right)\frac{\partial S}{\partial\Delta_i} - \frac{S}{Q^2}\frac{\partial C}{\partial\Delta_i} \\ &= \frac{C}{Q^2}\frac{\partial S}{\partial\Delta_i} - \frac{S}{Q^2}\frac{\partial C}{\partial\Delta_i} \\ &= \frac{1}{Q}\left(\sin\theta_0 \frac{\partial S}{\partial\Delta_i} + \cos\theta_0 \frac{\partial C}{\partial\Delta_i}\right),\end{aligned} \qquad (\text{B.20})$$

の関係が得られる．また，さきに求めておいた，

$$\Lambda_{ji} = \frac{\partial\cos\theta_{ij}}{\partial\Delta_i},$$

の関係から，

$$\Lambda_{ji} = -\sin\theta_{ij}\frac{\partial\theta_{ij}}{\partial\Delta_i},$$

であり，

$$\frac{\partial\theta_{ij}}{\partial\Delta_i} = -\frac{1}{\sin\theta_{ij}}\Lambda_{ji}, \qquad (\text{B.21})$$

になる.

あとは f_i の微分であるが, (2.13) 式から,

$$f_1 = -\theta_0 - \theta_{21},$$
$$f_2 = -\theta_0,$$
$$f_3 = -\theta_0 + \theta_{32},$$

であるから, たとえば,

$$\begin{aligned}\frac{\partial f_1}{\partial \Delta_1} &= -\frac{\partial \theta_0}{\partial \Delta_1} - \frac{\partial \theta_{21}}{\partial \Delta_1} \\ &= -\frac{1}{Q}\left(\sin\theta_0 \frac{\partial S}{\partial \Delta_1} + \cos\theta_0 \frac{\partial C}{\partial \Delta_1}\right) + \frac{1}{\sin\theta_{21}}\Lambda_{21} \\ &= -\frac{1}{Q^2}\left(C\frac{\partial S}{\partial \Delta_1} - S\frac{\partial C}{\partial \Delta_1}\right) + \frac{1}{\sin\theta_{21}}\Lambda_{21},\end{aligned}$$

となる. 同様にして,

$$\begin{aligned}\frac{\partial f_1}{\partial \Delta_1} &= -\frac{1}{Q^2}\left(C\frac{\partial S}{\partial \Delta_1} - S\frac{\partial C}{\partial \Delta_1}\right) + \frac{1}{\sin\theta_{21}}\Lambda_{21}, \\ \frac{\partial f_2}{\partial \Delta_1} &= -\frac{1}{Q^2}\left(C\frac{\partial S}{\partial \Delta_1} - S\frac{\partial C}{\partial \Delta_1}\right), \\ \frac{\partial f_3}{\partial \Delta_1} &= -\frac{1}{Q^2}\left(C\frac{\partial S}{\partial \Delta_1} - S\frac{\partial C}{\partial \Delta_1}\right), \\ \frac{\partial f_1}{\partial \Delta_2} &= -\frac{1}{Q^2}\left(C\frac{\partial S}{\partial \Delta_2} - S\frac{\partial C}{\partial \Delta_2}\right) + \frac{1}{\sin\theta_{21}}\Lambda_{12}, \\ \frac{\partial f_2}{\partial \Delta_2} &= -\frac{1}{Q^2}\left(C\frac{\partial S}{\partial \Delta_2} - S\frac{\partial C}{\partial \Delta_2}\right), \\ \frac{\partial f_3}{\partial \Delta_2} &= -\frac{1}{Q^2}\left(C\frac{\partial S}{\partial \Delta_2} - S\frac{\partial C}{\partial \Delta_2}\right) - \frac{1}{\sin\theta_{32}}\Lambda_{32}, \\ \frac{\partial f_1}{\partial \Delta_3} &= -\frac{1}{Q^2}\left(C\frac{\partial S}{\partial \Delta_3} - S\frac{\partial C}{\partial \Delta_3}\right), \\ \frac{\partial f_2}{\partial \Delta_3} &= -\frac{1}{Q^2}\left(C\frac{\partial S}{\partial \Delta_3} - S\frac{\partial C}{\partial \Delta_3}\right), \\ \frac{\partial f_3}{\partial \Delta_3} &= -\frac{1}{Q^2}\left(C\frac{\partial S}{\partial \Delta_3} - S\frac{\partial C}{\partial \Delta_3}\right) - \frac{1}{\sin\theta_{32}}\Lambda_{23},\end{aligned} \tag{B.22}$$

が計算できる.

B.4 離心率 e，半直弦 ℓ，平均運動 n の微分

まず離心率 e であるが，

$$e = \frac{Q}{H},$$

であるから，$\Delta_i, (i = 1, 2, 3)$ による微分は，

$$\frac{\partial e}{\partial \Delta_i} = \frac{1}{H}\frac{\partial Q}{\partial \Delta_i} - \frac{Q}{H^2}\frac{\partial H}{\partial \Delta_i} = \frac{1}{H}\left(\frac{\partial Q}{\partial \Delta_i} - e\frac{\partial H}{\partial \Delta_i}\right), \tag{B.23}$$

で計算できる．つぎに半直弦 ℓ の微分を考えると，

$$\ell = \frac{L}{H},$$

であるから，$\Delta_i, (i = 1, 2, 3)$ による微分は，

$$\frac{\partial \ell}{\partial \Delta_i} = \frac{1}{H}\frac{\partial L}{\partial \Delta_i} - \frac{L}{H^2}\frac{\partial H}{\partial \Delta_i} = \frac{1}{H}\left(\frac{\partial L}{\partial \Delta_i} - \ell\frac{\partial H}{\partial \Delta_i}\right), \tag{B.24}$$

になる．つぎは n の微分であるが，それを導く中間段階として，楕円軌道における長半径，双曲線軌道における半主軸の微分を考える．楕円軌道の場合の長半径 a は，

$$a = \frac{\ell}{1 - e^2},$$

であるから，

$$\frac{\partial a}{\partial \Delta_i} = \frac{1}{1-e^2}\frac{\partial \ell}{\partial \Delta_i} + \frac{2e\ell}{(1-e^2)^2}\frac{\partial e}{\partial \Delta_i} = \frac{1}{1-e^2}\left(\frac{\partial \ell}{\partial \Delta_i} + 2ae\frac{\partial e}{\partial \Delta_i}\right), \tag{B.25}$$
$$(0 \leq e < 1)$$

になる．また双曲線軌道の場合，半主軸 a は，

$$a = \frac{\ell}{e^2 - 1},$$

で書き表わされるから，

$$\frac{\partial a}{\partial \Delta_i} = \frac{1}{e^2-1}\frac{\partial \ell}{\partial \Delta_i} - \frac{2e\ell}{(e^2-1)^2}\frac{\partial e}{\partial \Delta_i} = \frac{1}{e^2-1}\left(\frac{\partial \ell}{\partial \Delta_i} - 2ae\frac{\partial e}{\partial \Delta_i}\right), \tag{B.26}$$
$$(e > 1)$$

となる．

B.4 離心率 e, 半直弦 ℓ, 平均運動 n の微分

さて, n の微分を考える. 楕円, 双曲線軌道はともに,

$$n^2 a^3 = \mu,$$

の関係がある. この両辺を $\Delta_i, (i = 1, 2, 3)$ で微分すると,

$$2n \frac{\partial n}{\partial \Delta_i} a^3 + 3n^2 a^2 \frac{\partial a}{\partial \Delta_i} = 0,$$

である. 両辺を na^2 で約して書き直すと,

$$\frac{\partial n}{\partial \Delta_i} = -\frac{3n}{2a} \frac{\partial a}{\partial \Delta_i},$$

になる.

ここにいま計算した $\partial a / \partial \Delta_i$ を使うと, 楕円軌道の場合は,

$$\frac{\partial n}{\partial \Delta_i} = -\frac{3n}{2a(1-e^2)} \left(\frac{\partial \ell}{\partial \Delta_i} + 2ae \frac{\partial e}{\partial \Delta_i} \right) = -\frac{3n}{2\ell} \left(\frac{\partial \ell}{\partial \Delta_i} + 2ae \frac{\partial e}{\partial \Delta_i} \right) \quad \text{(B.27)}$$
$$(0 \leq e < 1; i = 1, 2, 3)$$

となる. 双曲線軌道の場合は,

$$\frac{\partial n}{\partial \Delta_i} = -\frac{3n}{2a(e^2-1)} \left(\frac{\partial \ell}{\partial \Delta_i} - 2ae \frac{\partial e}{\partial \Delta_i} \right) = -\frac{3n}{2\ell} \left(\frac{\partial \ell}{\partial \Delta_i} - 2ae \frac{\partial e}{\partial \Delta_i} \right) \quad \text{(B.28)}$$
$$(e > 1; i = 1, 2, 3)$$

である. また, 放物線軌道の場合の n を表わす関係は,

$$2q^3 n^2 = \mu,$$

であるが, $q = \ell/2$ であるから, これは,

$$n^2 \ell^3 = 4\mu,$$

である. ここで Δ_i で両辺を微分すれば,

$$2n \frac{\partial n}{\partial \Delta_i} \ell^3 + 3n^2 \ell^2 \frac{\partial \ell}{\partial \Delta_i} = 0,$$

となる. 両辺を $n\ell^2$ で約し, 変形して,

$$\frac{\partial n}{\partial \Delta_i} = -\frac{3n}{2\ell} \frac{\partial \ell}{\partial \Delta_i}, \qquad (e = 1; i = 1, 2, 3) \quad \text{(B.29)}$$

となる. これで楕円, 双曲線, 放物線それぞれの場合の n の微分を求めることができた.

B.5 離心近点角 u_j の微分

離心近点角 u_j の微分は，楕円軌道，双曲線軌道の場合を別に計算しなければならない．

B.5.1 楕円軌道の場合

楕円軌道の場合，u_j は，

$$\cos u_j = \frac{\cos f_j + e}{1 + e\cos f_j}, \qquad (j = 1, 2, 3)$$

で表わされる．この両辺を $\Delta_i, (i = 1, 2, 3)$ で微分すると，

$$\begin{aligned}
&-\sin u_j \frac{\partial u_j}{\partial \Delta_i} \\
&= \frac{1}{(1+e\cos f_j)^2}\left\{(1+e\cos f_j)\left(-\sin f_j \frac{\partial f_j}{\partial \Delta_i} + \frac{\partial e}{\partial \Delta_i}\right)\right. \\
&\qquad \left. - \left(\frac{\partial e}{\partial \Delta_i}\cos f_j - e\sin f_j \frac{\partial f_j}{\partial \Delta_i}\right)(\cos f_j + e)\right\} \\
&= \frac{1}{(1+e\cos f_j)^2}\left\{(\sin f_j + e^2\sin f_j)\frac{\partial f_j}{\partial \Delta_i} + (1-\cos^2 f_j)\frac{\partial e}{\partial \Delta_i}\right\} \\
&= \frac{\sin f_j}{(1+\cos f_j)^2}\left\{(1-e^2)\frac{\partial f_j}{\partial \Delta_i} + \sin f_j \frac{\partial e}{\partial \Delta_i}\right\} \\
&= \frac{-\sqrt{1-e^2}\sin f_j}{(1+e\cos f_j)^2}\left(\sqrt{1-e^2}\frac{\partial f_j}{\partial \Delta_i} - \frac{\sin f_j}{\sqrt{1-e^2}}\frac{\partial e}{\partial \Delta_i}\right),
\end{aligned}$$

である．両辺から $-\sin u_j$ を約して，

$$\frac{\partial u_j}{\partial \Delta_i} = \frac{\sqrt{1-e^2}}{1+e\cos f_j}\frac{\partial f_j}{\partial \Delta_i} - \frac{\sin f_j}{\sqrt{1-e^2}(1+e\cos f_j)}\frac{\partial e}{\partial \Delta_i}, \qquad \text{(B.30)}$$
$$(i = 1, 2, 3; j = 1, 2, 3)$$

が得られる．

B.5.2 双曲線軌道の場合

双曲線軌道の場合，u_j の微分は，

$$\cosh u_j = \frac{\cos f_j + e}{1 + e\cos f_j},$$

B.5 離心近点角 u_j の微分

の両辺を Δ_i で微分して求める. これは,

$$\sinh u_j \frac{\partial u_j}{\partial \Delta_i}$$
$$= \frac{1}{(1+e\cos f_j)^2} \left\{ (1+e\cos f_j)\left(-\sin f_j \frac{\partial f_j}{\partial \Delta_i} + \frac{\partial e}{\partial \Delta_i}\right) \right.$$
$$\left. - \left(\frac{\partial e}{\partial \Delta_i}\cos f_j - e\sin f_j \frac{\partial f_j}{\partial \Delta_i}\right)(\cos f_j + e) \right\}$$
$$= \frac{1}{(1+e\cos f_j)^2}\left\{-\sin f_j(1+e\cos f_j) + e\sin f_j(\cos f_j + e)\right\}\frac{\partial f_j}{\partial \Delta_i}$$
$$+ \frac{1}{(1+e\cos f_j)^2}\left\{1+e\cos f_j - \cos f_j(\cos f_j + e)\right\}\frac{\partial e}{\partial \Delta_i}$$
$$= \frac{1}{(1+e\cos f_j)^2}\left\{(-\sin f_j + e^2\sin f_j)\frac{\partial f_j}{\partial \Delta_i} + (1-\cos^2 f_j)\frac{\partial e}{\partial \Delta_i}\right\}$$
$$= \frac{\sin f_j}{(1+e\cos f_j)^2}\left\{(e^2-1)\frac{\partial f_j}{\partial \Delta_i} + sin f_j \frac{\partial e}{\partial \Delta_i}\right\},$$

である. この両辺を $\sinh u_j$ で約して,

$$\frac{\partial u_j}{\partial \Delta_i} = \frac{\sqrt{e^2-1}}{1+e\cos f_j}\frac{\partial f_j}{\partial \Delta i} + \frac{\sin f_j}{\sqrt{e^2-1}(1+e\cos f_j)}\frac{\partial e}{\partial \Delta_i}, \tag{B.31}$$
$$(i=1,2,3; j=1,2,3)$$

が得られる. 放物線軌道に対しての計算は不要であり, これで $\partial u_j/\partial \Delta_i$ の計算は終了である.

付録 C　方向余弦の演算

　球面天文学，測地学，地図学などで球面上の位置や距離，面積などを扱う場合には，球面三角法を適用して計算することが多い．球面三角法にはさまざまな場合に適用できるいくつもの公式が開発されていて，習熟すれば便利に使うことができる．しかし一方，公式の数がたいへん多く，初めて学ぶ人にとってはそれがネックとなり，かなり敷居の高い感じを与えるのも事実である．球面三角法を自由に適用できるようになるには，どうしてもある程度の努力と時間が必要になる．

　球面上の計算をするのに，もうひとつ，方向余弦を使う方法がある．この方法はそれほど一般的ではないが，場合によっては便利なこともあり，比較的気楽に使うことができる．ここでは，あまり解説されることのない方向余弦の演算について基礎的な方法や公式を述べ，利用する方の便宜を図ることにした．

C.1　方向余弦の定義

　空間に図 C.1 のように原点 O と直交座標系 (x, y, z) が定められているものとする．さらに，そこに方向をもった直線 g があるとき，この直線 g の向きの**方向余弦**は，つぎのように定義される．

　まず，g と平行で同じ向きをもち，かつ原点を通る直線 g' を考える．そして g' の向きが x, y, z 軸の正の向きとなす角を図 C.1 のようにそれぞれ a, b, c とする．このとき，g(および g') の方向余弦 (ℓ, m, n) は，

$$\begin{aligned} \ell &= \cos a, \\ m &= \cos b, \\ n &= \cos c, \end{aligned} \qquad \text{(C.1)}$$

付録C　方向余弦の演算

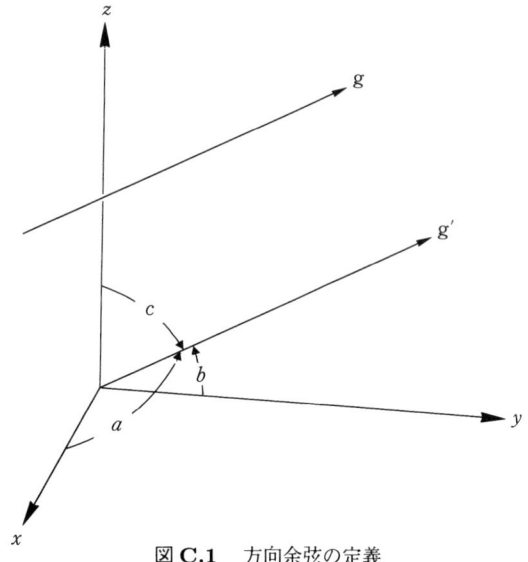

図 C.1　方向余弦の定義

で定義される．このように方向余弦は必ず (ℓ, m, n) の三つの数値を一組にして定められる．ただしこれらの間には，必ず，

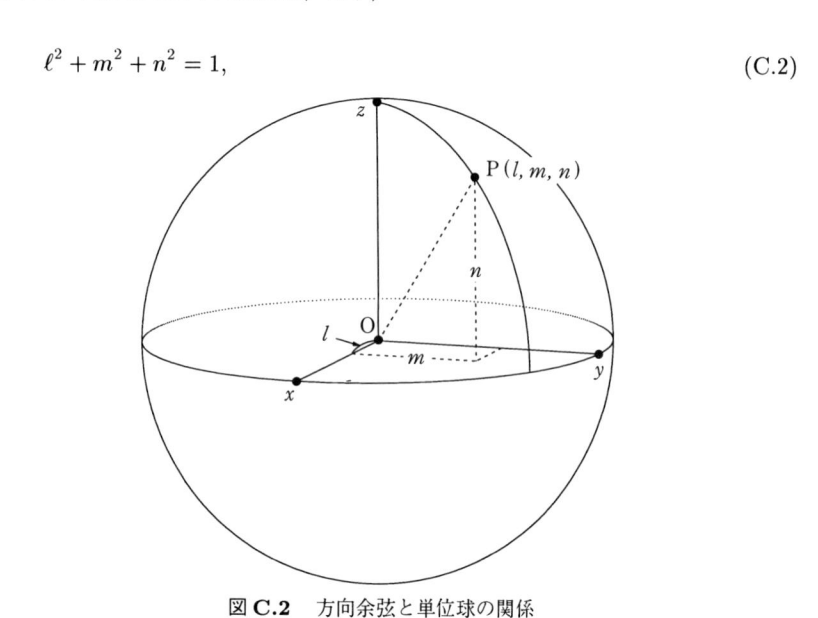

$$\ell^2 + m^2 + n^2 = 1, \tag{C.2}$$

図 C.2　方向余弦と単位球の関係

の関係が成り立っている．したがって，(ℓ, m, n) の三つの数値のうち独立に定められるのは二つだけである．

この定義からわかるように，向きが同じであれば，あらゆる平行な直線は同じ方向余弦をもつ．ただし，ここでは便宜上，向きを考える直線はいつも原点 O を通ることにして考える．この場合には，ある向きは必ず 1 組の方向余弦をもち，また (C.2) 式の条件を満たす 1 組の方向余弦は，ただひとつの向きにだけ対応する．

いま，図 C.2 のように，原点 O を中心とした半径 1 の球 (単位球) を考える．O を通り，ある向きをもっている直線 g がこの球面と交わった点を P とする．このとき，P の直交座標値が (ℓ, m, n) で，方向余弦の値と一致する．これは図 C.2 の幾何学的関係を考えればすぐにわかる．また，(C.2) 式の成り立つ理由もここから明らかである．

C.2　二つの方向余弦の関係

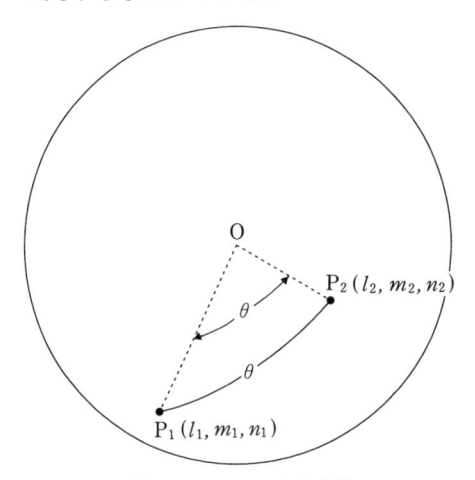

図 C.3　二つの方向余弦

ここで，2 組の方向余弦 (ℓ_1, m_1, n_1) および (ℓ_2, m_2, n_2) を考える．原点 O から見たこの向きを，それぞれ単位球との交点 P_1, P_2 として表わすと，図 C.3 のようになる．このとき，この二つの向きが原点ではさむ角，$\angle P_1 O P_2 = \theta$ は，単位球面上の大円に沿った弧 $P_1 P_2$ として表わすことができる．O から見た中心角は，このようにいつも単位球面上の弧に置き直すことができる．そして，この角 θ は，

$$\cos\theta = \ell_1\ell_2 + m_1m_2 + n_1n_2, \tag{C.3}$$

の関係で表わすことができる．

この関係は，三角形 P_1OP_2 に対して余弦定理を当てはめればたやすく証明できる．すなわち，

$$\overline{P_1P_2}^2 = \overline{OP_1}^2 + \overline{OP_2}^2 - 2\overline{OP_1} \cdot \overline{OP_2} \cos\theta, \tag{C.4}$$

である．扱っているのが単位球であるから $\overline{OP_1} = \overline{OP_2} = 1$ である．一方，

$$\begin{aligned}\overline{P_1P_2}^2 &= (\ell_1 - \ell_2)^2 + (m_1 - m_2)^2 + (n_1 - n_2)^2 \\ &= \ell_1^2 + m_1^2 + n_1^2 + \ell_2^2 + m_2^2 + n_2^2 - 2(\ell_1\ell_2 + m_1m_2 + n_1n_2) \\ &= 2 - 2(\ell_1\ell_2 + m_1m_2 + n_1n_2),\end{aligned}$$

である．これらの関係を (C.4) 式に代入すると，

$$2 - 2(\ell_1\ell_2 + m_1m_2 + n_1n_2) = 2 - 2\cos\theta,$$

になり，そこからすぐに，

$$\cos\theta = \ell_1\ell_2 + m_1m_2 + n_1n_2,$$

の関係を導くことができる．一方，

$$\begin{aligned}\sin^2\theta &= 1 - \cos^2\theta = 1 - (\ell_1\ell_2 + m_1m_2 + n_1n_2)^2 \\ &= (m_1n_2 - n_1m_2)^2 + (n_1\ell_2 - \ell_1n_2)^2 + (\ell_1m_2 - m_1\ell_2)^2,\end{aligned}$$

と書き直すことができるから，

$$\sin\theta = \pm\sqrt{(m_1n_2 - n_1m_2)^2 + (n_1\ell_2 - \ell_1n_2)^2 + (\ell_1m_2 - m_1\ell_2)^2}, \tag{C.5}$$

である．P_1 と P_2 を 180° より小さい弧で結ぶとすれば，$\sin\theta$ は常にプラスになる．

C.3　P_1 から角度 f_1，P_2 から角度 f_2 離れた点 Q の方向余弦

いま，球面上の点 $P_1(\ell_1, m_1, n_1)$ からは角度 f_1 離れ，$P_2(\ell_2, m_2, n_2)$ からは角度 f_2 離れた点 Q の方向余弦 (ℓ, m, n) を求めることを考えよう．与えられた条件から，

$$\ell_1\ell + m_1m + n_1n = \cos f_1,$$

C.3　P_1 から角度 f_1，P_2 から角度 f_2 離れた点 Q の方向余弦

$$\ell_2\ell + m_2 m + n_2 n = \cos f_2, \tag{C.6}$$

$$\ell^2 + m^2 + n^2 = 1,$$

が成立する．(ℓ, m, n) はこの三元連立方程式を解いて求めればよい．

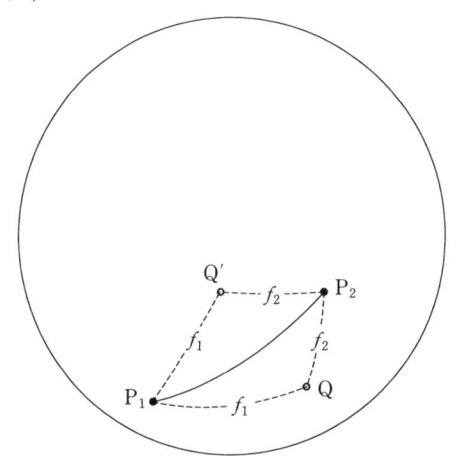

図 C.4　球面上の点 P_1, P_2 からそれぞれ角 f_1, f_2 離れた点 Q

ここでは途中手順を省略して結果だけを示す．まず，

$$w = \sqrt{\{\cos\theta - \cos(f_1 + f_2)\}\{\cos(f_1 - f_2) - \cos\theta\}}, \tag{C.7}$$

で w を計算する．すると，この w を使って，

$$\begin{aligned}
\ell &= \frac{1}{\sin^2\theta}\{(\ell_1 - \ell_2\cos\theta)\cos f_1 + (\ell_2 - \ell_1\cos\theta)\cos f_2 \\
&\quad \pm (m_1 n_2 - n_1 m_2)w\}, \\
m &= \frac{1}{\sin^2\theta}\{(m_1 - m_2\cos\theta)\cos f_1 + (m_2 - m_1\cos\theta)\cos f_2 \\
&\quad \pm (n_1\ell_2 - \ell_1 n_2)w\}, \\
n &= \frac{1}{\sin^2\theta}\{(n_1 - n_2\cos\theta)\cos f_1 + (n_2 - n_1\cos\theta)\cos f_2 \\
&\quad \pm (\ell_1 m_2 - m_1\ell_2)w\},
\end{aligned} \tag{C.8}$$

が解になる．複号は同順である．条件を満たす向きは一般に二つある．(C.7) 式の根号の中はプラスでなければならないから，

$$f_1 + f_2 > \theta,$$

$$|f_1 - f_2| < \theta, \tag{C.9}$$

がともに成り立つ必要がある．これは P_1P_2Q が三角形を作る条件として当然のものである．

　この解を数値的に求める場合には，(C.7),(C.8) 式を直接に計算するよりも，つぎの手順をとった方が楽である．まず，

$$\begin{aligned}k_1 &= \cos f_1, \\ k_2 &= \cos f_2,\end{aligned} \tag{C.10}$$

によって k_1, k_2 を計算し，つづいて，

$$\begin{aligned}A &= m_1 n_2 - n_1 m_2, \\ B &= n_1 \ell_2 - \ell_1 n_2, \\ C &= \ell_1 m_2 - m_1 \ell_2, \\ \Gamma^2 &= A^2 + B^2 + C^2,\end{aligned} \tag{C.11}$$

および，

$$\begin{aligned}I &= k_1 \ell_2 - k_2 \ell_1, \\ J &= k_1 m_2 - k_2 m_1, \\ K &= k_1 n_2 - k_2 n_1, \\ H^2 &= I^2 + J^2 + K^2,\end{aligned} \tag{C.12}$$

を計算する．これによって，(ℓ, m, n) は，

$$\begin{aligned}\ell &= \frac{1}{\Gamma^2}(CJ - BK \pm A\sqrt{\Gamma^2 - H^2}), \\ m &= \frac{1}{\Gamma^2}(AK - CI \pm B\sqrt{\Gamma^2 - H^2}), \\ n &= \frac{1}{\Gamma^2}(BI - AJ \pm C\sqrt{\Gamma^2 - H^2})\end{aligned} \tag{C.13}$$

として計算することができる．

　(C.8) および (C.13) 式の解はかなり面倒な形をしているので，直接には適用しにくい．しかし，これらの式から，以下に示すように実用上便利な公式をいくつも導くことができる．

C.3　P_1 から角度 f_1，P_2 から角度 f_2 離れた点 Q の方向余弦　　217

(1) OP_1, OP_2 から，ともに $90°$ をなす向き OQ の方向余弦 (ℓ, m, n)

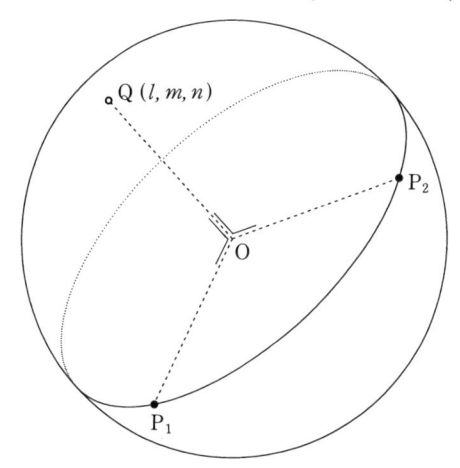

図 C.5　OP_1, OP_2 を含む平面の法線の方向余弦

この OQ の向きは，OP_1, OP_2 の二つの向きを含む平面の法線の方向余弦として，しばしば計算が必要になる．このときは，

$$f_1 = f_2 = 90°,$$
$$\cos f_1 = \cos f_2 = 0,$$
$$\cos(f_1 + f_2) = -1,$$
$$\cos(f_1 - f_2) = 1,$$

であるから，根号内の式は，

$$(\cos\theta + 1)(1 - \cos\theta) = \sin^2\theta,$$

になり，求める方向余弦は，

$$\begin{aligned}
\ell &= \pm\frac{m_1 n_2 - n_1 m_2}{\sin\theta}, \\
m &= \pm\frac{n_1 \ell_2 - \ell_1 n_2}{\sin\theta}, \\
n &= \pm\frac{\ell_1 m_2 - m_1 \ell_2}{\sin\theta},
\end{aligned} \qquad (C.14)$$

となる．

(2) $\mathrm{OP}_1, \mathrm{OP}_2$ の向きを含む平面内で，P_1 からは f_1，P_2 からは f_2 の角度をもつ点 OQ の方向余弦 (ℓ, m, n). ただし $f_1 > f_2$ とし，P_2 から見て P_1 と反対の方向に f_2 をとるものとする．

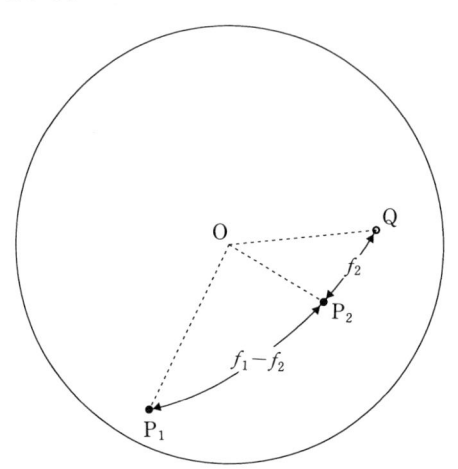

図 C.6 球面上で $\mathrm{P}_1, \mathrm{P}_2$ を延長した点の方向余弦

このとき，

$$f_1 - f_2 = \theta,$$

であるから，(C.7) 式の根号内はゼロになる．また，

$$(\ell_1 - \ell_2 \cos\theta)\cos f_1 + (\ell_2 - \ell_1 \cos\theta)\cos f_2$$
$$= \sin\theta(\ell_2 \sin f_1 - \ell_1 \sin f_2),$$

などの関係を使って，

$$\begin{aligned}
\ell &= \frac{1}{\sin\theta}(\ell_2 \sin f_1 - \ell_1 \sin f_2), \\
m &= \frac{1}{\sin\theta}(m_2 \sin f_1 - m_1 \sin f_2), \\
n &= \frac{1}{\sin\theta}(n_2 \sin f_1 - n_1 \sin f_2),
\end{aligned} \tag{C.15}$$

が計算できる．これも便利な関係である．

(3) $\mathrm{OP}_1, \mathrm{OP}_2$ の中点の向き OQ の方向余弦 (ℓ, m, n)

C.3 P_1 から角度 f_1, P_2 から角度 f_2 離れた点 Q の方向余弦

すぐ上で求めた (C.15) 式で，$f_1 = \theta/2, f_2 = -\theta/2$ と置くことにより，すぐに，

$$\begin{aligned}\ell &= \frac{\ell_1 + \ell_2}{2\cos(\theta/2)}, \\ m &= \frac{m_1 + m_2}{2\cos(\theta/2)}, \\ n &= \frac{n_1 + n_2}{2\cos(\theta/2)},\end{aligned} \tag{C.16}$$

の関係が得られる．

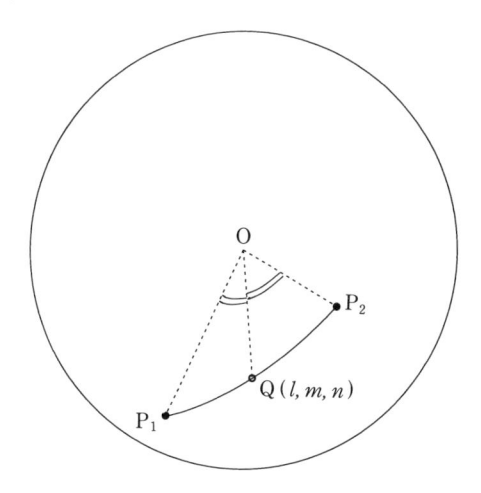

図 **C.7** P_1, P_2 の中点の向きの方向余弦

(4) OP_1, OP_2 を垂直に二等分する平面の法線の方向余弦 (ℓ, m, n)

これは，

$$\begin{aligned}f_1 &= 90° + \frac{\theta}{2}, \\ f_2 &= 90° - \frac{\theta}{2},\end{aligned}$$

の関係を満たせばよく，

$$\begin{aligned}\sin f_1 &= \cos\frac{\theta}{2}, \\ \sin f_2 &= \cos\frac{\theta}{2},\end{aligned}$$

であるから，

$$\ell = \frac{\ell_2 - \ell_1}{2\sin(\theta/2)},$$

$$m = \frac{m_2 - m_1}{2\sin(\theta/2)}, \tag{C.17}$$

$$n = \frac{n_2 - n_1}{2\sin(\theta/2)}, \tag{C.18}$$

となる．

このほか，これらの関係式を基にして，この他にも，さまざまに便利な関係を求めることができる．

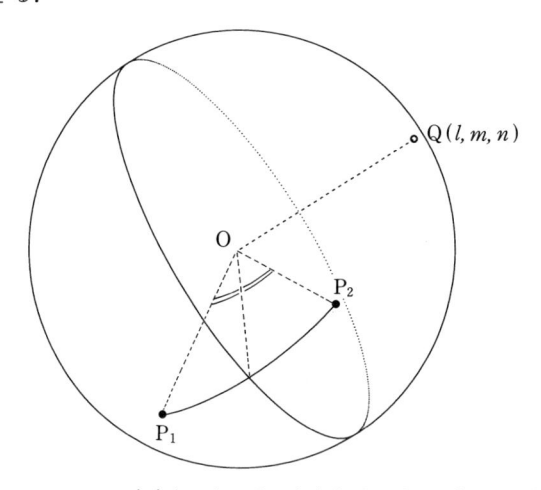

図 **C.8** P_1, P_2 に直交し，かつその中点を通る平面の法線の方向余弦

付 録 D　大円の極の位置の不確かさ

　球面上で2点 P_1, P_2 が与えられると，一般にその2点を通る大円が定義され，その大円の極 Q が定まる．P_1, P_2 の位置に不確かさがあると，それに応じて Q の位置にも不確かさが生ずる．これらの不確かさの間にはどのような関係があるだろうか．

　P_1, P_2 の不確かさが球の半径に比べて十分に小さく，その存在確率がもっとも確からしい位置の周りに二次元の正規分布をする場合，極 Q がどのような分布をするか．その求め方をこの付録 D で説明する．

D.1　球面上の点の位置の不確かさ

　球面上の点 P のもっとも確からしい位置を P_0 とし，その位置の不確かさを P_0 を原点としたローカル座標系 (ξ, η) 上で表わすことにする．ただし，その分布は，ξ, η 方向の分散をそれぞれ $\sigma_\xi^2, \sigma_\eta^2$，共分散を $\sigma_{\xi\eta}$ とする正規分布で表わされるものとする．このとき P の確率分布関数 $f(\xi, \eta)$ は，

$$f(\xi, \eta) = \frac{\sqrt{\delta_\xi^2 \delta_\eta^2 - \delta_{\xi\eta}^2}}{2\pi} \exp\left\{-\frac{1}{2}(\delta_\xi^2 \xi^2 + 2\delta_{\xi\eta} \xi\eta + \delta_\eta^2 \eta^2)\right\}, \tag{D.1}$$

と書くことができる．ただし，

$$\begin{aligned}
\delta_\xi^2 &= \frac{\sigma_\eta^2}{\sigma_\xi^2 \sigma_\eta^2 - \sigma_{\xi\eta}^2}, \\
\delta_{\xi\eta} &= \frac{-\sigma_{\xi\eta}}{\sigma_\xi^2 \sigma_\eta^2 - \sigma_{\xi\eta}^2}, \\
\delta_\eta^2 &= \frac{\sigma_\xi^2}{\sigma_\xi^2 \sigma_\eta^2 - \sigma_{\xi\eta}^2},
\end{aligned} \tag{D.2}$$

である.

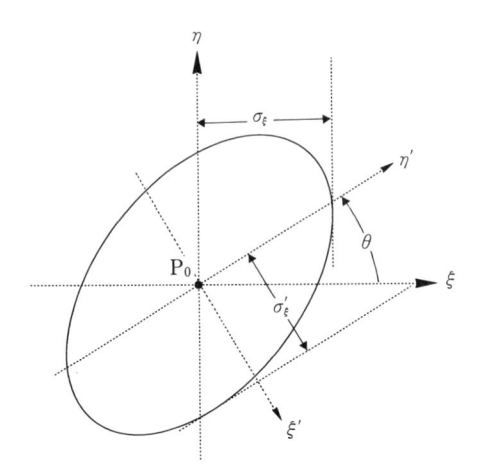

図 D.1 角 θ の取り方と回転した座標系

あとで利用するため，この分布をある特定の方向から見たとき，この点の一次元分布がどのようになるかを見ておこう．見る向きを図 D.1 のように ξ 軸から角度 θ だけずれた方向であるとする．原点を同じにして座標軸を時計回りに $90° - \theta$ だけ回転した ξ', η' 座標系では，(D.1) 式の確率分布関数はどのように変換されるであろうか．(ξ, η) と (ξ', η') の関係は，

$$\begin{aligned}
\xi &= \xi' \sin\theta + \eta' \cos\theta, \\
\eta &= -\xi' \cos\theta + \eta' \sin\theta,
\end{aligned} \tag{D.3}$$

であり，これによって，

$$\delta_\xi^2 \xi^2 + 2\delta_{\xi\eta} \xi\eta + \delta_\eta^2 \eta^2 = D_\xi^2 {\xi'}^2 + 2D_{\xi\eta} \xi' \eta' + D_\eta {\eta'}^2, \tag{D.4}$$

と変換される．ただし，

$$\begin{aligned}
D_\xi^2 &= \delta_\xi^2 \sin^2\theta - 2\delta_{\xi\eta} \cos\theta \sin\theta + \delta_\eta^2 \cos^2\theta, \\
D_{\xi\eta} &= (\delta_\xi^2 - \delta_\eta^2) \cos\theta \sin\theta - \delta_{\xi\eta}(\cos^2\theta - \sin^2\theta), \\
D_\eta^2 &= \delta_\xi^2 \cos^2\theta + 2\delta_{\xi\eta} \cos\theta \sin\theta + \delta_\eta^2 \sin^2\theta,
\end{aligned} \tag{D.5}$$

である．また，
$$\delta_\xi^2 \delta_\eta^2 - \delta_{\xi\eta}^2 = D_\xi^2 D_\eta^2 - D_{\xi\eta}^2, \tag{D.6}$$
であるから，(D.1) 式の確率分布関数は，
$$\begin{aligned} f(\xi', \eta') = & \frac{\sqrt{D_\xi^2 D_\eta^2 - D_{\xi\eta}^2}}{2\pi} \\ & \times \exp\left\{-\frac{1}{2}(D_\xi^2 {\xi'}^2 + 2D_{\xi\eta}\xi'\eta' + D_\eta^2 {\eta'}^2)\right\}, \end{aligned} \tag{D.7}$$
と変換される．

ここで，この関数を η' 方向に $-\infty$ から ∞ まで積分する．これによって，この点を η' 軸方向から見たときの一次元の確率分布関数 $g(\xi')$ が得られる．これは，
$$\begin{aligned} g(\xi') &= \int_{-\infty}^{\infty} f(\xi', \eta') d\eta', \\ &= \frac{\sqrt{D_\xi^2 D_\eta^2 - D_{\xi\eta}^2}}{2\pi} \\ &\quad \times \int_{-\infty}^{\infty} \exp\left\{-\frac{1}{2}(D_\xi^2 {\xi'}^2 + 2D_{\xi\eta}\xi'\eta' + D_\eta {\eta'}^2)\right\} d\eta' \\ &= \frac{1}{\sqrt{2\pi}} \frac{\sqrt{D_\xi^2 D_\eta^2 - D_{\xi\eta}^2}}{D_\eta} \exp\left\{-\frac{1}{2}\left(\frac{D_\xi^2 D_\eta^2 - D_{\xi\eta}^2}{D_\eta^2}\right){\xi'}^2\right\}, \end{aligned} \tag{D.8}$$
である．ここで，
$$\sigma^2 = \frac{D_\eta^2}{D_\xi^2 D_\eta^2 - D_{\xi\eta}^2}, \tag{D.9}$$
と置くと，この式は，
$$g(\xi') = \frac{1}{\sqrt{2\pi}\sigma} \exp\left(-\frac{{\xi'}^2}{2\sigma^2}\right), \tag{D.10}$$
となり，分散が σ^2 の一次元正規分布となることがわかる．

D.2　大円の極の位置の不確かさ

球面上の 2 点 P_1, P_2 のもっとも確からしい位置をそれぞれ P_{10}, P_{20} とする．P_1, P_2 を通る大円の極 Q のもっとも確からしい位置 Q_0 は，P_{10} および P_{20} を通る大円の極である．

付録 D 大円の極の位置の不確かさ

ここで，Q の位置が Q_0 を原点とするローカル座標で $Q(\xi, \eta)$ に存在する確率を求めよう．これは，Q を極とする大円に沿って P_1 の確率分布関数および P_2 の確率分布関数をそれぞれ積分し，その積をとればよい．

Q は Q_0 の近くにとってよいから，Q を極とする大円は P_{10}, P_{20} の近くを通る．P_1 の存在確率は P_{10} の近くだけで大きく，P_{10} を離れると急激に減少してゼロに近づく．問題となるのは P_{10} 点の近くだけである．したがって，大円に沿っての積分は，実質的にローカル座標上の積分に置き換えて考えてもよい．P_2 についても同様である．以下，この積分を考える．

まず，$Q(\xi, \eta)$ を極とする大円が，P_i のローカル座標上でどのように表現されるかを考えよう．その準備として，一般の点 $P(\ell, m, n)$ を球面上の点 $x(1,0,0), y(0,1,0), z(0,0,1)$ と結んだ大円が，P のローカル座標においてその ξ 軸とそれぞれどのような角になるかを計算しておく．上記の括弧内の数値は球面上の点の位置を示す方向余弦である．多少の計算の末，求める角はつぎのようになる．

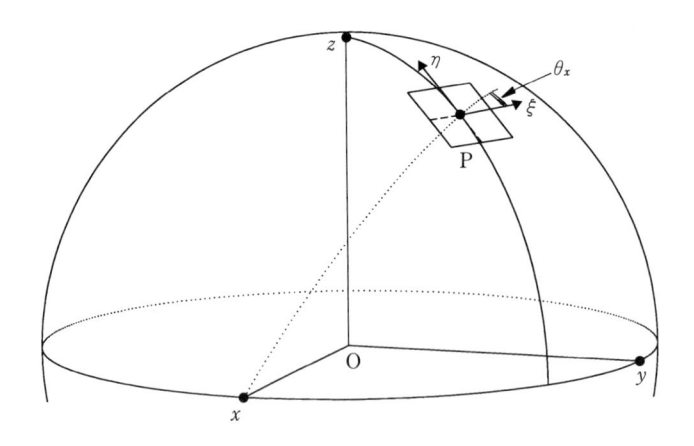

図 D.2 P と x を結ぶ大円がローカル座標 ξ 軸となす角 θ_x

図 D.2 のように xP を結ぶ大円の x から P への延長方向が P のローカル座標の ξ 軸正の向きとなす角を θ_x とする (球の外側から見て，ξ 軸正の向きから反時計回りに測る)．この角は，

$$\cos\theta_x = \frac{m}{\sqrt{(1-\ell^2)(1-n^2)}},$$

D.2 大円の極の位置の不確かさ

$$\sin\theta_x = \frac{\ell n}{\sqrt{(1-\ell^2)(1-n^2)}}, \tag{D.11}$$

で表わされる．同様に yP を結ぶ大円の y から P への延長方向が P のローカル座標の ξ 軸正の向きとなす角 θ_y は，

$$\cos\theta_y = \frac{-\ell}{\sqrt{(1-m^2)(1-n^2)}},$$
$$\sin\theta_y = \frac{mn}{\sqrt{(1-m^2)(1-n^2)}}, \tag{D.12}$$

で与えられる．また，zP を結ぶ大円は，向きは反対であるが，いつでもローカル座標の η 軸に一致する．

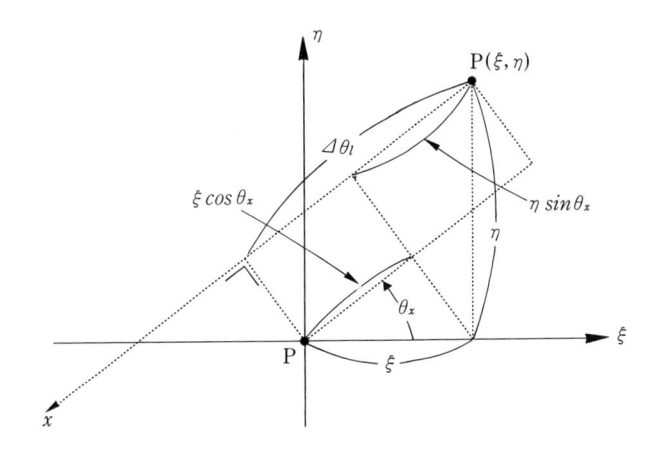

図 D.3 大円の長さの伸び $\Delta\theta_\ell$

つぎに，$P(\ell,m,n)$ を原点とするローカル座標で (ξ,η) の点をとり，この (ξ,η) を (ℓ,m,n) の変化 $(\Delta\ell,\Delta m,\Delta n)$ で表わすことを考える．(ξ,η) を P の近くにとることにし，(ξ,η) の点と球面上の点 x,y,z のそれぞれとを結ぶ大円に沿った長さの (ℓ,m,n) からの伸びをそれぞれ $\Delta\theta_\ell,\Delta\theta_m,\Delta\theta_n$ とする．これは図 D.3 に示すように，ローカル座標上の幾何学的関係から，

$$\begin{aligned}\Delta\theta_\ell &= \xi\cos\theta_x + \eta\sin\theta_x,\\ \Delta\theta_m &= \xi\cos\theta_y + \eta\sin\theta_y,\\ \Delta\theta_n &= -\eta,\end{aligned} \tag{D.13}$$

である．一方，

$$\Delta\theta_\ell = -\frac{\Delta\ell}{\sqrt{1-\ell^2}},$$
$$\Delta\theta_m = -\frac{\Delta m}{\sqrt{1-m^2}}, \tag{D.14}$$
$$\Delta\theta_n = -\frac{\Delta n}{\sqrt{1-n^2}},$$

であるから，そこに $\cos\theta_x, \sin\theta_x, \cos\theta_y, \sin\theta_y$ の関係を代入すれば，

$$\frac{\Delta\ell}{\sqrt{1-\ell^2}} = -\frac{m\xi + \ell n\eta}{\sqrt{(1-\ell^2)(1-n^2)}},$$
$$\frac{\Delta m}{\sqrt{1-m^2}} = \frac{\ell\xi - mn\eta}{\sqrt{(1-m^2)(1-n^2)}}, \tag{D.15}$$
$$\frac{\Delta n}{\sqrt{1-n^2}} = \eta,$$

となる．これを書き直すことで，

$$\Delta\ell = -\frac{m\xi + \ell n\eta}{\sqrt{1-n^2}},$$
$$\Delta m = \frac{\ell\xi - mn\eta}{\sqrt{1-n^2}}, \tag{D.16}$$
$$\Delta n = \sqrt{1-n^2}\,\eta,$$

が得られる．これが P のローカル座標 (ξ, η) と $(\Delta\ell, \Delta m, \Delta n)$ の関係である．

さて，この一般的関係を 極 Q の点に適用しよう．$Q_0(\ell_0, m_0, n_0)$ に対するローカル座標が $Q(\xi, \eta)$ である点に対する方向余弦 (ℓ, m, n) の (ℓ_0, m_0, n_0) からの増加 $(\Delta\ell_0, \Delta m_0, \Delta n_0)$ は，

$$\Delta\ell_0 = -\frac{m_0\xi + \ell_0 n_0\eta}{\sqrt{1-n_0^2}},$$
$$\Delta m_0 = \frac{\ell_0\xi - m_0 n_0\eta}{\sqrt{1-n_0^2}}, \tag{D.17}$$
$$\Delta n_0 = \sqrt{1-n_0^2}\,\eta,$$

である．Q を極とする大円は Q から 球面上の距離で 90° 離れている点の集合である．極 Q を定めている点のひとつ $P(\ell, m, n)$ の近くで，点 $(\ell+\Delta\ell, m+\Delta m, n+\Delta n)$

がこの大円上にあるとすると，そこには，

$$(\ell_0 + \Delta\ell_0)(\ell + \Delta\ell) + (m_0 + \Delta m_0)(m + \Delta m)$$
$$+ (n_0 + \Delta n_0)(n + \Delta n) = 0, \tag{D.18}$$

の関係が成り立っている．$\Delta\ell_0, \Delta\ell$ などの二次項を無視し，$\ell_0\ell + m_0 m + n_0 n = 0$ の関係を使うことにより，ここから，

$$\ell_0 \Delta\ell + m_0 \Delta m + n_0 \Delta_n = -(\ell\Delta\ell_0 + m\Delta m_0 + n\Delta n_0), \tag{D.19}$$

の関係が得られる．これを (D.16) 式の一般関係で書き直すと，

$$\ell_0 \left(-\frac{m\xi + \ell n\eta}{\sqrt{1-n^2}}\right) + m_0 \left(\frac{\ell\xi - mn\eta}{\sqrt{1-n^2}}\right) + n_0 \sqrt{1-n^2}\,\eta$$
$$= -(\ell\Delta\ell_0 + m\Delta m_0 + n\Delta n_0), \tag{D.20}$$

になる．整理すれば，

$$(\ell_0 m - m_0 \ell)\xi - n_0 \eta = \sqrt{1-n^2}(\ell\Delta\ell_0 + m\Delta m_0 + n\Delta n_0), \tag{D.21}$$

となる．これが Q を極とする大円の，P のローカル座標 (ξ, η) における方程式になり，この大円は P のローカル座標で直線として表わされることがわかる．この直線が P において ξ 軸となす角を ξ 軸正の向きから反時計回りに測って θ とすると，

$$\cos^2\theta = \frac{n_0^2}{(\ell_0 m - m_0 \ell)^2 + n_0^2},$$
$$\sin^2\theta = \frac{(\ell_0 m - m_0 \ell)^2}{(\ell_0 m - m_0 \ell)^2 + n_0^2}, \tag{D.22}$$
$$2\cos\theta\sin\theta = \frac{2n_0(\ell_0 m - m_0 \ell)}{(\ell_0 m - m_0 \ell)^2 + n_0^2},$$

が成り立つ．また，P のローカル座標原点からこの直線までの距離 h は，

$$h^2 = \frac{(1-n^2)(\ell\Delta\ell_0 + m\Delta m_0 + n\Delta n_0)^2}{(\ell_0 m - m_0 \ell)^2 + n_0^2}, \tag{D.23}$$

と書き表わすことができる．

ここで必要なのは，P の確率分布関数 $f(\xi, \eta)$ をこの直線に沿って積分することである．直線が ξ 軸と θ の角をなしているから，この積分はすでに (D.10) 式で計算されていて，

$$g(\xi') = \frac{1}{\sqrt{2\pi}\sigma}\exp\left(-\frac{\xi'^2}{2\sigma^2}\right), \tag{D.24}$$

の形である．ここで ξ' に (D.23) 式の h を代入することで目的の関係式が得られ，

$$g(h) = \frac{1}{\sqrt{2\pi}\sigma} \exp\left(-\frac{h^2}{2\sigma^2}\right), \tag{D.25}$$

が，直線に沿った方向に積分した結果になる．ただし，このままでは $Q(\xi,\eta)$ との関係がはっきりしないので，h^2 を (ξ,η) を含んだ形に書き直しておく．簡便に書くために，

$$k^2 = \frac{1-n^2}{(\ell_0 m - m_0 \ell)^2 + n_0^2}, \tag{D.26}$$

と置き直すと，

$$h^2 = k^2(\ell\Delta\ell_0 + m\Delta m_0 + n\Delta n_0)^2, \tag{D.27}$$

である．(D.17) 式によって $(\Delta\ell_0, \Delta m_0, \Delta n_0)$ を (ξ,η) を含む形に書き直すと，

$$\begin{aligned}
h^2 &= \frac{k^2}{1-n_0^2}\left\{(\ell_0 m - m_0\ell)^2\xi^2 + 2n(\ell_0 m - m_0\ell)\xi\eta + n^2\eta^2\right\} \\
&= \frac{1-n^2}{1-n_0^2}\left\{\frac{(\ell_0 m - m_0\ell)^2}{(\ell_0 m - m_0\ell)^2 + n_0^2}\xi^2 + \frac{2n(\ell_0 m - m_0\ell)}{(\ell_0 m - m_0\ell)^2 + n_0^2}\xi\eta \right. \\
&\quad \left. + \frac{n^2}{(\ell_0 m - m_0\ell)^2 + n_0^2}\eta^2\right\},
\end{aligned} \tag{D.28}$$

になる．一方，一次元の分散 σ^2 は (D.22) 式によって，

$$\begin{aligned}
\sigma^2 &= \frac{D_\eta^2}{D_\xi^2 D_\eta^2 - D_{\xi\eta}^2} \\
&= \frac{\delta_\xi^2\cos^2\theta + 2\delta_{\xi\eta}\cos\theta\sin\theta + \delta_\eta^2\sin^2\theta}{\delta_\xi^2\delta_\eta^2 - \delta_{\xi\eta}^2} \\
&= \sigma_\eta^2\cos^2\theta - 2\sigma_{\xi\eta}\cos\theta\sin\theta + \sigma_\xi^2\sin^2\theta \\
&= \frac{\sigma_\xi^2(\ell_0 m - m_0\ell)^2 - 2\sigma_{\xi\eta}n_0(\ell_0 m - m_0\ell) + \sigma_\eta^2 n_0^2}{(\ell_0 m - m_0\ell)^2 + n_0^2},
\end{aligned} \tag{D.29}$$

である．記述を簡単にするため，ここで

$$\begin{aligned}
q &= \frac{1-n^2}{1-n_0^2} \\
&\quad \times \left\{\frac{1}{\sigma_\xi^2(\ell_0 m - m_0\ell)^2 - 2\sigma_{\xi\eta}n_0(\ell_0 m - m_0\ell) + \sigma_\eta^2 n_0^2}\right\},
\end{aligned} \tag{D.30}$$

D.2 大円の極の位置の不確かさ

と置く. すると,
$$\frac{h^2}{\sigma^2} = q\{(\ell_0 m - m_0 \ell)^2 \xi^2 + 2n(\ell_0 m - m_0 \ell)\xi\eta + n_2\eta^2\}, \tag{D.31}$$
となる. ここで,
$$\begin{aligned} S_\xi^2 &= q(\ell_0 m - m_0 \ell)^2, \\ S_{\xi\eta} &= qn(\ell_0 m - m_0 \ell), \\ S_\eta^2 &= qn^2, \end{aligned} \tag{D.32}$$
と置くことにすると,
$$g(h) = \frac{1}{\sqrt{2\pi}\sigma} \exp\left\{-\frac{1}{2}(S_\xi^2 \xi^2 + 2S_{\xi\eta}\xi\eta + S_\eta^2 \eta^2)\right\}, \tag{D.33}$$
と書くことができる. これが Q(ξ, η) の点を極とする大円に沿って P の確率分布関数の積分をおこなった結果である. この式は一応 Q の確率分布関数の形をしてはいるが, 実は QP を結ぶ方向についての分布状況を示すだけのものにすぎない. Q の真の分布を示すには, P の 1 点だけでは不十分で, P_1, P_2 の 2 点を積分した結果の積をとることが必要である.

点 P_i に対して得られた上記の確率分布関数を,
$$g_i(h_i) = \frac{1}{\sqrt{2\pi}\sigma_i} \exp\left\{-\frac{1}{2}(S_{\xi i}^2 \xi^2 + 2S_{\xi\eta i}\xi\eta + S_{\eta i}^2 \eta^2)\right\}, \tag{D.34}$$
と書くことにすると, P_1, P_2 の 2 点で定められる P_0 の確率分布関数は, P_1, P_2 それぞれの確率分布関数の積として,
$$\begin{aligned} g_1(h_1)g_2(h_2) = \frac{1}{2\pi\sigma_1\sigma_2} \exp\bigg[&-\frac{1}{2}\{(S_{\xi 1}^2 + S_{\xi 2}^2)\xi^2 \\ &+ 2(S_{\xi\eta 1} + S_{\xi\eta 2})\xi\eta + (S_{\eta 1}^2 + S_{\eta 2}^2)\eta^2\}\bigg], \end{aligned} \tag{D.35}$$
となる. ただし (D.29) 式から,
$$\sigma_i^2 = \frac{\sigma_{\xi i}^2 (\ell_0 m_i - m_0 \ell_i)^2 - 2\sigma_{\xi\eta i} n_0(\ell_0 m_i - m_0 \ell_i) + \sigma_{\eta i}^2 n_0^2}{(\ell_0 m_i - m_0 \ell_i)^2 + n_0^2}, \tag{D.36}$$
である. いま,
$$\begin{aligned} S_\Xi^2 &= S_{\xi 1}^2 + S_{\xi 2}^2, \\ S_{\Xi H} &= S_{\xi\eta 1} + S_{\xi\eta 2}, \\ S_H^2 &= S_{\eta 1}^2 + S_{\eta 2}^2, \end{aligned} \tag{D.37}$$

と置くことにすれば，Q の確率分布関数は，

$$P_0(\xi, \eta) = \frac{1}{2\pi\sigma_1\sigma_2} \exp\left\{-\frac{1}{2}(S_\Xi^2 \xi^2 + 2S_{\Xi H}\xi\eta + S_H^2 \eta^2)\right\}, \tag{D.38}$$

となる．ここから，Q の位置の分散，共分散 $\Sigma_\xi^2, \Sigma_{\xi\eta}, \Sigma_\eta^2$ は，

$$\begin{aligned}
\Sigma_\xi^2 &= \frac{S_H^2}{S_\Xi^2 S_H^2 - S_{\Xi H}^2}, \\
\Sigma_{\xi\eta} &= \frac{-S_{\Xi H}}{S_\Xi^2 S_H^2 - S_{\Xi H}^2}, \\
\Sigma_\eta^2 &= \frac{S_\Xi^2}{S_\Xi^2 S_H^2 - S_{\Xi H}^2},
\end{aligned} \tag{D.39}$$

で計算できる．これで，Q の位置の分散，共分散を求めることができた．

ここでは P_1, P_2 の 2 点だけから計算したが，さらに多数の点が作る大円の極の位置の不確かさは，

$$\begin{aligned}
S_\Xi^2 &= \sum_i S_{\xi i}^2, \\
S_{\Xi H} &= \sum_i S_{\xi\eta i}, \\
S_H^2 &= \sum_i S_{\eta i}^2,
\end{aligned} \tag{D.40}$$

として計算が可能になる．ただしその場合は，不確かさのある点 P_1, P_2, P_3 などを通る大円の極 Q のもっとも確からしい位置 Q_0 を求める手順がちょっと面倒になる．

D.3 大円の極 Q の位置の分散を求める手順

分散，共分散のわかっている 2 点 P_1, P_2 から，その 2 点を通る大円の極 Q の分散，共分散を求める手順はつぎのようになる．

(a) 基礎データ

大円を決める 2 点 P_1, P_2 のもっとも確からしい位置を

$\quad P_{10}(\ell_1, m_1, n_1)$,

$\quad P_{20}(\ell_2, m_2, n_2)$,

とし，それぞれのローカル座標による位置の分散，共分散を，

$\quad P_1 \to \sigma_{\xi 1}^2, \sigma_{\xi\eta 1}, \sigma_{\eta 1}^2$,

$$P_2 \to \sigma_{\xi 2}^2, \sigma_{\xi\eta 2}, \sigma_{\eta 2}^2,$$

とする.

(b) P_1, P_2 を通る大円の極 Q

Q のもっとも確からしい位置 $Q_0(\ell_0, m_0, n_0)$ は,

$$\Gamma^2 = (m_1 n_2 - n_1 m_2)^2 + (n_1 \ell_2 - \ell_1 n_2)^2 + (\ell_1 m_2 - m_1 \ell_2)^2,$$

として,

$$\ell_0 = \frac{m_1 n_2 - n_1 m_2}{\Gamma},$$
$$m_0 = \frac{n_1 \ell_2 - \ell_1 n_2}{\Gamma},$$
$$n_0 = \frac{\ell_1 m_2 - m_1 \ell_2}{\Gamma},$$

になる. P_1, P_2 を通る大円の極には, 一般に球の中心に対して対称に, $Q(\ell_0, m_0, n_0)$ および $Q'(-\ell_0, -m_0, -n_0)$ の 2 点がある. ここでは, そのうち一方の Q の点だけを考える.

(c) $S_{\xi i}^2, S_{\xi\eta i}, S_{\eta i}^2$ の計算

$$\Phi_i = \sigma_{\xi i}^2 (\ell_0 m_i - m_0 \ell_i)^2 - 2\sigma_{\xi\eta i} n_0 (\ell_0 m_i - m_0 \ell_i) + \sigma_{\eta i}^2 n_0^2,$$
$$(i = 1, 2)$$

と置いて,

$$S_{\xi i}^2 = \frac{1 - n_i^2}{1 - n_0^2} \frac{(\ell_0 m_i - m_0 \ell_i)^2}{\Phi_i},$$
$$S_{\xi\eta i} = \frac{1 - n_i^2}{1 - n_0^2} \frac{n_i(\ell_0 m_i - m_0 \ell_i)}{\Phi_i}, \quad (i = 1, 2)$$
$$S_{\eta i}^2 = \frac{1 - n_i^2}{1 - n_0^2} \frac{n_i^2}{\Phi_i},$$

を計算する.

(d) $S_\Xi^2, S_{\Xi H}, S_H^2$ の計算

$$S_\Xi^2 = S_{\xi 1}^2 + S_{\xi 2}^2,$$
$$S_{\Xi H} = S_{\xi\eta 1} + S_{\xi\eta 2},$$
$$S_H^2 = S_{\eta 1}^2 + S_{\eta 2}^2,$$

(e) ローカル座標における P_0 の分散,共分散 $\Sigma_\xi^2, \Sigma_{\xi\eta}, \Sigma_\eta^2$ の計算

$$\Sigma_\xi^2 = \frac{S_H^2}{S_\Xi^2 S_H^2 - S_{\Xi H}^2},$$
$$\Sigma_{\xi\eta} = \frac{-S_{\Xi H}}{S_\Xi^2 S_H^2 - S_{\Xi H}^2},$$
$$\Sigma_\eta^2 = \frac{S_\Xi^2}{S_\Xi^2 S_H^2 - S_{\Xi H}^2},$$

あとがき

　本書は，彗星，小惑星など，太陽を周回する天体の軌道を決定する方法を，その原理を中心として述べたものである．

　天文学における軌道決定は，本書に示した内容のものだけではない．地球を回る人工衛星，惑星を回る衛星に対しても軌道決定はおこなわれるし，恒星では，連星の軌道決定がなされる．最近は，系外惑星の軌道も定められている．系外惑星を直接観測することはいまのところ不可能で，観測できるのは，惑星の公転にしたがって揺れ動く中心星の移動の，視線方向の成分だけである．そのデータから周囲を回る惑星の軌道を決めることが要請される．これは，いままでとは大きく異なった形の軌道決定である．しかしそこから，太陽系とはまったく違った形の惑星系の存在が明らかになった．中には，3個の惑星の軌道が定められた例もある．このようなケースは，今後ますます増加するにちがいない．

　しかし，本書はそのような最先端の事例に対するものではなく，軌道決定としてはもっとも古典的な内容，つまり，惑星，小惑星，彗星など，太陽を回る天体に対する3回の位置観測から，楕円，双曲線，あるいは放物線の，二次曲線の軌道を定める問題を扱っている．これは，いわゆる「軌道論」と呼ばれる天文学の分野である．本書はその中から，もっとも本質的な原理の部分だけを取り上げて解説した．

　より厳密な軌道を求めるには，本書の解説に加えて，天体からの光が観測点まで届く時間，つまり「光差」を考慮することが必要であり，さらに，天体の引力以外の力の影響である「非重力効果」も考えに入れなければならない．また，より多数回の観測によって「軌道改良」をおこなう必要もある．しかし，軌道決定の原理を述べる立場から，本書ではこれらの説明をすべて省略している．

あとがき

　二次曲線の軌道は，考慮している天体と太陽だけが存在し，その他の天体の影響がまったくない場合の二体問題に対して成立するものである．しかし，現実の太陽系にはたくさんの天体が存在し，それらの引力が二体問題として決めた軌道をかき乱す．その結果，軌道は絶えず少しずつ変化する．いくら一生懸命観測し，計算しても，その天体がいつまでもその同じ軌道に留まるわけではない．決定した軌道は，大きな立場から見ればあくまでも一時的，暫定的なものである．だからといって，軌道決定が無意味なわけではない．計算した軌道要素から，かなりの期間にわたって役立つ位置推算のデータが得られ，天体の確認，追跡などに利用できるからである．

　私は大学院の学生のとき，当時軌道論の第一人者であった東京天文台の広瀬秀雄先生から軌道論の講義を受けた．その内容は，いわゆるガウス流の軌道決定法であった．しかし，正直にいって，私にはその内容がよく理解できなかった．その頃，日本語で書かれた軌道論の参考書はほとんどなかったので (広瀬先生が書かれたガリ版刷りの軌道論だけがあった)，私は英語の参考書を図書室から借り出し，乏しい英語力で苦労してそれを読み，ノートと比べながら，よくわからないままに軌道決定の計算を進めてみた．すると，なんとか軌道要素を求めることはできた．それでも，途中の計算過程は，何のために何の計算をしているのか，ちっとも理解できなかった．これは私をたいへんいらいらさせた．「これがわかる人はなんて頭がいいのだろう」と私は心ひそかに感心し，羨んだ．

　その後折にふれて，私はノートや参考書を何回も何回も見直し，計算の意味を考えた．そして，いろいろのテスト計算をやってみて，ほんの少しずつではあるが，その内容を理解していった．また，その繰り返しの中から，自分にとってわかりやすい考え方をひとつひとつ組み立てていった．そういう期間が，断続的に，おそらく10年以上続いたように思う．

　そうしているうちに，たまたま国立天文台の磯部助教授から，「地球接近小惑星観測のため，軌道決定のプログラムができないだろうか」という相談を受けた．その機会に，私は，それまで頭の中で暖めていた考えをもとにして，パソコンのプログラムを作った．このときのプログラムはとにかく一応動作し，なんとか軌道決定をすることができた．いま思い返すと，まだ数々の不備を内包してはいたが，とにかくプログラムが出来たことは，私にある程度の自信をつけ，考えをまとめて前進させる大きな力となった．

あとがき

　本書は，そうした過程で生まれた軌道決定の方法に対し，その後にわかったこともつけ加え，まとめ直したものである．そうはいっても，私が特に新しい軌道決定法を生み出したわけではない．その内容は，本質的にはいわゆるガウス式の軌道決定法である．ただ，考え方の筋道をずっとわかりやすいものにできたと私自身は思っている．ただし，あらゆる点で万全の説明になっているとはいえない．おそらく，私の気づいていないミスがいくつも含まれている可能性が大きい．

　本文にも書いたが，本書で述べたのは，3回の観測に対して観測点から天体までの距離を適当に推定し，そこから計算上の観測時刻差を求める方法である．計算上の観測時刻差が現実の観測時刻差と一致すれば，推定した距離を正しいと見なすことができる．また，一致しないときは，現実の観測時刻差に近づくように推定距離を修正する．この修正の繰り返しによって計算上の観測時刻差を現実の観測時刻差に一致させ，天体までの正しい距離を求めるのである．この方法は近似を何回も繰り返すので，計算量が多く，電卓片手の手計算には向くとはいえない．しかし，パソコンでプログラム計算をすれば，この繰り返し計算はまったくたやすいものである．パソコン向きの計算法といえよう．

　なお，本書6章，7章では，軌道要素の不確かさの計算法を述べてみた．これは，私が遊び半分に考えていた内容を書き連ねた章であり，まだ不完全なものである．この機会に，皆さまのご批判を仰ぎたいと願っている．

2002年11月3日

　　　　　　　　　　　　　　　　　　　　　　　　　　　　長沢　工

索 引

あ 行

池谷‐張彗星　152, 165, 167, 168
位置推算　127, 141
緯度　178
　　地心—　176
移動時間
　　計算上の—　53, 67, 134
　　現実の—　53

運動方程式　41

円軌道　127
　　—決定　127, 141
　　—決定の原理　128
　　—の半径　129, 130, 133, 134, 137

か 行

カイパーベルト天体　6, 127, 134
角速度
　　円運動の—　130
　　天体の—　128, 134
確率分布関数　83, 98, 103, 221, 222, 224, 227, 229

一次元の—　223
一般の—　85, 86
三次元の—　83, 102
二次元の—　102, 105
観測時刻　58, 71, 171, 172, 179
観測時刻差
　　現実の—　67, 95, 128, 130, 144, 145, 148, 149
観測点　35, 37, 39, 58, 65, 71, 87, 98, 127, 132, 144–146, 171, 177–179
　　地球上の—　12
　　—と天体の距離　37
　　—の座標　172, 176
観測方向　127
　　現実の—　151, 165
観測量　46

幾何学的条件　40
軌道
　　二次曲線の—　6, 9, 25, 32, 34, 38, 127
　　—の形　7
　　—の方程式　7

索 引

軌道改良　6
軌道傾斜角　9, 10, 72, 73, 76, 117, 128, 137, 138, 141, 142
　　　—の不確かさ　87, 119
　　　—の分散　120
軌道決定　6, 7, 15, 71, 171
　　　—の原理　5, 34
軌道決定法　5
軌道半径　128
軌道面　7, 9, 22, 73
　　　—の不確かさ　120
　　　—法線　137
軌道要素　5-8, 10, 26, 35, 71, 72, 81, 99, 128, 137, 141, 168, 171
　　　—の計算手順　75
　　　—の精度　81
　　　—の不確かさ　81, 82, 111, 121
　　　—の分散　121
逆行列　86, 88, 89, 91, 93, 94
逆双曲線関数　27
球面三角法　211
共分散　86, 106, 221, 230, 232
行列　86, 99
行列要素　100
極　118, 229
　　　大円の—　221, 223, 230
極位置
　　　—の不確かさ　119, 120
　　　—の分散, 共分散　119

極座標　7, 15, 142, 147, 198
距離の不確かさ　98
　　　観測点から天体までの—　82
近似距離　87
近日点　7, 25, 74, 128
　　　—方向　74, 142
　　　—偏角　7, 15, 59, 114, 147, 160, 187, 204
　　　—の差　22
　　　—の分散　111, 114, 116
近日点引数　9, 10, 72, 74, 77, 141, 142
　　　—の不確かさ　113
　　　—の分散　120
近日点距離　7, 9, 10, 26, 71, 72, 75, 113, 114, 142, 168
　　　—の分散　116
近日点通過時刻　10, 71, 72, 75, 128, 141, 142
　　　—の不確かさ　116
　　　—の分散　111, 117
グリニジ恒星時　177, 179
　　　世界時0時の—　179-181
経緯度　178
系外惑星　6
経過時間
　　　近日点通過後の—　15, 25-28, 71, 149, 162
計算上の方向　151, 165

238 索引

係数行列　88, 89, 91, 94
経度　176, 178
ケレス　5
原点　211

黄緯　99
黄経　99
降交点　9
黄道　11, 72
黄道傾斜角　11, 72, 137
　　平均—　11
黄道座標系　11
黄道面　8, 9, 171
黄道面の法線　11
誤差楕円　86
誤差楕円体　84, 85, 113

　　　さ　行

最大誤差　95
座標系
　　黄道—　87
　　赤道—　87
J2000.0　72, 172–174
時刻差
　　計算上の—　144, 145, 148
始線　7, 15, 22, 147, 198
自然対数　27
自転軸の歳差　171, 172
秋分点　11
春分点　8, 11, 171

　　平均—　172
条件数　81, 89, 91, 93–95
昇交点　9
昇交点黄経　9, 10, 72, 74, 76, 117, 128, 137, 138, 141, 142
　　—の不確かさ　87, 119
　　—の分散　120
昇交点通過時刻　128, 137, 139, 142
焦点　7, 15, 21, 32, 142, 190, 195
章動　172
小惑星　5, 6, 141
真近点角　21, 23, 26, 28, 31, 32, 35, 38, 74, 148, 149, 162, 204
人工衛星　6

彗星　5, 6, 141
　　—の軌道　141
推定距離　36, 46, 58, 67, 68, 94, 144, 146, 149, 167

正規分布　83, 86, 221
　　一次元—　223
　　三次元—　81, 82, 85
　　多次元—　81
世界時　180
世界測地系　178
赤緯　6, 11, 12, 35, 94, 99, 127, 128, 141
赤道
　　天の—　11
　　平均—　172

索引

赤道座標系　11
赤道半径　178
　　地球楕円体の―　178
赤道面　171, 176
赤経　6, 11, 12, 35, 94, 99, 127, 128,
　　141
双曲線　7, 8, 15, 25, 27, 81
　　―軌道　57, 62, 71, 141, 206,
　　208
双曲線関数　27
相対誤差　89
相対精度　95
測地基準系1980　178

た　行

大円　213
太陽　7–9, 73
　　―質量　25
　　―と天体の距離　37
太陽系天体　6
楕円　7, 8, 15, 25
　　―軌道　57, 61, 66, 71, 81, 141,
　　206, 208
　　放物線に近い―　81
単位行列　88
地球
　　―重心　172, 174, 176, 181
　　―重心の座標　175
　　―の自転　176

地球楕円体　178
地球の自転軸　11
逐次近似　37, 46, 168
地心距離　176
長半径　26, 71, 75, 113, 114, 141,
　　168, 206
　　―の分散　111, 116
直交座標
　　黄道―
　　　日心―　72, 99
　　赤道―　99
　　地心―　177–179
　　日心―　58, 65, 71, 72, 133,
　　　144, 146, 151, 160, 171,
　　　178, 181
　　太陽の―　173
　　地球に固定した―　176
　　地球の―　173
直交座標系　38, 211
　　黄道―　11
　　　日心―　8, 73, 75
　　赤道―　12, 86
　　　測心―　12
　　　地心―　176
　　　日心―　11, 12, 32, 35, 128,
　　　129, 137, 171, 172

テイラー展開　41
Δ_2 と r_2 の関係式　37, 38
ΔT　180

240

天体位置の不確かさ　81
『天体位置表』　173–175
天体の移動角　133
天体暦　175
点の位置の不確かさ　82
天文単位　25

動径　7, 15, 21, 32
　　　天体の—　59
東西線曲率半径　178

　　　　な　行

名取 - 塚本法　94

二次曲線の形　15
2000WT$_{168}$　48, 65, 69, 77, 95,
　　　106, 121, 174, 181
2001XU$_{254}$　134, 139
日心引力定数　25, 26, 41, 128, 130,
　　　133
日心軌道　5
日本測地系　178

ノルム　88, 91, 93

　　　　は　行

はさみ角　160
　　　動径の—　32, 59
半主軸　27, 71, 75, 206

半直弦　8, 9, 15, 25, 32, 35, 59, 71,
　　　142, 147, 161, 187, 190,
　　　206
万有引力定数　25

B1950.0　172
標高　178
標準偏差　81–83, 94, 98

分散　81–83, 86, 221, 228, 230, 232
　　　軌道周期の—　121
　　　距離の—　105
　　　真近点角の—　105
　　　真近点角方向の—　113
分散, 共分散　118
　　　r と f に関する—　102
　　　ξ' と η' に関する—　102
分散共分散行列　86

平均運動　26, 128
ベクトル　192
　　　位置—　38
　　　—積　40, 192
　　　列—　88
ベッセル楕円体　178

方向の不確かさ
　　　視線に直交する—　82, 98
方向余弦　12, 32, 72, 75, 99, 100,
　　　133, 137, 160, 163, 211,
　　　213, 214, 219
　　　観測—　58

索引　241

観測方向の—　128, 133, 144
軌道面法線の—　73, 75
近日点方向の—　74, 76
計算上の—　145, 146, 151, 164
現実の—　145
黄道座標系による—　117
昇交点方向の—　73, 76, 138
中点の—　218
天体の—　39
日心—　59
—の定義　213
P_2 の—　150
法線の—　217

方程式
　二次曲線の—　15, 21
放物線　7, 8, 15, 25, 28, 81, 141, 195
　—軌道　58, 63, 141, 142, 144-146, 149, 152, 198, 207, 209
　—軌道決定　143, 159, 165
　—の方程式　142, 147, 195
補間　174, 175
補正値　55, 67, 68, 87, 94, 131, 134, 167
補正方程式　53, 63, 66-68, 144, 159, 162, 165, 167
補正量　144, 165

や　行

ユリウス年　180

余弦定理　37, 214

ら　行

『理科年表』　179, 181
力学時　11, 180
力学的条件　42
離心近点角　26, 208
離心率　8-10, 15, 25, 32, 35, 59, 71, 72, 114, 128, 141, 142, 168, 187, 190, 206
　楕円体の—　178
　—の不確かさ　112
　—の分散　111, 113, 116

連星　6
連立方程式　40, 45, 46, 48, 55, 81, 88
　三元—　215
　三元一次—　87, 90

ローカル座標　98, 104, 224, 225, 227, 232
　黄道系—　99, 118
　赤道系—　99
ローカル座標系　86, 102

著者紹介
長沢 工（ながさわ・こう）
1932年生まれ／栃木県立那須農業高等学校（定時制）卒業／東京大学理学部天文学科卒業／東京大学大学院数物系研究科天文コース修士課程修了／理学博士／東京大学地震研究所勤務ののち1993年定年退官／主な著書『天体の位置計算』『流星と流星群』『天文台の電話番』『日の出・日の入りの計算』（以上，地人書館）

軌道決定の原理

彗星・小惑星の観測方向から距離を決めるには

2003年 5月20日　初版第1刷

著　者　長沢　工
発行者　上條　宰
発行所　株式会社 **地人書館**
　　　　〒162-0835 東京都新宿区中町15
　　　　電話　03-3235-4422　　FAX 03-3235-8984
　　　　URL http://www.chijinshokan.co.jp
　　　　e-mail chijinshokan@nifty.com
　　　　郵便振替口座　00160-6-1532
印刷所　平河工業社
製本所　イマキ製本

© K.NAGASAWA 2003. Printed in Japan.
ISBN4-8052-0731-0 C3044

JCLS 〈㈱日本著作出版権管理システム委託出版物〉
本書の無断複写は著作権法上での例外を除き禁じられています。複写される場合は、その都度事前に㈱日本著作出版権管理システム（電話03-3817-5670、FAX03-3815-8199）の許諾を得てください。